高等教育规划教材　卓越工程师教育培养计划系列教材

制药过程安全与环保

陈甫雪 ◎ 主编　　尹宏权 ◎ 副主编

宋　航 ◎ 主审

化学工业出版社

·北京·

《制药过程安全与环保》系统介绍了制药过程中安全与环保的术语、原理、法规标准、安全技术及制药企业的安全环保管理。

《制药过程安全与环保》的主要内容有：危险化学品危害与管理、燃烧爆炸基础、制药过程防火防爆技术、制药设备安全保护技术、药物合成反应安全、三废防治、职业危害与预防以及制药企业安全环保管理实践。

《制药过程安全与环保》可作为高校制药工程、药物制剂及相关专业的教材及参考书，也可供从事新药研发、制药生产企业负责安全与环保的工程技术及管理人员参考。

图书在版编目（CIP）数据

制药过程安全与环保/陈甫雪主编. —北京：化学工业出版社，2017.7（2021.2重印）

高等教育规划教材　卓越工程师教育培养计划系列教材

ISBN 978-7-122-29763-1

Ⅰ.①制⋯　Ⅱ.①陈⋯　Ⅲ.①制药工业-化工过程-安全管理-高等学校-教材②制药工业-环境保护-高等学校-教材　Ⅳ.①TQ460.3

中国版本图书馆 CIP 数据核字（2017）第 117426 号

责任编辑：杜进祥　　　　　　　　　　文字编辑：孙凤英
责任校对：宋　玮　　　　　　　　　　装帧设计：关　飞

出版发行：化学工业出版社（北京市东城区青年湖南街 13 号　邮政编码 100011）
印　　装：三河市延风印装有限公司
787mm×1092mm　1/16　印张 15　字数 399 千字　　2021 年 2 月北京第 1 版第 5 次印刷

购书咨询：010-64518888　　　　　　售后服务：010-64518899
网　　址：http://www.cip.com.cn
凡购买本书，如有缺损质量问题，本社销售中心负责调换。

定　　价：35.00 元

《制药过程安全与环保》编写人员

主　编　陈甫雪
副主编　尹宏权
主　审　宋　航

编者（按姓氏笔画为序）

　　王　晗　上海工程技术大学
　　尹宏权　北京理工大学
　　邹　祥　西南大学
　　陈甫雪　北京理工大学
　　罗　佳　成都中医药大学
　　庞召治　华润双鹤药业股份有限公司
　　黄　明　中国工程物理研究院化工材料研究所
　　戢运超　北大医药重庆大新药业股份有限公司

前言

制药以及与制药相关的精细化工，在我国国民经济发展和人民群众健康方面有着举足轻重的地位。制药工程包含原料药的制造和精制，以及药物制剂的生产和包装等主要过程。新反应、新工艺、新技术在制药过程中得到快速的更新和应用，包括新员工的聘用，这种快速发展也伴随着安全与环保风险的加大与积累。近年来，制药企业频频出现的安全与环保事故既为制药行业敲响警钟，也对制药工程高等教育提出了新的要求。同时，作为制药工程专业教学质量国家标准要求的必修课程，国内目前尚无对应教材。针对制药过程的特点，我们觉得很有必要编写一本关于制药过程中安全与环保问题的专门教材。

制药是人类健康产业的基础环节，因此，制药过程本身也应当是与健康、安全、环保问题联系在一起的，即环境、健康、安全（EHS）。从 EHS 的理念和本质安全的角度，在相关原理和范畴指导下，本书系统、全面地介绍了制药过程中的共性安全基础理论与实践，如防火防爆技术、化学危险品及其管理、制药设备的安全保护、药物合成反应的安全、"三废"治理、职业危害与职业病预防，以及制药企业的安全环保管理。全书共分七章，第1章，绪论；第2章，制药安全技术基础；第3章，制药设备安全技术；第4章，药物合成反应过程的安全与环保；第5章，制药过程"三废"防治技术；第6章，职业危害及预防；第7章，制药企业安全与环保管理。

本书第1章1.1节由陈甫雪编写，1.2节由庞召治编写。第2章2.1节由陈甫雪编写，2.2节由黄明、陈甫雪编写，2.3节、2.4节由尹宏权编写。第3章由罗佳编写。第4章4.1节由陈甫雪编写，4.2节、4.3节由王晗编写，4.4节由尹宏权编写，4.5节、4.6节由庞召治编写。第5章、第6章由尹宏权编写。第7章由邹祥、戢运超编写。最后，由陈甫雪统稿改编。

在本书编写过程中，得到教育部高等学校药学类教学指导委员会副主任委员、四川大学宋航教授，教育部高等学校药学类教学指导委员会委员兼制药工程协作组副组长、武汉工程大学张珩教授，教育部高等学校药学类教学指导委员会制药工程协作组副秘书长、华东理工大学虞心红教授，教育部高等学校药学类教学指导委员会委员、上海工程技术大学徐菁利教授的悉心指导与建议。还得到北京理工大学张小玲教授、华润双鹤药业股份有限公司周宜遂博士、中国药科大学何小荣主任、黑龙江鸡西市环境保护局马宁高级工程师等提供的帮助。

感谢童献艳部分文字录入，张蔓、吴迪、邱加申、庞福清、王晨斌绘制部分插图。

本书也得到了化学工业出版社、北京理工大学的领导和编辑的指导及协助。在本书出版之际，对他们表示衷心的感谢。

限于编者水平和时间仓促，本书不妥之处在所难免，诚恳希望读者批评指正。

编者

2017 年 2 月 21 日于北京良乡

目 录

第1章

绪 论

本章学习目的与要求
- ★熟悉与安全环保有关的概念和术语
- ★掌握本质安全的概念，熟悉实现本质安全的技术途径
- ★了解责任关怀、EHS 的意义

1.1 安全与环保术语

1.1.1 安全与本质安全

1.1.1.1 安全

根据国家标准（GB/T 28001—2011），"安全"（safety）是免除了不可接受的损害风险的状态。即表示安全是"免于危险"或"没有危险"的状态，这种危险可以是来自过程或系统内部的，也可以是外部的。没有危险是安全的本质属性。

但"不存在隐患""不存在威胁""不受威胁""不出事故""不受侵害"，等等，并不是安全的本质属性，安全不是绝对的。安全是在可接受风险的范围内、有效安全投入的限度内，相对的没有危险的状态。

有危险不等于不安全，危险具有时间、空间属性。国际民航组织对安全的定义：安全是一种状态，即通过持续的危险识别和风险管理过程，将人员伤害或财产损失的风险降低并保持在可接受的水平或其以下。截至 2016 年 12 月，我国民航近十年运输航空百万架次，重大事故率为 0.036，是同期世界水平 0.43 的 1/12，公众感知我国航空运输整体是很安全的。

"没有危险"作为一种状态，具有客观属性。它不是一种实体性存在，而是通过实体（即安全的主体）表现出来。通过人，便是"人的安全"；在过程工业中，表现为过程安全；通过制药过程，便是"制药过程的安全"。因此，可以说，安全是主体没有危险的客观状态。

通过安全设计和管理，可以主动追求安全状态。过程工业可在厂址选建、车间布局、工艺选择与设计、设备设计与选择、产品设计、管理体系等各方面考虑安全、环保因素，从源头减少对人员、财产、环境的潜在危险，降低风险，主动提高过程工业的安全。

1.1.1.2 本质安全

不依赖控制系统、特殊操作程序、管理体系等外在条件，而依靠化学和物理学来获得没有危险的状态，是本质安全。本质安全的过程或工厂，一般具有最大的成本效率，工艺简化，不在苛刻条件下操作，操作可靠性高，没有复杂的安全联锁系统等，更能容忍操作人员

的失误和不正常的情况出现。

本质的安全不再依赖于多层次的保护。一般而言，安全依赖于多层次的保护，第一层保护通常是过程设计，紧接着是控制系统、联锁、安全切断系统、保护系统、警报和应急反应计划。本质安全是其中的一部分，更侧重于过程的设计特征。预防安全事故的最好办法，就是增加过程设计特征，从源头减少危险。对于制药过程的设计特征，化学家、剂型工程师、工艺工程师可以在早期通力协作，对药物合成路线、单元合成反应、工艺流程，以及剂型控制技术展开广泛深入的应用基础研究，达到或接近本质安全，实现安全生产。

为达到本质安全，可以采用消除、最小化、替代、缓和（减弱或限制影响）、简化（简化和容错）等技术措施，如表 1-1 所示。

表 1-1　本质安全技术

技术类型	典型技术
消除 （elimination）	不使用危险品和危险工艺过程
最小化（强化） （minimization）	将较大的间歇式反应器改为较小的连续式反应器 减少原料的储存量 改进控制以减少危险的中间化学品的量 减少过程持续时间
替代 （substitution）	使用机械密封替代衬垫 使用焊接管替代法兰连接 使用低毒溶剂 使用机械压力表替代水银压力计 使用高闪点、高沸点及其他低危险性的化学品 使用水替代热油作为热量转移载体
缓和（减弱或限制影响） （moderation）	使用真空来降低沸点 降低过程温度和压力 使储罐降温 将危险性物质溶解于安全溶剂中 在反应器不可能失控的条件下操作 将控制室远离操作区 将泵房与其他房间隔离开 隔离嘈杂的管线与设备 为控制室和储罐设置保护屏障
简化（简化和容错） （simplification）	保持管道系统整洁，在视觉上容易注视 设计易于理解的控制面板 设计容易且能安全维护的设备 选择需要较少维护的设备 增设能抵御火灾和爆炸的防护屏 将系统和控制划分为易于理解和熟悉的单元 给管道涂上颜色以便于"巡线" 为容器和控制器贴上标记，以增强理解

1.1.2　安全生产

《辞海》中"安全生产"的定义：为预防生产过程中发生人身、设备事故，形成良好劳动环境和工作秩序而采取的一系列措施和活动。

《中国大百科全书》中"安全生产"的定义：旨在保护劳动者在生产过程中安全的一项

方针，也是企业管理必须遵循的一项原则，要求最大限度地减少劳动者的工伤和职业病，保障劳动者在生产过程中的生命安全和身体健康。

在过程工业中，安全生产，一般是指在生产经营活动中，为了避免造成人员伤害、财产损失以及环境破坏的事故而采取相应的预防和控制措施，使生产过程在没有危害的条件下进行，以保证从业人员的人身安全与健康、设备和设施免受损坏、环境免遭破坏，保证生产经营活动得以顺利进行的相关活动。

安全生产是安全与生产的统一，其核心是安全促进生产，生产必须安全，存在矛盾时，生产服从于安全，安全第一。搞好安全生产，改善劳动条件，可以调动职工的生产积极性；减少职工伤亡，可以减少企业及社会公共开支；维护设备设施的安全运行，减少财产损失，可以增加企业的固定投资效益；控制减少对生态环境的破坏，必定会促进整个社会、经济的可持续发展。

2010年10月1日起，我国《安全生产行政处罚自由裁量适用规则（试行）》正式施行。该法规具有以下特征：①以人为本，保护劳动者的生命安全和职业健康是安全生产最根本、最深刻的内涵，是安全生产本质的核心；②突出强调了最大限度的保护，分别在安全生产监管主体即政府层面、在安全生产责任主体即企业层面，以及在劳动者自身等三个层面体现了最大限度的安全生产；③突出了在生产过程中的保护，安全生产在过程工业中具有强制性；④立足于经济、技术发展的现实水平和社会文明程度，突出了一定历史条件下的保护。

该法规列出了12条"从重处罚"的情形，包括：①危及公共安全或其他生产经营单位安全，责令限期改正却逾期未改正；②一年内因同一种安全生产违法行为受到两次以上行政处罚；③拒不整改或整改不力，持续违法；隐匿、销毁违法行为证据；④对举报人、证人打击报复；⑤发生生产安全事故后逃匿或瞒报、谎报；⑥拒绝、阻碍或以暴力威胁行政执法人员等。

相应地，该法规也列出了一些"从轻处罚"的情形，包括：①主动投案，如实交待违法行为；②主动消除或减轻危害后果；③配合安监执法机关查处安全生产违法行为，有立功表现等。

1.1.3 危险与风险

1.1.3.1 危险

危险是指导致意外损失发生的不确定性，危险是社会生活、生产等众多领域的客观存在，一种危险在特定条件下，可以发生转化，造成实际损失，也可能转化为另一种危险。危险的发生和后果具有一定的规律性，是可以被认识和控制的。

在制药过程中，危险表现为对人、财产、环境造成伤害或破坏的化学、物理因素。危险有各种形式，包括物料危险、生产工艺过程危险、设备危险、静电与雷电危险、电气危险等。

1.1.3.2 风险

① 风险是指人们在生产、生活或对某事项做出决策的过程中，未来结果的不确定，以及正面效应和负面效应的不确定性，是根据事件发生的可能性和损失或伤亡的数量、对人员伤亡、经济损失、环境破坏程度及范围的一种度量。

② 风险分析是基于工程评价和数学技术模型的风险定量估算活动，是结合了事件发生后果和频率的评估。

③ 通过风险评价可以预估风险发生的概率，是对风险分析结果的决策性应用，确定风险控制的策略和风险控制目标，制定可接受的危险及风险性过程。风险评价的方法主要有故障假设分析法、事故树分析法（FTA）、危险与可操作性分析（HAZOP）、安全检查法等。

④ 可接受风险 风险不可能完全消除，每一项人类活动都有风险，化工过程、制药过程尤其如此。在设计的某些阶段，设计人员需对风险进行分析，管理层对风险进行评估，共同确定哪些是可接受的风险，这需要考虑安全投入的限度，尽最大努力保障安全，减少风险。当然，无论如何，设计人员和管理人员都不应该设计或允许设计清楚知道会导致明显风险的工艺过程。

1.1.4 事故

伯克霍夫（Berckhoff）认为，事故（accident）是人（个人或集体）在为实现某种意图而进行的活动过程中，突然发生的、违反人的意志的、迫使活动暂时或永久停止，或迫使之前存续的状态发生暂时或永久性改变的事件。

事故是安全的对立面，是生产经营单位在生产经营活动（包括与生产经营有关的活动）中突然发生的意外事件，可能伤害人身安全和健康，或者损坏设备设施，或造成经济损失，或引起生态破坏、环境污染，致使原生产经营活动暂时中止或永远终止。

对事故的理论研究，包括能量意外释放理论、轨迹交叉理论、危险源系统理论、变化-失误理论四种。

根据《安全生产法》《生产安全事故报告和调查处理条例》《企业职工伤亡事故分类》（GB 6441）的有关规定，安全事故的类型有如下种类。

按照事故发生的行业和领域划分为：工矿商贸企业生产安全事故、火灾事故、道路交通事故、农机事故、水上交通事故。

按照事故起因物及引起事故的诱导性原因、致害物、伤害方式等，分为：物体打击事故、车辆伤害事故、机械伤害事故、起重伤害事故、触电事故、火灾事故、灼烫事故、淹溺事故、高处坠落事故、坍塌事故、冒顶事故、透水事故、放炮事故、火药爆炸事故、瓦斯爆炸事故、锅炉爆炸事故、容器爆炸事故、其他爆炸事故、中毒和窒息事故、其他伤害事故等20种。

根据伤害程度，分类为：①轻伤，指损失1个工作日至105个工作日以下的失能伤害；②重伤，指损失工作日等于和超过105个工作日的失能伤害，重伤损失工作日最多不超过6000工作日；③死亡，指死亡或损失工作日超过6000个工作日，这是根据我国职工的平均退休年龄和平均寿命计算出来的。

在《预防重大工业事故公约》中，重大事故（major accident）的含义，是指在与重大危险源有关的活动中发生的突发性事故，如严重泄漏、火灾或爆炸，涉及一种或多种危险物质，导致人员、环境造成的即时的或滞后的严重危害。依据《生产安全事故报告和调查处理条例》的规定，按照安全事故造成的人员伤亡或者直接经济损失，事故一般分为如下四级。

① 特别重大事故，造成30人（含）以上死亡，或者100人以上重伤，或者1亿元以上直接经济损失的事故。

② 重大事故，造成10人（含）以上30人以下死亡，或者50人（含）以上100人以下重伤，或者5000万元（含）以上1亿元以下直接经济损失的事故。

③ 较大事故，造成3人（含）以上10人以下死亡，或者10人（含）以上50人以下重伤，或者1000万元以上5000万元以下直接经济损失的事故。

④ 一般事故，造成3人以下死亡，或10人以下重伤，或者1000万元以下直接经济损失的事故。

1.1.5 危险源与重大危险源

1.1.5.1 定义

根据《职业健康安全管理体系要求》（GB/T 28001—2011）的定义，危险源是可能导致人身伤害和（或）健康危害、财产损失、环境污染的物质、状态或行为，或其组合。因此，危险源是引起事故的根源，是事故隐患，它可以是危险物质、生产装置、设备或设施、危险场所，以及个人不安全作业行为或组织管理失误等。

1.1.5.2　危险源的分类

在过程工业中，各个环节都存在危险源，根据危险源在事故中的作用，将危险源分为静态危险源和动态触发危险源两种。第一类静态危险源，主要是指考察对象中存在的、可能发生意外释放的能量或物质，是引发事故的潜在内部因素。包括与能量有关的产生、输送或储存能量的装置、设备或载体；人或物具有高势能的装置、设备、场所或设施；失控后可以产生、聚集或释放巨大能量的装置、设备、场所或设施，如反应装置、压力容器等；危险化学品及其加工、储存、输运的装置、设备、设施或场所。第二类动态触发危险源，是引发事故的外部条件和触发因素，它的出现决定了事故发生的可能性。包括导致物质、能量、设备等限制或约束措施遭到破坏或失效的人员失误、物理障碍、环境条件、管理因素等。

制药企业的常见危险源有：①结构性危险源，如工厂选址、车间布局、基础设施设计与建设质量；②危险化学品和危险生物制品；③生产、加工、储存、输运危险物质的装置、设备、设施或场所，以及产生、输送、供给能量的装置、设备，如锅炉、电力设施等；④一旦失控，可能造成能量、物质突然释放的装置、设备、场所等，如各种压力容器、反应器；⑤能量载体，如导电体，运行中的车辆、设备，超低温设备及热能介质输送等；⑥使人或物具有较高势能的装置、设施或场所，如高位槽；⑦设备选型失误，以及设备缺陷或失效，机械不完整性；⑧新的生产工艺、流程，及其化学反应过程；⑨洁净区域、密闭区域，以及窒息性气体或惰性气体相关设备、场所；⑩人为失误，应急计划与管理系统障碍等。

1.1.5.3　重大危险源

重大危险源（major hazard installations）是可能导致重大事故的危险源。《危险化学品重大危险源辨识》（GB 18218—2009）规定，重大危险源是指长期或临时的生产、加工、搬运、使用或储存危险物质，且危险物质的数量大于或等于临界量（threshold quantity）的单元（包括场所和设施）。国家标准同时还规定了爆炸性物质、易燃物质、活性化学物质、有毒物质等危险化学品重大危险源的名称及临界量。如氨的临界量为10t，硝化甘油的临界量为1t。

辨识重大危险源，是为了控制危险转化为事故，预防发生重大事故，而一旦发生事故，能够将事故控制在最低程度或人们可以接受的程度。重大危险源辨识，应根据《危险化学品重大危险源辨识》的规定进行，主要考虑危险源的特性、数量、种类、频度、来源等。

1.1.5.4　危险源与事故

根据危险源系统理论，危险源是事故的直接原因，危险源与事故存在因果联系。第一类静态危险源，指出了事故发生的内部因素，这类危险源的种类、危险性大小、数量多少等，都会影响事故后果的严重程度。第二类动态触发危险源，指出了事故发生的外部因素，如人的不安全行为、操作失误直接引起事故的发生；也可能引起物的功能障碍，如设备、装置的失效，危险化学品泄漏，进而引发事故。环境因素也是触发危险源的因素之一，包括自然环境中的温度、湿度、静电、雷电、照明、粉尘、通风、噪声、震动、辐射等因素；也包括广义的人文社会环境因素，如安全文化建设、管理制度、人际关系，以及社会环境通过影响人的心理、情绪，引起人的失误，继而引起事故发生。重大危险源是重大事故的直接原因。

1.1.6　过程工业与过程安全

1.1.6.1　过程工业

过程工业（process industry）也称为流程工业，通常指如石化、电力、冶金、机械、造纸、医药、食品等工业生产的连续性过程，包含特征造型过程和面向特征造型过程，前者是指那些直接构造零件或产品的工业过程，后者指为保障前者安全、效率和质量等而建立的辅助性、合理性流程。过程工业是加工制造流程性物质产品的现代制造业，它涉及力学、机械设计、化学、生物学、工业美术、造型设计、工程材料、人机工程、心理学、计算机辅助设计、视觉设计、环境、系统工程、工业控制等多学科，主要包括流体动力过程、热量传递过程、质量传递过程、动量传递过程、热力过程、化学反应过程、生物过程等。

1.1.6.2　过程安全

在以连续生产为特征的现代工业中，无论特征造型过程还是面向特征造型过程中任何环节或部位发生能源或物质的意外事故，都会对过程工业造成财产、人员以及环境污染等损失。过程安全（process safety）不仅涉及危险化学品或重大危险源的物料安全和反应安全，还涉及相关设备、电气仪表、自动控制等安全问题，实现化工医药等过程工业的过程安全，需要关注承载危险化学品生产、储存、使用、处置、转型等过程中的装置、设施的安全，从化学反应及原料的选择、设计，工艺流程设计、车间布局，设备设计与选用等源头保障过程安全。过程安全不同于职业安全，后者主要关注人员的安全，增强人员的安全意识，注重人员的安全行为，通过规范人的行为，控制和减小事故发生的概率，从而减少和消除重大事故的发生。

1.1.7　过程安全管理

1.1.7.1　定义

过程安全管理（process safety management，PSM），是根据风险管理和系统管理的思想和方法，建立管理体系，在对过程工业进行系统的风险分析和对事故的分析总结的基础上，主动地管理和控制过程风险，预防重大事故的发生。

过程安全管理的主要内容包括：过程安全信息、过程风险分析、操作规程、员工培训与员工参与，以及过程开始前的安全检查、机械完整性、作业证、变更管理、应急方案和反应程序、事故调查、商业秘密、供应商管理等。

美国职业安全与健康管理局（OSHA）于 1992 年发布了《高危险化学品的过程安全管理》，对危险化学品的管理制定了一个通用的工作指南。过程安全管理（以下简称 PSM）是为了防止 Bhopal 等事件的再次发生。

1.1.7.2　OSHA 过程安全管理

1992 年 2 月 24 日，OSHA 发布了《高危险化学品的过程安全管理》，该标准是工作指南，即为危险化学品的管理制定了一般的要求。过程安全管理（PSM）是在 Bhopsl 事故之后发展起来的，目的是防止类似事故的再次发生。工业界和政府都认为如果该规定能够像期望的那样被理解和执行，事故发生的次数将减少，等级也将降低。

PSM 标准有 14 个主要部分，包括员工参与、过程安全信息、过程危险分析、操作程序、培训、承包人、开启前的安全检查、机械完整性、高温作业许可证、变更管理、事故调查、应急计划和反应、审查和行业秘密。下面是对每一部分的简单描述。

（1）员工参与

需要员工积极地参与到 PSM 的所有主要组成部分中。雇主必须规划和撰写一项行动计划，规划员工的参与情况。

（2）编写过程安全信息

使所有员工都能得到相关信息，并能够自主理解和辨识危险。这些信息包括：方框流程图或过程流程图；过程的化学反应；过程的极限条件，如温度、压力、流量和化学组成。此外，还需要有过程偏离的结果预估。在进行培训、过程危险性分析、变更管理和事故调查之前，该过程的安全信息是必需的。

（3）过程危险性分析（PHA）

必须由专家组完成，专家组包括工程师、化学家、操作人员、工业卫生工作者，以及其他适合的有经验的专家。PHA需要采用适合过程复杂性的分析方法。对于复杂的过程，采用危险和可操作性研究（HAZOP），对于不太复杂的、要求不太严格的过程，可采用诸如：如果……怎么办（what…if），检查表，失效模式和影响分析，事故树等分析方法。

雇主必须确保来自PHA的建议能及时起作用。每一个PSM过程在最初的分析完成之后，至少需要每5年进行一次最新的PHA分析。

（4）书面记录

工厂安全操作的步骤必须以书面形式记录下来，这些规程必须要写清楚细节，并且与过程安全信息保持一致。操作规程至少包括：初始启动、标准操作、临时操作、紧急关闭、紧急操作、正常关闭、停车后的启动、操作极限和偏离的后果、安全和健康方面的考虑、化学品的危险特性、暴露的防范、工程和行政控制、所有化学品的质量控制说明书、特殊的危害和安全控制系统及功能。安全工作实践也需要以书面形式写下来，如高温作业、停工和受限空间。这些操作程序应经常更新，更新的频率由操作人员决定。

（5）培训计划

有效的培训计划能帮助员工理解他们所从事的工作的危险性。维修和操作人员必须接受初始的培训和定期的培训。操作人员需要了解每一项工作的危险性，包括紧急关闭、启动和正常操作。定期培训每3年举行一次，如果需要，还可以更加频繁；由操作人员决定定期培训的频率。

通过接受培训，使承包人像雇员那样安全地完成他们的任务。甚至在挑选承包人时，除需要考察员工的技能外，还应当考虑承包人的安全业绩。

（6）启动前安全检查

启动前的安全检查是一种特殊的安全检查，它是过程进行改造或操作条件改变后，启动前进行的安全检查。在该项检查中，检查组必须确保：①系统的建造同设计说明书是一致的；②安全、维护、操作和应急程序是适当的；③进行了适当的安全培训；④来自PHA的建议已经执行或解决。

（7）机械完整性

PSM标准的机械完整性部分，要求设备、管道、泄放系统、控制和报警装置具有机械可靠性和可操作性。这包括：①编写功能系统维护的程序；②关于预防性维护的培训；③根据供货方的建议，进行定期的检查和测试；④改进不足的方法；⑤确保所有设备和部件都是相匹配的方法。

（8）高温作业

在进行高温作业（焊接、研磨或使用产生火花的设备）之前，按照PSM标准要求，必须已经完成了所有现场准备，并取得高温作业许可证。许可证需要载明：允许进行高温作业的日期、工作中所涉及的设备、防护系统及证书文件、辨识火花能落入的孔洞、灭火器的种类和数量、火灾监督员的确认、工作前的检查、认可署名、区域内可燃物质的辨识、证实周围区域没有爆炸物、证实可燃物已经被移走或被恰当地掩盖、敞开容器或管道的关闭和辨识、确认焊接面是不燃的。

（9）变更管理

在PSM标准变更的管理部分，要求雇主制订并实施书面程序来管理过程化学反应的变化、过程设备的变化和操作程序的变化。在变化（类型的置换除外）发生之前，必须进行检查，以确保这种改变不会对操作的安全性产生影响。改变完成之后，所有受影响的员工都要接受相关培训，同时进行启动前的检查。

（10）事件调查

PSM 标准事件调查部分，要求雇主必须在 48h 之内调查所有已经或能够导致重大泄漏的事故或事件。该规定需要一支包括操作人员在内的对系统很熟悉的人员组成的队伍。调查结束后，雇主要恰当地采用调查所给出的建议。

（11）应急反应

PSM 应急计划和反应部分，要求雇主对于高危害的化学品发生释放能有效地做出反应。虽然该法规是对员工超过 10 人的公司所做的要求，但是对于使用危险性化学品的小微制药企业，该部分也应作为其安全措施的一部分。

（12）审查

PSM 标准中的审查部分，要求雇主至少每 3 年应对遵守标准的情况进行评价。必须听从审查所提出的建议。只要过程存在，审查报告必须保留。

（13）行业秘密

PSM 标准中的行业秘密部分，要求所有的承包人都已经得到与工厂安全操作相关的所有信息。一些职员在得到信息之前可能需要签订保密协议。

1.1.8 环境标准与环境监测

1.1.8.1 环境标准

环境标准，是国家为了维护全民的健康、促进生态良性循环，根据相关环境政策、法规，在综合分析自然环境特点、生物和人体的耐受力、控制污染的技术可行性及成本的基础上，对环境污染物的允许含量、排放污染物的允许数量、浓度、时间和速率等所作的规定。它是环境保护工作技术规则和进行环境监督、环境监测，评价环境质量、设施和环境管理的依据。环境标准，既是国家标准体系的分支，也是环境保护法体系的重要组成部分；既是环境保护行政主管部门依法行政的依据，也是推动环境保护科技发展的动力。

我国环境标准体系，包含国家环境标准，用 GB 或 GB/T 标明；环境保护行业标准，用 HJ 标明；以及地方环境标准三级体系。

按照环境标准规定的内容，可分为：①环境质量标准，是各类标准的核心，各项指标具有强制性；②污染物排放标准，为各类污染物在考虑技术、经济条件下允许排放入环境的限制性规定；③方法标准，为统一环境保护工作中各项实验、检验、分析、采样、统计、计算和测试方法采纳的统一技术规定；④环境样品标准，用以标定仪器、验证测量方法进行量值传递和质量控制的材料或物质，可用来评价分析方法，评价分析仪器，鉴别灵敏度和应用范围，还可用来评价分析者水平，使操作规范化、标准化，数据分析结果具有可参比性；⑤环境基数标准，是对环境质量标准和污染物排放标准化所涉及的技术术语、符号、代号、制图方法及其他通用技术要求所做出的技术规定。

1.1.8.2 环境监测

（1）定义

环境监测是为了特定目的，按照预先设计的时间和空间，用可比较的环境信息和资料收集的方法，对一种或多种环境要素或指数进行间断或连续的观察、测定，分析其变化及对环境影响的过程。

环境监测，既是开展环境管理和环境科学研究的基础，也是制定环境保护法规的重要依据之一，还是环保工作的中心环节。分析环境污染的过程和原因，掌握污染物的数量及变化规律，就可以制定切实可行的污染防治规划和环境保护目标，完善以污染物控制为主要内容的各种控制标准、规章制度，使环境保护的管理逐步实现从定性管理向定量管理、从单项治理向综合整治、从浓度控制向总量控制转变。要获得这些定量的环境信息，只有通过环境监测才能得到。

（2）作用

环境监测的主要作用体现在以下几个方面。

① 判断企业周围环境是否符合各类、各级环境质量标准，为相关企业的环境保护管理提供科学依据；同时，为考核、评价环保设施的使用效率提供数据分析。

② 为新建、改建、扩建工程项目执行环保设施"三同时"和污染治理工艺提供设计参数，参加治理设施的验收，评价污染治理设施的效率。

③ 为建立企业所在地区污染物迁移、转化、扩散的理论模型，为预测企业环境质量提供基础数据。

④ 为积累长期监测资料，建立环境本底及其转化趋势的数据库，为综合利用自然及"三废"资源的利用提供依据。

⑤ 为处理事故性污染和污染纠纷提供数据。

（3）目的

① 确定污染物的性质、浓度、分布现状、发展趋势和速度，确定污染物的污染源及污染途径，判断污染物在时间和空间上的分布、迁移、转化和发展规律。

② 确定污染源造成的环境污染后果，掌握污染物作用于大气、水体、土壤和生态系统的规律性，分析污染物浓度最高、潜在问题最严重的区域，形成污染控制和防治对策，并评价防治措施的效果。

③ 为研究特定污染物的扩散模式，做出新污染源对环境影响的预测、预报及风险评估，提供基础数据。

④ 判断环境质量是否合乎国家制定的环境质量标准，定期提出环境质量报告。

⑤ 收集环境本底数据，积累长期监测资料，为研究环境容量、实施总量控制和完善环境管理体系提供基础数据。

⑥ 为保护人类健康、保护环境、合理利用资源，以及制定和修订各种环境法规与标准等提供依据。

（4）环境监测的内容

按照环境监测任务的性质，分为监视性监测、事故性监测（特例监测或应急监测）、研究性监测。

① 监视性监测　是指监测环境中已知污染因素的现状和变化趋势，确定环境质量，评价控制措施的效果，断定环境标准实施的效果和环境改善措施的进展。企业污染控制排放监测和污染趋势监测，即属于此类。

② 事故性监测　是指发生污染事故时进行的突击性监测，以确定引起事故的污染物种类、浓度、污染程度和危害范围，协助判断或仲裁造成事故的原因及采取有效措施来降低和消除事故危害及影响。这类监测期限短，随着事故处理完结而结束，常采用流动监测、空中监测或遥感监测等形式。

③ 研究性监测　是为研究确定某种污染因素在某一特定区域内从污染源到环境受体的迁移变化的趋势和规律，以及污染因素对人体、生物体和各种物质的危害性及危害程度，或为研究污染控制措施和技术的效果等而进行的监测。这类监测周期长，监测范围广。

按监测的介质（或环境要素），可分为空气污染监测、水体污染监测、土壤污染监测、生物监测、生态监测、物理污染监测等。

① 空气污染监测　主要任务是监测和检测空气中污染物的成分及其含量，污染物以分子和粒子两种形式存在于空气中，分子状污染物的监测项目主要有 SO_2、NO_2、CO、O_3 以及碳氢化合物等。粒子污染物的监测项目主要有总悬浮颗粒物（TSP）、可吸入颗粒物

(IP)、自然降尘量等。

② 水体污染监测　包括水质监测与底质（泥）监测，主要监测项目可分为两类：一类是反映水质污染的综合指标，如温度、色度、浊度、pH 值、电导率、悬浮物、溶解氧（DO）、化学需氧量（COD）和生物需氧量（BOD）等；另一类是一些有毒物质，如酚、氰、砷、铅、镉、汞、镍和有机农药等。

③ 土壤污染监测　主要监测任务是对土壤、作物有害的重金属如铬、铅、镉、汞、及农药残留等的监测。

④ 生物监测　是对生物体（动、植物）内有害物及生物群落、种群变化的监测。

⑤ 生态监测　是观测与评价生态系统对自然因素及人为因素的反应，是考察各类生态系统结构和功能的时空格局。

⑥ 物理污染监测　包括噪声、振动、电磁辐射、放射性等物理量的环境污染监测。

按污染物的性质不同，还可分为化学毒物监测、卫生（病原体、病毒、寄生虫等污染）监测、热污染监测、噪声和振动污染监测、光污染监测、电磁辐射污染监测、放射性污染监测和富营养化监测等。

1.1.9　环境影响评价

环境影响评价是指对规划和建设项目实施后可能造成的环境影响进行分析、预测和评估，提出预防或减轻环境影响的对策和措施，进行跟踪监测的方法及制度。

《中华人民共和国环境保护法》强制要求在我国境内建设对环境有影响的项目，不论投资主体、资金来源、项目性质和投资规模，都应当依照《中华人民共和国环境保护法及环境影响评价法》的规定，进行环境影响评价，办理环境保护审批手续。建设项目环境影响评价，是对环境产生的不利影响作出分析和评估，并提出减小这些影响的对策和措施。

1.1.10　循环经济与可持续发展

可持续发展（sustainable development）是"既能满足当代人的需要，又不对后代人满足其需要的能力构成危害的发展"。可持续发展的 3R 原则：reduce 减量低，reuse 再使用，recycle 再循环。

循环经济是在物质的循环、再生、利用基础上发展经济，是一种建立在资源回收和循环再利用基础上的经济发展模式。国家发改委对循环经济的定义："循环经济是一种以资源的高效利用和循环利用为核心，以'减量化、再利用、资源化'为原则，以低消耗、低排放、高效率为基本特征，符合可持续发展理念的经济增长模式，是对'大量生产、大量消费、大量废弃'的传统增长模式的根本变革"。

1.1.11　环境、健康、安全（EHS）

人类从诞生就与环境息息相关，并与之相适应。人体与环境之间时刻不停的物质和能量交换，更把人类健康和生存环境紧密联系在一起。没有环境的安全也就没有人类的健康，对环境的任何破坏行为也都是对人类健康的危害。制药过程的产品，即药品，是为人类健康服务的，制药过程对环境的任何破坏都是与其健康目标背道而驰的。制药过程必须全面关注环境（environment）、健康（health）和安全（safety），其关系可用图 1-1 表示。

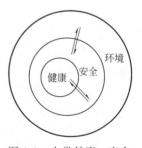

图 1-1　人类健康、安全与环境的关系

EHS 体系即环境健康安全管理体系（environment，health and safety management system），是建立在环境管理体系（ISO 14001）

和职业健康安全管理体系（OHSAS1 8001）基础之上的新型管理体系。在 EHS 管理理念的指导下，制药企业可利用已有 ISO 9001、ISO 14001、OHSAS 18001 和《药品生产质量管理规范》（以下简称 GMP 体系）的现有制度系统，建立 EHS 体系，实现安全生产、可持续发展，以承担社会责任。

1.1.12　责任关怀

作为关注人类健康产业的制药类企业，更应当与化工行业以及相关行业一道，在生产、经营活动中体现 EHS 的理念，明确执行在保护环境、保障安全、维护健康方面的义务，主要包括社区认知、应急响应、储运安全、工艺安全、污染防治、职业健康安全、产品安全监管七个方面。使制药行业可持续发展，最终实现零排放、零事故、零伤亡、零财产损失的目标。危险化学品行业"责任关怀"六大核心准则为：社区认知和应急响应准则；污染防治准则；员工健康安全准则；储运准则；工艺安全准则；产品安全监管准则。

"责任关怀"的核心准则是在技术、生产工艺和产品的全生命周期，持续提高在环境、健康和安全方面的理解和表现，避免对人和环境造成损害；更有效利用资源，并最大程度地减少浪费；公开行业的现状、取得的成绩和存在的不足；接触利益攸关方，听取意见并着力解决其关注的问题和期望；与政府和相关组织合作，切实执行相关规定和标准，并力争超标准完成；为产品链上各管理和使用环节的用户提供帮助和咨询，培养其对医药类化学品的有效认识。

在 2015 中国国际石化大会上，430 份中国石油和化工相关单位负责人签名的《责任关怀全球宪章》文件移交国际化工协会联合会（ICCA）。这是中国推行责任关怀历程中的一座里程碑，彰显了中国石油和化工行业践行责任关怀的决心和信心，更是石化行业绿色可持续发展的庄严承诺。

1.2　制药工业特点与事故特征

我国制药企业的安全问题中，环保问题仍然较为突出，近年来，制药企业各类安全生产事故发生频繁，药品的生产、使用过程中的职业危害、环境污染问题多种多样。表 1-2 概括了近年来我国制药企业典型的安全生产事故。

表 1-2　我国制药企业事故举例

发生时间	事故描述	事故类型	伤亡
2004.09.07	浙江金华市立信医药化工有限公司，阿奇霉素中间体生产车间因反应釜突然爆炸引燃周围甲苯、丙酮、甲醇和泄漏的易燃液体等而造成大火	爆炸、火灾	3 死 4 伤
2005.05.27	山东菏泽科达药物化工有限公司，生产医药中间体反应釜爆炸事故	爆炸	6 死 1 伤
2005.11.24	重庆英特化工有限公司(生产医药中间体)，在用双氧水处理焦化苯中的杂质硫化物时，与反应釜相连的中和釜燃烧爆炸，引起苯高位槽爆炸	爆炸	1 死 5 伤
2007.01.13	江苏昆山康大医药化工公司，硝化车间熔融反应釜发生爆炸事故	爆炸	7 死
2007.05.08	江西吉安淦辉医药化工有限公司，缩合车间因作业人员操作不当，导致反应釜内物料温度骤然升高，反应失控产生冲料，大量易燃易爆物质喷出后与空气接触燃烧起火并引发爆炸	火灾、爆炸	3 死 12 伤
2009.08.05	内蒙古赤峰市赤峰制药股份有限公司，抚顺市抚运危险货物运输服务有限公司一辆液氨槽罐车在卸车过程中，卸车金属软管突然破裂，导致液氨发生泄漏	中毒和窒息	246 伤

发生时间	事故描述	事故类型	伤亡
2010.01.12	天津市金汇药业有限公司,巴豆酸车间反应釜发生爆裂并引发燃烧	爆炸、火灾	3死2伤
2010.12.30	云南昆明市五华区全新生物制药厂,制剂车间,电器火花引爆积累在烘箱中的乙醇爆炸性混合气体发生爆炸并引发火灾(近官渡中学)	爆炸、火灾	5死8伤
2011.03.27	安徽安庆鑫富化工有限公司(主要产品为药用三氯蔗糖)制造车间3号低温氯化釜发生爆炸	爆炸	3死1伤
2011.04.13	济南、山东科源制药有限公司	爆炸	2死3伤
2011.04.10	新昌制药压力釜垫圈破裂光气泄漏	中毒	多人
2011.08.04	宁夏银川多维泰瑞制药有限公司泵房污水管道阀门垫子破裂,沼气溢出	中毒和窒息	3死
2011.10.12	广东从化汉普医药有限公司,高温压力反应器爆炸	爆炸	1死4伤
2012.04.18	安徽中升药业有限公司二车间发生光气泄漏	中毒和窒息	2死
2012.12.10	内蒙古巴彦淖尔市联邦制药(内蒙古)有限公司工人污水取样失误	中毒	1死1伤
2013.09.09	江苏南通常佑药业科技有限公司,结晶车间在用氮气进行试漏过程中系统氮气泄漏,造成巡查的职工窒息昏迷	中毒和窒息	2死
2013.10.21	山东东营新发药业公司维生素B_2生产车间因导热油泄漏,引发火灾	火灾	3死2伤
2014.07.01	海南海口慧谷药业有限公司,固体制剂车间烘箱含易燃品酒精的物料发生爆炸事故	爆炸	4死4伤
2015.04.30	济南市齐普制药化工厂发生爆炸,反应釜泄压过程中引起	火灾、爆炸	无
2016.03.07	湖州中维药业仓库爆炸。纤维素醚生产车间仓库甲苯、异丙醇燃烧爆炸	火灾、爆炸	8伤

注：数据来自国家安全生产监督管理总局网站 www.chinasafety.gov.cn。

表1-2统计的近10年间,制药企业发生爆炸事故的次数和死亡人数分别占事故总数和总死亡人数的64%和78%,表明爆炸事故是制药企业生产过程中最主要的事故类型。这些事故中多与反应釜和烘箱有关,并伴随有火灾次生灾害,扩大了事故的严重程度。其次,中毒和窒息事故次数和死亡人数分别占事故总数和总死亡人数的29%和16%,这类事故中死亡和受伤人数占总伤亡人数的比例高达77%。中毒和窒息是制药企业发生人身伤害的主要原因,而对应的危险源并不是制药工艺中的原材料、中间体或产品,而是制药过程的配套设备及操作失误。最后,从事故轻重程度看,29%为一般事故,71%为较大事故,重、特大事故较少,这也与我国制药工业的产业规模一致。一方面,技术改进,自动化程度较高,重大危险源控制较好。另一方面,人员的安全意识不强,危险源分析和评估不够深入,应急预案及其落实不到位,企业安全制度建设和管理体系不够健全。

1.2.1 制药工业的特点

(1)高度的科学性、技术性

随着科学技术的不断发展,制药生产中现代化的仪器仪表、电子技术、自动控制的一体化设备得到了广泛的应用,无论是产品设计、工艺流程的确定,还是操作方法的选择,都有严格的规范化要求,采用相应的技术手段、设备和设施,其技术性强。

(2)生产分工细致、质量控制体系完善

制药工业既有严格的分工,又有密切的配合。在医药生产系统中有原料药合成厂、制剂药厂、中成药厂,还有医疗器械设备厂等。这些医药企业各自的生产任务不同,只有密切配合,才能最终完成药品的生产任务。产品质量必须采用统一的标准,并严格执行。世界上各个国家都有自己的《药品管理法》和《药品生产质量管理规范》,用法律的形式将药品生产经营管理确定下来，这说明了医药企业确保产品质量的重要性。药品生产企业必须严格按照《药品生产质量管理规范》（GMP）的要求进行生产；厂房、设施、卫生环境必须符合相应的技术标准；为保障药品的质量创造良好的生产条件；生产药品所需的原料、辅料以及直接接触药品的容器、包装材料必须符合药用要求；研制新药必须按照《药品非临床研究质量管理规范》（GLP）和《药品临床试验管理规范》（GCP）进行；药品的经营流通必须按照《药品经营质量管理规范》（GSP）的要求进行。

（3）生产技术复杂、危险因素多

在药品的生产过程中，所用的原料、辅料产品种类繁多，技术复杂程度高。在原料药生产过程中，单元操作大致可由回流、蒸发、结晶、干燥、蒸馏、过滤等串联组合，但由于一般化学原料药的合成都包含有较多的化学单元反应，且往往伴随着副反应，使得整个工艺操作与参数控制变得复杂化。且在连续操作过程中，所用原料、反应的条件不同，又多是管道输送，原料和中间体中多为易燃易爆、腐蚀性等有害物质。操作技术的复杂性和多样性，说明制药过程的危险性高，发生安全事故的风险高。

（4）生产的比例性、连续性

制药生产的比例性是由制药生产的工艺原理和工艺设施决定的。一般来说，制药工业的生产过程，各厂之间、各生产车间、各生产小组之间，都要按照一定的比例关系进行生产，如果比例失调，不仅影响产品的产量和质量，甚至会造成事故，迫使停产。另一方面，从原料到产品加工的各个环节，大多通过封闭的管道运输，采取自动控制、调节，各环节的联系相当紧密，这样的生产装置连续性强，任何一个环节都不可随意停产，严重时甚至导致系统停车。

（5）高投入、高产出

制药工业是以新药研究与开发为基础的行业，而新药的研发需要投入大量的资金，高投入带来了高产出、高效益，某些发达国家制药工业的总产值已经跃居行业的第五至第六位，仅次于军火、石油、汽车等，它的巨额利润主要来自受专利保护的创新药物。

当前与制药相关的精细化工生产多以间歇和半间歇操作为主，工艺复杂多变，自动化控制水平低，现场操作人员多，部分企业对反应安全风险认识不足，对工艺控制要点不掌握或认识不科学，容易因反应失控导致火灾、爆炸、中毒事故的发生，造成群死群伤。

1.2.2 制药过程事故的特点

制药过程与危险化学品的使用密切相关，在一些操作不当的情况下容易发生与危险化学品相关的安全事故，具有影响范围广、种类复杂、损失严重的变化趋势。

① 突发性强，不易控制 安全事故发生的原因多且复杂，事先没有明显预兆。

② 健康环保，后果严重 危险化学品不仅可对现场人员造成灼伤、感染、中毒等，还会污染大气、土壤、水体、车间环境，损害设备，现场残留物的彻底洗消困难。

③ 救援难度大，专业性强 由于救援现场情况复杂，存在高温、剧毒等危险，使得侦察、救人、灭火、堵漏、洗消难度加大，危害高。

④ 洁净生产区域，质量风险 制药过程区别于别的精细化工过程，在很大程度上表现为保证药品质量的洁净生产要求。事故、故障不但影响正常生产，还有可能给药品质量带来风险，危及人体健康。

⑤ 人员素质不一、执行偏差 进入制药企业的操作人员，虽然经过培训，但是由于人员的文化程度、生活习惯、工作的责任心等不同，执行偏差，甚至违反 GMP 要求，增加药品污染的风险，导致药品质量不合格，造成药品安全事故。

1.2.3 制药过程安全与环保责任

1.2.3.1 安全生产责任

《安全生产法》规定，生产经营单位的主要负责人对本单位的安全生产工作全面负责。从业人员有依法获得安全生产保障的权利，并履行安全生产义务。

安全生产的最基本内容，就是保证人和物在生产过程中的安全。人是生产的决定性因素，设备是主要的生产手段，物是两者的共同作用对象。制药企业的劳动保护工作，正是职工在生产过程中安全和健康的重要保障。保障职工在生产劳动中的安全就必须把安全作为进行生产的前提条件。

制药企业是制药过程安全管理的主体，也是安全生产的责任主体，企业通过安全管理机构，执行日常安全管理制度，履行安全生产责任。制药企业安全生产是通过安全管理实现的，安全管理主要有以下几个方面工作。

（1）安全制度

制药企业应根据国家、行业等制定安全生产的政策、法规，结合企业的生产特点，制定出科学合理、适合本企业的安全制度体系。包括：安全机构和职责，安全教育与培训制度，安全检查制度，安全措施管理制度，事故事件管理制度，动火管理制度，劳动防护用品管理制度，登高作业安全制度，压力容器安全制度，有毒有害岗位安全制度、受限区域作业管理制度等。

（2）安全教育与培训

制药企业的安全管理机构必须对全体员工进行安全生产的教育和培训，使员工懂得如何安全生产，如何防止和排除事故的发生，事故发生现场如何应急处理，确保安全生产管理的各项制度、措施得到保证贯彻执行。包含三级安全教育、在职职工的日常安全教育、专项安全教育。

（3）安全措施

① 防火防爆 在有火灾、爆炸危险的生产区域、仓库区域、装卸作业场所等，严格禁止吸烟和进行可能引起火灾、爆炸的作业；在有火灾、爆炸危险的厂房、储罐、管道及暗沟等区域内，不用明火照明，爆炸危险场所必须采用防爆电气照明；加热易燃液体时，禁止使用明火，应采用热水、蒸汽、油浸的电加热；在有火灾、爆炸危险现场的储罐、管道内部等受限区域作业，应采用安全电压电器或防爆电器，进入前必须进行空气置换，必要时配备换气设备及专用探头、报警设备等；检修动火时必须严格执行动火管理制度。

② 防止静电 静电对安全生产的危害很大，且往往不为人觉察而忽视。控制静电产生的主要措施有：a. 对容易产生静电的设备、储槽、管道等应有良好的接地装置。b. 提高空气的湿度以消除静电荷的积累。有静电危险的场所，增加空气的相对湿度在70%以上较为适宜，而最低应不低于30%。c. 将易燃液体或气体转移到其他容器或储罐时，流速要加以控制，不能太快；输送易燃流体不能采用塑料等绝缘材料管道，应采用防静电材料。d. 禁止穿丝绸或化纤织物的工作衣裤进入存有大量易燃、易爆物品的区域内。

③ 其他 生产场所内临时存放易燃和可燃物品时，应根据生产需要，限额存放，一般不得超过当天用量；易燃、易爆液体不能用敞口容器盛装。有可燃气体、蒸气、粉尘的场所，必须加强通风。洁净区域内含有较多粉尘的作业场所的空气，必须经过除尘后排放。对使用易燃、易爆液体的生产区域必须进行防爆设计；禁止穿带钉鞋进入易燃、易爆的生产区域内；禁止金属在该区域内的撞击；电线接线应连接牢固、安全，以防接触电阻过大发热或打火引起起火等。

（4）安全检查

安全检查的目的是发现不安全因素和消除隐患，是对生产过程中的安全状况进行经常性的、突击性的或者专业性的检查活动。检查内容主要概括为查制度、查措施、查设备设施、查教育、查工作环节、查操作、查防护用品使用、查事故事件的处理等。对安全检查中查出的问题及隐患，应寻找问题的根源所在，提出切实可行的消除隐患的措施。整改项目应由专人负责，整改工作包括具体内容、整改方法、进度计划、检查验收。

（5）事故处理

对发生的事故做到"四不放过"：事故原因未查清不放过；事故责任人未受到处理不放过；事故责任人和广大群众没有受到教育不放过；事故没有制订切实可行的整改措施不放过。对发生的死亡事故、重伤事故，必须认真做好事故的调查、统计、报告工作，并向上级提交调查处理的书面报告。

1.2.3.2 环境保护责任

有效地控制污染源头，未雨绸缪保护好环境，成为制药企业管理的重要内容之一。为了保护和改善环境，必须积极探索研究控制环境质量和治理环境污染的措施：①对污染源排放的污染物及其在环境中的分布进行检测与分析，对环境质量做出科学评价；②通过改革生产工艺等措施控制污染源，使生产工艺向无害化、少害化的方向发展，对于必须排放的废弃污染物，采用各种技术进行单项治理和综合防治；③对于环境污染控制和防治的各项新方法、新工艺、新技术、新设备、新材料的试验和应用，要大力支持并积极推广；④在评价已有环境质量的基础上，还要逐步发展环境质量预报，以便在工程项目上马建设以前，对环境中可能出现的污染做出预先判断。

1.2.4 制药过程的清洁生产

联合国环境规划署（UNEP）对"清洁生产"的定义：一种新的、创造性的思想，该思想将整体预防的环境战略持续应用于生产过程、产品和服务中，以增加生态效率和减少人类及环境的风险。对生产过程，要求节约原材料和能源，淘汰有毒原材料，减降所有废弃物的数量和毒性；对产品，要求减少从原材料提炼到产品最终处置的全生命周期的不利影响；对服务，要求将环境因素纳入设计和所提供的服务中。《中华人民共和国清洁生产促进法》对"清洁生产"的定义做出了规定：清洁生产，是指不断采取改进设计、使用清洁的能源和原料、采用先进的工艺技术与设备、改善管理、综合利用等措施，从源头削减污染，提高资源利用效率，减少或者避免在生产、服务和产品使用过程中污染物的产生和排放，以减轻或消除对人类健康和环境的危害。

清洁生产是可持续发展的战略部署，是近年出现的解决经济发展与资源利用、环境保护不协调问题的新思想，是人类在协调工业化发展与环境保护矛盾的对立统一中逐步形成的新的生产方式。企业通过清洁生产，在生产无害产品的同时实现少废或无废排放，不仅可以提高企业的竞争能力，而且有助于企业在社会中树立良好的环保形象，得到公众的认可和支持。

清洁生产是以"节能、降耗、减污"为目标，以技术、管理为手段，消除和减少工业化生产对人类与生态环境的影响，达到"防治工业污染、提高经济效益"双重目的的综合性措施。清洁生产的五项基本原则：环境影响最小化原则、资源消耗减量化原则、优先使用再生资源原则、循环利用原则、原料和产品无害化原则。

医药产业是国家社会经济发展的重要产业部门，是关系到国计民生的支柱产业。医药工业对国民经济发展有着举足轻重的影响。中国自改革开放以来，整个医药行业发展迅速，医药经济以年均 18.1% 的增长速度取得了长达 20 年之久的高速持续发展，其增长速度明显高于全国工业年均 12.6% 的增长速度，居国内各行业之首，也高于世界发达国家中主要制药国家的发展速度。虽然制药工业在"节能、降耗、减污"方面取得了显著成绩，但是与国际先进水平相比还有很大差距。

清洁生产是一项系统工程，制药企业从自己的实际出发，在产品设计、原料选择、工艺流程、工艺参数、生产设备、操作规程等方面分析减少污染物产生的可能性，发现清洁生产的机会和潜力，促进制药过程的清洁生产。

① 在产品设计和原料选择时，可以设置安全与环保准入条件，不生产有毒、有害的产品，不使用有毒、有害的原料，以防原料及产品对环境的危害。原材料是医药产品生产的第一步，它的选择与生产过程中污染物的产生有很大的相关性。如果原材料含有过多的杂质，生产过程中就会发生不期望的化学反应，产生一些不期望的副产品，这样既加大了处置废弃物的工作量和成本，也增加了环境保护的压力。清洁生产要求根据环境标准并利用现代科学技术的全部潜力，因此，制药企业需要改革生产工艺，更新生产设备，尽最大可能提高每一道工序的原材料和能源利用率，减少生产过程中资源的浪费和污染物的排放。

② 在药品生产工艺过程中，最大限度地减少废弃物的产生量和毒性。

③ 使用清洁能源、综合利用能源，开发新能源和可再生能源，以提高能源利用率。

药品生产企业由于"洁净生产"需要而设置的空调净化系统，是一个热量、冷量以及电能等资源能源消耗的重点部位。制药企业可采用燃气、燃油锅炉或采用高效低硫煤以及洗煤节煤技术，提高蒸汽质量，进行汽水分离和凝结水回收再利用等。制药企业所用的蒸汽，既是能源的消耗，又是水的转化。水的质量决定蒸汽的质量，蒸汽的质量又影响药品的质量和能源的管理，从而在合理应用的基础上做到节约能源。

④ 建立生产闭合圈，开展废弃物循环利用。制药过程中物料在输送、加热中挥发、沉淀、跑、冒、滴、漏现象以及误操作等都会造成物料的损失。实施清洁生产要求流失的物料必须加以回收，返回到流程中或经适当处理后作为原料回用，建立从原料投入到废弃物循环回收利用的生产闭合圈。循环的常见形式有：a. 将回收流失物料作为原料，返回到生产流程中；b. 将生产过程中产生的废料经适当处理后作为原料或替代物返回生产流程中；c. 废料经处理后作为其他生产过程的原料应用或作为副产品回收。

1.2.5 制药过程 EHS

在制药过程中会有"三废"产生，作为影响环境质量的生产企业，必须对产生的"三废"进行治理，实践 EHS 理念，促进安全生产，减少对环境、人体健康的影响。

生产中"三废"的来源：①废气来源于固体制剂生产中的粉尘及过筛、压片、胶囊填充、粉针分装等工序。虽然粉尘的浓度并不太大，但辅料粉尘及药品粉尘会对环境造成危害，比如青霉素类粉尘排入大气后，有可能危害生命。废气还来源于原料药的合成制备过程。②废水主要是生产设备和包装容器的洗涤水，生产场地的地面清洁废水、冷却水，混合废液等。③固体废物主要来源于生产过程中的废料，如破损的玻璃、裁切后的 PVC 板边角料、废弃包装材料、不合格的药品及某些剂型生产中使用的辅助性固体材料等。

"三废"的防治：①含尘废气利用多孔过滤介质分离捕集气体中的粉尘。运行中应注意除尘袋的清洁，否则将影响排风量。对于吸湿性较大的粉尘，除尘袋应选用疏水性织物，避免药粉吸湿后黏附在除尘袋上。对于青霉素类药物的尾气排放系统，尾气应进入含 1% 氢氧化钠溶液的吸收器内，经二级吸收，尾气再经高效过滤器过滤后排放，氢氧化钠吸收液进入废水处理系统中作进一步处理。原料药制备环节产生的废气，应采用有效的设备设施处理，达标后才可排放。②废水首先应清污分流，将可利用的冷却水等集中，处理后供循环使用。污水可采用一级处理和二级处理。在一级处理中，采用沉淀、中和等物理化学方法进行处理。然后进入二级处理，采用活性污泥法或生物膜法等作进一步处理，使废水达到排放标准。③对固体废物应进行分类处理，能回收综合利用的尽量回收，如玻瓶可由玻瓶厂集中回收，废包装纸箱可由造纸厂集中回收。需经特殊处理的废弃物可委托通过政府认可的、有资质的第三方进行处置。

为了预防和消除职业危害和职业病的发生，保护职工在劳动生产过程中的健康，制定了涉及劳动卫生的各种法律规范，这些法律文件既包括劳动卫生工程技术措施，也包括预防医学的保障措施，劳动保护措施体现在以下几个方面。

① 预防粉尘危害　通过工艺的改进和生产设备的更新，努力减少生产过程中粉尘的飞扬。可采用封闭设备及工艺吸风捕尘，使封闭空间内保持一定的负压，防止粉尘外逸，抽出的含尘空气必须经过除尘净化处理排出，避免污染大气。

② 预防职业中毒和危险化学品危害　避免毒物，通过工艺改进用无毒或低毒物质替代有毒或高毒物质；降低毒物浓度，通过控制毒物逸散，采用远距离控制或应用局部强制排、送风等不同方法，减少或消除工人接触毒物的机会，同时要加强设备的维修，防止有毒物质的跑、冒、滴、漏，污染环境；严格执行防护用品的使用规定，强化个人防护，对有毒物质的作业要有防毒口罩或防毒面具，保持良好的个人卫生状况；严格进行环境监测与健康检查，要定期监测作业场所空气中毒物的浓度，将其控制在最高允许浓度之下，实行岗前、岗中、离岗健康检查，排除职业禁忌者参加接触毒物的作业。坚持定期健康检查，早期发现工人健康问题并能及时处理。

③ 防止噪声　控制和消除噪声源，采用无声或低声设备代替高噪声设备，提高机器精度，以减少机器部件撞击、摩擦、振动所产生的噪声，将噪声源移至车间外等；控制噪声传播，厂房内墙、房顶装饰吸声材料，使用消声器减少噪声，使用吸声材料把噪声源封闭，使其与周围环境隔绝起来；在设备的基础和地面、墙壁联结处设隔振、减振装备，如减振垫、胶垫、沥青等，以防止通过地板和墙壁等固体材料振动传播噪声；加强个人卫生保健防护措施，在需要较高噪声条件下工作时，佩戴耳塞或耳罩保护听觉器官，隔声效果需达30dB左右。

④ 预防辐射危害　场源屏蔽材料能将电磁能量限制在规定的空间内，阻止其传播扩散。在屏蔽辐射源有困难时，可采用自动或半自动的远距离操作。在场源周围设有明显标示，禁止人员靠近。短时间作业可以穿戴专用的防护衣帽和眼镜。

⑤ 防暑降温　制定合理的劳动休息制度，应根据生产特点和具体条件，适当调整夏季高温作业劳动休息制度，增加工间休息次数，延长午休时间等。改进工艺过程，更新生产设备，消除或减少高温、热辐射对人体的影响。隔热是防暑降温的一项重要措施。隔热方式有：水隔热；泡沫塑料等隔热材料隔热；通风降温采用自然通风和机械通风方式，加强空气流动，降低工作场所气温。个人应注意合理安排休息时间，合理饮食，及时补充水分、盐分。

思考题

1. 什么是本质安全？有哪些技术措施来实现本质安全？
2. 什么是危险源和事故？简述两者的关系。
3. 简要叙述过程安全管理的主要内容。
4. 如何实现制药过程的清洁生产和制药工业的可持续发展？
5. 如何在制药过程中实践EHS理念？
6. 制药过程事故可体现出哪些特点？
7. 制药企业如何落实安全生产责任？

参考文献

[1] 丹尼尔 A 克劳尔，约瑟夫 F 卢瓦尔著 . 化工过程安全理论及应用 . 蒋军成，潘旭海译 . 北京：化学工业出版社，2008.

[2] 王留成编 . 化工环境保护概论 . 北京：化学工业出版社，2016.

[3] 温路新，等编 . 化工安全与环保 . 北京：科学出版社，2014.

[4] 崔克清编 . 化工工艺及安全 . 北京：化学工业出版社，2004.

[5] 李莉，范圣楠，闫艳，等 . 环境经济，2012，(1-2)：84-86.

第2章

制药安全技术基础

本章学习目的与要求
★了解燃烧、爆炸基础知识
★熟悉危险化学品的安全及其管理的基础知识
★掌握爆炸极限的概念及应用
★熟悉灭火的方法及灭火剂的使用
★熟悉防火防爆的基本方法与技术
★了解静电、雷电及其预防

2.1 危险化学品基础

制药过程及相关领域在日常生产过程中大量使用化学物质，目前全世界注册的化学品数量超过了1000万种，且数目还在持续快速增长，其中具有危险性的化学品达1万余种，它们具有不同程度的燃烧、爆炸、毒害、腐蚀、放射性等危险性。

2.1.1 危险化学品及分类

2.1.1.1 定义
我国《危险化学品安全管理条例》规定，具有毒害、腐蚀、爆炸、燃烧、助燃等性质，对人体、设施、环境具有危害的剧毒化学品或其他化学品，均属于危险化学品。通常在化工制药类原料及中间体中有70%左右属于危险化学品，有接近200种属于致癌物。

2.1.1.2 危险化学品的分类
根据国家标准《化学品分类和危险性公示 通则》（GB 13690—2009）、《常用危险化学品的分类及标志》的规定，所有危险化学品被分为物理危险、健康危险和环境危险三大类，27小类，如表2-1所示。该标准与联合国《化学品分类与标准全球协调制度》（GHS）（第二修订版）内容相对应。

表2-1 《化学品分类和危险性公示 通则》（GB 13690—2009）对化学品的分类

序号	物理危害	序号	健康危害	序号	环境危害
1	爆炸物	17	急性毒性	27	危害水生环境
2	易燃气体	18	皮肤腐蚀/刺激		
3	易燃气溶胶	19	严重眼损伤/眼刺激		

续表

序号	物理危害	序号	健康危害	序号	环境危害
4	氧化性气体	20	呼吸或皮肤过敏		
5	压力下气体	21	生殖细胞致突变性		
6	易燃液体	22	致癌性		
7	易燃固体	23	生殖毒性		
8	自反应物质或混合物	24	特异性靶器官系统毒性，一次接触		
9	自燃液体	25	特异性靶器官系统毒性，反复接触		
10	自燃固体	26	吸入危险		
11	自热物质和混合物				
12	遇水放出易燃气体的物质或混合物				
13	氧化性液体				
14	氧化性固体				
15	有机过氧化物				
16	金属腐蚀剂				

根据 GB 13690—2009 的规定，分别介绍各类危险化学品。

（1）物理危险

① 爆炸物　根据国家标准的分类，爆炸物主要包括炸药、火药等军民用爆炸品、烟火剂、推进剂及其制成品等，这些特殊化学品在制药过程中仅有少量作为原料或中间体使用。爆炸物分类、警示标签和警示性说明见 GB 30000.2—2013。

② 易燃气体　在 20℃和 101.3kPa 压力下，与空气有易燃范围的气体，与空气能形成爆炸性混合物，如氢气、甲烷（煤气）、乙炔等，见 GB 30000.3—2013。

③ 易燃气溶胶（气雾剂）　易燃气溶胶的分类，警示标签和警示性说明见 GB 30000.4—2013。

④ 氧化性气体　通过提供氧气，导致或促使其他物质燃烧的气体，见 GB 30000.5—2013。

⑤ 压力下气体　压力气体分类、警示标签和警示性说明见 GB 30000.6—2013。压力气体是指高压力气体在压力等于或大于 200kPa（表压）下装入贮器的气体，或是液化气体或冷冻液化气体。压力下气体包括压缩气体、液化气体、溶解液体、冷冻液化气体。

⑥ 易燃液体　易燃液体分类、警示标签和警示性说明见 GB 30000.7—2013。易燃液体是指闪点不高于 93℃的液体。

⑦ 易燃固体　易燃固体分类、警示标签和警示性说明见 GB 30000.8—2013。易燃固体是容易燃烧或通过摩擦可能引燃或助燃的固体。易燃固体有粉状、颗粒状或糊状，它们与明火等火源短暂接触即被点燃或火焰迅速蔓延，危险性高。

⑧ 自反应物质或混合物　自反应物质分类、警示标签和警示性说明见 GB 30000.9—2013。自反应物质或混合物是即便没有氧（空气）也容易发生激烈放热分解的热不稳定物质或者混合物。该分类不包括根据统一分类方法分类为爆炸物、有机过氧化物或氧化物质的物质或混合物。

如果在药物合成实验中，自反应物质或混合物的组分容易起爆、迅速爆燃或在封闭条件下加热时显示剧烈效应，应视为具有爆炸性质。

⑨ 自燃液体　自燃液体分类、警示标签和警示性说明见 GB 30000.10—2013。自燃液

体是即使数量小也能在与空气接触后 5min 之内被引燃的液体。

⑩ 自燃固体 自燃固体分类、警示标签和警示性说明见 GB 30000.11—2013。自燃固体是即使数量小也能在与空气接触后 5min 之内被引燃的固体。

⑪ 自热物质和混合物 自热物质分类、警示标签和警示性说明见 GB 30000.12—2013。自热物质是发火液体和固体以外，与空气反应不需要能源供应就能够自己发热的固体或液体物质或混合物；这类物质只有数量很大（千克级）且经过较长时间（几小时或几天），热产生的速度超过热损耗的速度达到自然温度时，就可能引起燃烧。

⑫ 遇水放出易燃气体的物质或混合物 遇水放出易燃气体的物质分类、警示标签和警示性说明见 GB 30000.13—2013。

遇水放出易燃气体的物质或混合物是通过与水发生化学反应，生成易燃气体的物质或混合物。

⑬ 氧化性液体 氧化性液体的分类、警示标签和警示性说明见 GB 30000.14—2013。氧化性液体是本身未必燃烧，但通常因能提供氧而可能引起或促使其他物质燃烧的液体。

⑭ 氧化性固体 氧化性固体分类、警示标签和警示性说明见 GB 30000.15—2013。氧化性固体是本身未必燃烧，但通常因能提供氧可能引起或促使其他物质燃烧的固体。

⑮ 有机过氧化物 有机过氧化物分类、警示标签和警示性说明见 GB 30000.16—2013。有机过氧化物是含有二价—O—O—过氧键结构的液态或固态有机物，可以看作是一个或两个氢原子被有机基团替代的过氧化氢衍生物。包括有机过氧化物配方（混合物）。有机过氧化物是热不稳定物质或混合物，容易发生自加速分解，从而具有下列一种或几种性质：易于爆炸分解；迅速燃烧；对撞击或摩擦敏感；与其他物质发生危险反应。

如果有机过氧化物在实验室试验中，在封闭条件下加热时组分容易爆炸、迅速爆燃或表现出剧烈效应，则应认为它具有爆炸性质。

⑯ 金属腐蚀剂 金属腐蚀物分类、警示标签和警示性说明见 GB 30000.17—2013。腐蚀金属的物质或混合物是通过化学作用显著损坏或毁坏金属结构的物质或混合物。

（2）健康危害

① 急性毒性 分类、警示标签和警示性说明见 GB 30000.18—2013。急性毒性是指在单剂量或在 24h 内多剂量口服或皮肤接触一种物质，或吸入接触 4h 之后出现有害效应。

② 皮肤腐蚀/刺激 皮肤腐蚀/刺激分类、警示标签和警示性说明见 GB 30000.19—2013。皮肤腐蚀是施用试验物质 4h 后，对皮肤造成不可逆损伤；皮肤刺激是施用试验物质 4h 后对皮肤造成可逆损伤。

③ 严重眼损伤/眼刺激 严重眼损伤/眼刺激分类、警示标签和警示性说明见 GB 30000.20—2013。

④ 呼吸或皮肤过敏 呼吸或皮肤过敏分类、警示标签和警示性说明见 GB 30000.21—2013。呼吸过敏物是吸入后会导致气管过敏反应的物质。皮肤过敏物是皮肤接触后会导致过敏反应的物质。过敏包括两个阶段，第一个阶段，因接触某种刺激而引起特定免疫记忆；第二阶段是引发，即因接触某种刺激产生细胞介导或抗体介导的过敏反应。

⑤ 生殖细胞致突变性 生殖细胞致突变性分类、警示标签和警示性说明见 GB 30000.22—2013。可能导致人类生殖细胞发生可代际传播突变的化学品。

⑥ 致癌性 致癌性分类、警示标签和警示性说明见 GB 30000.23—2013。致癌物是指可导致癌症或增加癌症发生率的化学物质或化学物质混合物。

⑦ 生殖毒性 生殖毒性分类、警示标签和警示性说明见 GB 30000.24—2013。

⑧ 特异性靶器官系统毒性，一次接触 特异性靶器官系统毒性一次接触分类、警示标签和警示性说明见 GB 30000.25—2013。

⑨ 特异性靶器官系统毒性，反复接触　特异性靶器官系统毒性反复接触分类、警示标签和警示性说明见 GB 30000.26—2013。

⑩ 吸入危险　（注：本危险性我国还未转化成为国家标准）

（3）环境危险

对水环境的危害分类、警示标签和警示性说明见 GB 30000.28—2013。

环境危险主要指危害水生环境。急性水生毒性是指物质对短期接触它的水生生物体造成伤害的性质。慢性水生毒性是指物质在与生物体生命周期相关的接触期间对水生生物产生有害影响的潜在性质或实际性质。

2.1.2　危险化学品的危害

不同种类的危险化学品，其化学组成、结构和性质，以及侵入人体、损害健康、危害环境的作用途径、后果等都不相同，有的危险化学品还同时具有下列特性中的一种或几种。

（1）化学活泼性

化学活泼性是指易于与其他物质发生化学反应的特性。反应活性越强其危险性就越大。许多爆炸性、氧化性物质的反应活性都很强，化学活泼性是许多火灾、爆炸、生态事故的重要原因。

（2）燃烧性

燃烧性，也是一种化学活泼性。液化可燃气体、易燃液体、易燃固体、自燃物品和遇湿易燃物品等在适当条件发生着火燃烧，是众多火灾事故的首要原因。需要指出的是，燃烧未必在空气或氧气氛围下才发生，如镁可在 CO_2 气体中稳定燃烧。

（3）爆炸性

除爆炸品爆炸之外，压缩气体和液化气体、易燃液体、易燃固体、自燃物品和遇湿易燃物品、氧化剂和有机过氧化物等都有可能发生爆炸。

（4）毒害性

除毒品、有毒化学品和感染性物品外，压缩气体和液化气体、易燃液体、易燃固体等危险化学品也具有不同程度的毒性，致人窒息或中毒。

（5）腐蚀性

无机酸、碱类物质一般都具有腐蚀性，对人体组织、器官、设备、环境、造成不同程度的腐蚀，部分有机物也具有或强或弱的腐蚀性。

（6）放射性

放射性化学品的辐射线对人体组织会造成暂时或永久性的伤害。

2.1.3　危险化学品的安全管理

危险化学品的管理是制药过程和制药企业安全的重要内容，它包括危险化学品安全信息，危险化学品储存，危险化学品运输，危险化学品包装，危险化学品使用过程的管理等方面。

2.1.3.1　危险化学品安全生产信息

（1）危险化学品安全技术说明书

化学品安全技术说明书，在国外也被称为化学品安全数据表（safety data sheet for chemical products，SDS）。化学品安全技术说明书是关于危险化学品燃爆、毒性和环境危害以及安全使用、泄漏应急处置、主要理化参数、法律法规等方面信息的综合性技术文件。《化学品安全技术说明书 内容和项目顺序》（GB/T 16483—2008）规定了化学品安全技术说明书应包含的主要内容，如表 2-2 所示。图 2-1 给出了某危险化学品安全技术说明书的部分内容。

表 2-2 化学品安全技术说明书主要内容

编号	内容	编号	内容
1	化学品及企业标识	9	理化特性
2	危险性概述	10	稳定性和反应性
3	成分/组成信息	11	毒理学信息
4	急救措施	12	生态学资料
5	消防措施	13	废弃处置
6	泄漏应急处理	14	运输信息
7	操作处置与储存	15	法规信息
8	接触控制及个体防护	16	其他信息

第3部分：成分/组成信息

纯物质/混合物：

物质■　　　　　混合物□

化学名	浓度或浓度范围	CAS No.
氧	≥99.5%	7782-44-7

第4部分：急救措施

皮肤接触：如果发生冻伤：将患部浸泡于保持在38～42℃的温水中复温。不要涂擦。不要使用热水或辐射热。使用清洁、干燥的敷料包扎。如有不适感，就医。

眼睛接触：如果接触到液体，立即用水冲洗（温度不超过40℃）。立即通知医生。

吸入：迅速脱离现场到空气新鲜处，并就医。并告知医生病人是由于暴露在富氧环境中而造成的。

食入：不会通过该途径接触。

图 2-1 某危险化学品安全技术说明书中的部分内容

（2）危险化学品安全标签

化学品安全标签是用于标示化学品所具有的危险性和安全注意事项的一组文字、象形图和编码组合，它可粘贴、挂挂或喷印在化学品的外包装或容器上，是传递化学品安全信息的关键载体。《化学品分类和危险性象形图标识 通则》（GB/T 24774—2009）中专门规定了化学品的物理危害、健康危害和环境危害分类及各类中使用的危险性象形图标识。图 2-2 给出了几种典型的危险化学品象形图。

《化学品安全标签编写规定》（GB 15258—2009）规定，安全标签必须包含的主要内容有：化学品标识（化学品名称、混合物的组分）、象形图、信号词（危险、警告）、危险性简要说明（注：根据《化学品分类、警示标签和警示性说明安全规范》（GB 30000.2—2013～GB 30000.25—2013、GB 30000.26—2013～GB 30000.28—2013 简要概述化学品的危险特性，以及选择危险化学品类别的说明等）、防范说明（表述化学品的处置、搬运、运输和使用作业中的注意事项和发生意外时简单有效的救护措施等，包括安全预防措施、事故响应、安全储存措施、废弃处置等内容）、供应商标识（名称、地址、邮编、电话等）、应急咨询电话（化学品生产商或生产商委托的 24h 化学品事故应急咨询电话）、资料参阅提示语等。某化学品安全标签如图 2-3。

危险象形图			
该图形对应的危险性类别	爆炸物，类别1~3； 自反应物质，A、B型； 有机过氧化物，A、B型	压力下气体	氧化性气体； 氧化性液体； 氧化性固体
危险象形图			
该图形对应的危险性类别	易燃气体，类别1； 易燃气溶胶； 易燃液体，类别1~3； 易燃固体； 自反应物质，B~F型； 自热物质； 自燃液体； 自燃物体； 有机过氧化物，B~F型； 遇水放出易燃气体的物质	金属腐蚀物； 皮肤腐蚀/刺激，类别1； 严重眼损伤/眼睛刺激，类别1	急性毒性，类别1~3
危险象形图			
该图形对应的危险性类别	急性毒性，类别4； 皮肤腐蚀/刺激，类别2； 严重眼损伤/眼睛刺激，类别2A； 皮肤过敏	呼吸过敏； 生殖细胞突变性； 致癌性； 生殖毒性； 特异性靶器官系统毒性一次接触	对水环境的危害，急性类别1，慢性类别1、2

图 2-2　几种典型的危险化学品象形图

对于小于或等于100mL的化学品小包装，为了方便标签使用，安全标签的内容可以简化，但至少应包括化学品标识、象形图、信号词、危险性说明、应急咨询电话、供应商名称及联系电话、资料参阅提示语。简化标签的样例如图2-4。

（3）危险化学品作业场所安全警示标志

《化学品作业场所安全警示标志规范》（AQ/T 3047—2013）规定了危险化学品作业场所安全警示标志的有关定义、内容、编制与使用要求，适用于化工企业生产、使用化学品的场所，储存化学品的场所以及构成化学品重大危险源的场所。图 2-5 为典型危险化学品"苯"的某作业场所安全警示标志。

```
化学品名称  A组分：40%；B组分：60%

 危  险

极易燃液体和蒸气，食入致死，对水生生物毒性非常大。
【预防措施】
•远离热源、火花、明火、热表面。使用不产生火花的工具作业。
•保持容器密闭。
•采取防止静电措施，容器和接收设备接地、连接。
•使用防爆电器、通风、照明及其他设备。
•戴防护手套、防护眼镜、防护面罩。
•操作后彻底清洗身体接触部位。
•作业场所不得进食、饮水或吸烟。
•禁止排入环境。
【事故响应】
•食入：催吐、立即就医。
•收集泄漏物。
•火灾时，使用干粉、泡沫、二氧化碳灭火。
【安全储存】
•在阴凉、通风良好处储存。
•上锁保管。
【废弃处置】
•本品或共容器采用焚烧法处置。
           请参阅化学品安全技术说明书
供应商：×××××××××××××   电话：×××××
地  址：×××××××××××××   邮编：×××××
化学事故应急咨询电话：×××××××××
```

图 2-3 化学品安全标签样例

```
化学品名称

 危
 险     极易燃液体和蒸气，食入致死，对水生生物毒性非常大
           请参阅化学品安全技术说明书
      供应商：××××××××××××   电话：×××××
      化学事故应急咨询电话：×××××
```

图 2-4 化学品安全简化标签样例

2.1.3.2 危险化学品的安全储存

（1）危险化学品安全储存的基本要求

国家标准规定的储存方式及设施主要包括：建筑物、储存地点及建筑结构的设置、储存场所的电气设施、储存场所通风或空气调节、禁忌要求、储存方式、安全设施、报警装置等。

（2）建筑物的设计

应符合《常用化学危险品贮存通则》（GB 15603—1995）、《建筑设计防火规范》（GB 50016—2014）、《危险化学品经营企业开业条件和技术要求》（GB 18265—2000）等国家标准的相关规定。

（3）禁忌要求

危险化学品应根据其危险性、化学特性进行分类、分库储存。各类危险化学品不得与化学性质相抵触或灭火方法显著差异的禁忌物料混合储存。

| 苯
CAS号：71-43-2

危　险

极易燃液体和蒸气！

食入有害！

引起皮肤刺激！

引起严重眼睛刺激！

怀疑可致遗传性缺陷！

可致癌！

对水生生物有毒！ |

【理化特性】
无色透明液体：闪点-11℃；爆炸上限8%，爆炸下降1.2%；密度比水轻，比空气重；易挥发。
【预防措施】
远离热源/火花/明火/热表面。禁止吸烟。保持容器密闭。采取防止静电措施，容器和接收设备接地/连接。使用防爆电器/通风/照明等设备，只能使用不产生火花的工具。得到专门指导后操作。在阅读并了解所有安全预防措施之前，切勿操作。按要求使用个体防护装备，戴防护手套/防护眼镜/防护面罩。避免吸入烟气/气体/烟雾/蒸气/喷雾。操作后彻底清洗，操作现场不得进食、饮水或吸烟。禁止排入环境。
【事故响应】
火灾时使用泡沫，干粉、二氧化碳、砂土灭火，如接触或感觉不适，就医。脱去被污染的衣服，洗净后方可重新使用。如皮肤（或头发）接触：立即脱掉所有被污染的衣服。用大量肥皂水和水冲洗皮肤/淋浴。如发生皮肤刺激，就医。如果食入：立即呼叫中毒控制中心或就医。不要催吐。如接触眼睛：用水细心冲洗数分钟。如戴隐形眼镜并可方便地取出，取出隐形眼镜，继续冲洗，如果眼睛刺激持续：就医。
【安全贮存】
在阴凉通风处储存，保持容器密闭，上锁保管。
【废弃处置】
本品/容器的处置推荐使用焚烧法。
【个体防护用品】 |
| 请参阅化学品安全技术说明书
报警电话：**** | |

图 2-5　典型危险化学品"苯"的某作业场所安全警示标志

2.1.3.3　危险化学品的安全包装

危险化学品的包装必须符合国家法律、法规、规章的规定和国家标准的要求。

① 危险化学品的包装物、容器必须由专业生产企业定点生产，并经专业部门检测检验合格。

② 包装所用材质应与所包装的危险化学品或物品的性质相适应。

③ 包装物应具有相应的强度，其构造和封闭装置，应能经受运输过程中正常的冲撞、震动、挤压和摩擦。

④ 包装的封口应与所装危险货物的性质相适应。

⑤ 内外包装之间应适当衬垫。

⑥ 应能承受一定范围的温湿度变化，空运包装还应当适应高度变化。

⑦ 包装的件重、规格和形式应适应运输要求。

⑧ 包装的外表应贴有符合规定的各种安全标志。图 2-6 包括了部分危险货物的安全标识。

2.1.3.4　危险化学品的使用安全

为了危险化学品的安全，消除化学品的潜在危害或者尽可能降低其不安全程度，以免危害工人健康、污染环境、引起火灾和爆炸等事故，企业通常可采取下列有效控制措施。

① 替代　本质安全，采用无毒或低毒的化学品取代原有的有毒有害化学品，采用不可燃化学品代替可燃化学品、易燃化学品。

② 变更工艺　由于技术条件和经济状况等限制性因素，使得可供选择的替代品的数量有限。这时可通过变更生产工艺来达到消除或降低化学品危害的目的。

③ 隔离　隔离可消除或降低工作场所的危害，通过封闭、设置屏障等措施，避免作业人员直接暴露于有害环境中。

④ 通风　是降低直至消除作业场所中有害气体、蒸气或粉尘危害的最有效措施之一。

⑤ 个体防护　个体防护是降低化学品危害的一种辅助性措施。当作业场所中有害化学

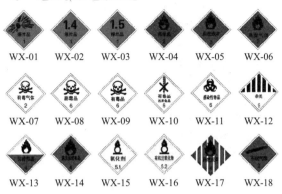

图 2-6　危险货物包装标识（部分）

品浓度超标时，工人就必须使用合适的个体防护用品或器材。

⑥ 卫生　良好的卫生条件能有效地预防和控制化学品危害。

2.1.4　"8·12"天津港特别重大火灾爆炸事故

（1）事故概述

2015 年 8 月 12 日 22 时 52 分许，位于天津市滨海新区天津港的瑞海公司危险品仓库发生硝化棉自燃引发的特大火灾爆炸事故，造成 165 人遇难、8 人失踪，798 人受伤住院治疗，304 幢建筑物、12428 辆商品汽车、7533 个集装箱受损。截至 2015 年 12 月 10 日，事故造成直接经济损失人民币 68.66 亿元。

（2）事故处理

2016 年 11 月 7 日至 9 日，"8·12"特别重大火灾爆炸事故所涉 27 件刑事案件一审，分别由天津市第二中级人民法院和 9 家基层法院公开开庭审理，并于 9 日对上述案件涉及的被告单位及 24 名直接责任人员和 25 名相关职务犯罪被告人进行了公开宣判。其中，瑞海公司董事长于学伟构成非法储存危险物质罪、非法经营罪、危险物品肇事罪、行贿罪，予以数罪并罚，依法判处死刑缓期两年执行，并处罚金人民币 70 万元。天津市交通运输委员会主任武岱、天津市交通运输和港口管理局副局长李志刚、港口管理处处长冯刚等 25 名国家机关工作人员分别被以玩忽职守罪或滥用职权罪，判处三年到七年不等的有期徒刑。中滨安评公司犯提供虚假证明文件罪，依法判处罚金 25 万元；中滨安评公司董事长、总经理赵伯扬等 11 名直接责任人员分别被判处四年到一年六个月不等的有期徒刑。

2.2　防火防爆安全技术

火灾与爆炸是制药过程的主要事故类型，这两种类型的事故在发生原因上既有类似之处，也有本质的差别。这两类事故存在明显的相互影响，甚至是相互转化。防火防爆是制药企业安全生产的重要内容。

2.2.1　燃烧基础

2.2.1.1　燃烧

燃烧是燃料与氧化剂相互作用发生的一种放热发光的剧烈化学反应，通常伴有火焰、发光和发烟现象。

$$C + O_2 \xrightarrow{燃烧} CO_2 + 热量$$

$$CH_4 + 2O_2 \xrightarrow{燃烧} CO_2 + 2H_2O + 热量$$

$$2Na + Cl_2 \xrightarrow{燃烧} 2NaCl + 热量$$

　　燃烧具有三个特征，即化学反应、放热和发光。燃烧三要素包括燃料、氧化剂和点火源（温度），三者之间的关系如图 2-7。

　　凡能在氧化剂中发生燃烧反应的物质统称为燃料。凡能与燃料结合并支持燃料着火燃烧的物质统称为氧化剂。典型助燃气体的性质如表 2-3 所示。凡能使燃料与氧化剂发生燃烧反应的能量来源统称为点火源。该能量既可以是热能、光能、电能、化学能，也可以是机械能。

表 2-3　典型助燃气体的性质

名称	沸点/℃	液体密度/(g/L)	气体密度/(kg/m³)	性质
F_2	−187	1108	1.695	黑暗中与 H_2 爆炸反应,碘、硫、硼、磷、硅遇氟自燃
Cl_2	−34.5	1470	2.44	在氯气中,钠、钾燃烧;松节油自燃;甲烷、乙烯、乙炔经光照可燃烧或爆炸反应;氢气可成爆炸气体(H_2,5%～87.5%);氨气生成爆炸性氯化氮
O_2	−218.4	1140	1.429	空气中主要氧化剂,与乙炔、氢、甲烷等易成爆炸混合气体
NO	−88.49	1226	1.977	助燃,其他氧化态为推进剂成分

2.2.1.2　燃烧原理

　　燃料的燃烧原理有三种。

　　（1）活化能理论

　　燃烧是化学反应，根据阿累尼乌斯理论，分子间发生化学反应的必要条件是互相碰撞。通过碰撞发生反应的分子，被称为活化分子，活化分子的平均能量比分子平均能量要高，这个超出的定值称为反应的活化能。如图 2-8。

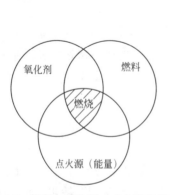

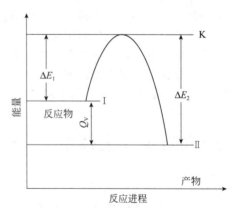

图 2-7　燃料、氧化剂、点火源和燃烧　　　　图 2-8　燃烧反应活化能示意图

　　（2）过氧化理论

　　在有氧气参与的燃烧反应中，氧气首先在热能作用下被活化而形成高反应活性的过氧键—O—O—，燃料与过氧键加和成为过氧化物。过氧化物不稳定，在受热、撞击、摩擦、光照等条件下，容易分解甚至燃烧或爆炸。过氧化物是强氧化剂，不仅能氧化可形成过氧化

物的物质，也能氧化其他较难氧化的物质。如氢和氧的燃烧反应，首先生成过氧化氢，而后过氧化氢与氢反应生成水。反应式如下：

$$H_2 + O_2 \longrightarrow H_2O_2$$
$$H_2O_2 + H_2 \longrightarrow 2H_2O$$

（3）自由基理论

这种理论认为氧化剂分子离解成活性分子自由基，然后再与燃料分子作用产生新的自由基，新自由基又迅速参加反应，如此延续下去形成一系列链式反应。链反应均由三个阶段构成，即：链的引发、链的传递（包括支化）和链的终止。氯气在氢气中的燃烧反应是典型的直链反应。自由基与共价饱和的分子反应时活化能很低，反应后仅生成一个新的自由基。

链引发 $Cl_2 \xrightarrow{\triangle} 2\dot{C}l$

链传递 $\dot{C}l + H_2 \longrightarrow HCl + \dot{H}$，$\dot{H} + Cl_2 \longrightarrow HCl + \dot{C}l$

氢和氧的反应则是典型的支链反应。支链反应的特点是，一个自由基能生成一个以上的自由基活性中心。如氢和氧的反应：

链引发 $O_2 + H_2 \xrightarrow{\triangle} 2\dot{O}H$，$M + H_2 \xrightarrow{\triangle} 2\dot{H} + M$

链传递 $\dot{O}H + H_2 \longrightarrow \dot{H} + H_2O$

链支化 $\dot{H} + O_2 \longrightarrow \dot{O} + \dot{O}H$，$\dot{O} + H_2 \longrightarrow \dot{H} + \dot{O}H$

链终止 $2\dot{H} \longrightarrow H_2$，$2\dot{H} + H_2 \longrightarrow \dot{H} + H_2O_2$

链慢传递 $\dot{H}O_2 + \dot{O} + M \longrightarrow H_2O + M$，$\dot{H}O_2 + H_2O \longrightarrow \dot{O}H + H_2O_2$

2.2.1.3 燃烧特征参数

了解各种燃烧现象的特征参数，有利于预防火灾和火灾扑救。

（1）燃烧温度

燃料燃烧所产生的热量在火焰燃烧区域释放出来，火焰温度即是燃烧温度。表 2-4 列出了一些常见物质的燃烧温度。燃烧温度越高，越容易引燃其他可燃物，发生二次燃烧，过火面的损失越严重。

表 2-4   常见燃料的燃烧温度

物质	燃烧温度/℃	物质	燃烧温度/℃	物质	燃烧温度/℃
甲烷	1800	原油	1100	木材	1000～1170
乙烷	1895	汽油	1200	镁	3000
乙炔	2127	煤油	700～1030	硫黄	1820
甲醇	1100	重油	1000	液化气	2100
乙醇	1180	烟煤	1647	天然气	2020
乙醚	2861	氢气	2130	火柴火焰	750～850
丙酮	1000	煤气	1600～1850	香烟烟头	700～800

（2）燃烧速率

燃烧速率是指燃烧表面的火焰沿垂直于表面的方向向未燃烧部分传播的速率，简称燃速。气体的燃烧无需经历像固体熔化、液体蒸发那样的过程，所以气体的燃速较高。表 2-5 列出了一些烃类气体在空气中的最大燃速。气体燃烧分为扩散燃烧和预混燃烧两种类型，预混燃烧比扩散燃烧更为猛烈，其燃烧速率高于扩散燃烧速率。

表 2-5 烃类气体在空气中的最大燃速

气体	体积分数/%	燃速/(m/s)	气体	体积分数/%	燃速/(m/s)
甲烷	10.0	0.338	苯	2.9	0.446
乙烷	6.3	0.401	甲苯	2.4	0.338
正丁烷	3.5	0.379	邻二甲苯	2.1	0.344
正己烷	2.5	0.368	环丙烷	5.0	0.495
乙烯	7.4	0.683	环丁烷	3.9	0.566
丙烯	5.0	0.438	环戊烷	3.2	0.373
乙炔	10.1	1.41	环己烯	3.5	0.403

液体的燃速可用液体燃烧的质量速率或直线速率表示。表 2-6 列出了一些易燃液体在空气中的最大燃速。固体的燃速与其组成、结构、比表面积有很大关系。

表 2-6 易燃液体在空气中的最大燃速

气体	相对密度（水，1g/cm³）	直线速率/(m/h)	质量速率/[kg/(m²·h)]
甲醇	0.8	0.072	57.6
乙醚	0.175	0.175	125.8
丙酮	0.79	0.084	66.4
苯	0.85	0.189	165.4
甲苯	0.87	0.161	91.98
航空汽油	0.73	0.126	91.98
车用汽油	0.80	0.105	80.85
煤油	0.84	0.066	55.11

（3）燃烧热

燃料燃烧爆炸时所达到的最高温度、最高压力和爆炸力等均与物质的燃烧热有关。物质的标准燃烧热数据可从一般的物性数据手册中查阅到。

一般认为，炸药的比能量较普通燃料高得多，其实并非如此，由于炸药通常既含有燃料也含有氧化剂，它在爆炸时一般不消耗大气中的氧。因此，每千克炸药的爆炸反应热比每千克普通燃料与氧的混合物的燃烧热要低。但是，以体积计算时，每升炸药的爆炸反应热比每升普通燃料与氧的混合物的燃烧热要大得多，如表 2-7。因此，炸药的能量密度更高。

表 2-7 炸药爆热与燃料和氧混合物的燃烧热比较

名称	质量放热/(kJ/kg)		体积放热/(kJ/L)	
	燃料/氧	炸药	燃料/氧	炸药
木材	7946	—	19.66	
无烟煤	9200	—	17.98	
汽油	9619	—	17.56	
TNT	—	4182		6482
HMX	—	5646		10162
2#炸药	—	7109		12797

2.2.1.4 燃烧类型

按燃烧起因，燃烧分为点燃、闪燃和自燃三种类型。对应这三种燃烧类型的特征参数分别是闪点、着火点和自燃点。

（1）点燃

燃料在空气充足的条件下，达到一定温度与点火源接触即行着火，移去点火源后仍能持续燃烧达 5min 以上，这就是点燃。

（2）闪燃

可燃液体表面的蒸气与空气形成的混合气体与点火源接近时会发生瞬间燃烧，出现瞬间火苗或闪光，这种现象被称为闪燃。可燃液体发生闪燃所需要的最低温度称为闪点。一些可燃液体、油品的闪点与自燃点列于表 2-8。

（3）自燃

在无点火源的条件下，物质自行引发的燃烧称为自燃。发生自燃的最低温度称为自燃点，一些可自燃物质的自燃点列于表 2-8。燃料的自燃分为受热自燃和自热自燃两种。

表 2-8 可燃液体、油品的闪点与自燃点

物质名称	闪点/℃	自燃点/℃	物质名称	闪点/℃	自燃点/℃
苯	11.1	555	丁烷	−60	365
甲苯	4.4	535	四氢呋喃	−13	230
邻二甲苯	72.0	463	汽油	<28	510~530
萘	80	540	煤油	28~45	380~425
甲醇	11.0	455	轻柴油	45~120	350~380
乙醇	14	422	重柴油	>120	300~330
乙酐	49	315	蜡油	>120	300~380
环氧乙烷	−37.2	430	渣油	>120	230~240

（4）其他

按照燃烧物质的相态，燃烧分为均相燃烧和非均相燃烧。气体燃烧通常属于均相燃烧，固体、液体燃烧通常属于非均相燃烧。

可燃固体、液体的燃烧，又可分为蒸发燃烧（火焰燃烧）、分解燃烧和表面燃烧。

2.2.1.5 洁净区域挥发性物质（VOC）的燃烧

根据药品生产 GMP 要求，制药过程中有很多环节和操作单元都在封闭、半封闭条件下运行。在封闭区域内，VOC 燃料与助燃气体混合物的燃烧速率和放热量随混合比例不同而变化，当混合比达到某一值时，燃烧速率最大、放热量最多，称为最佳浓度。常见气体的最佳浓度是化学计量浓度的 1.1~1.3 倍，个别情况会达到 1.5~1.8 倍。影响该类 VOC 气体燃烧的因素有以下几方面。

（1）气体的组成与浓度

可燃气体的性质与组成决定了可燃气体的易燃程度、燃烧快爆、燃烧过程的长短等。而燃烧气体助燃气体的浓度则主要影响燃烧速度。

（2）可燃混合气体的初始温度

气体燃烧速度随初始温度的增大而加快。

（3）封闭空间的材质和形状主要影响火焰传播速度

同样情况下，因为热量更易被导出，导热性优良的材质比导热性差的材质的火焰传播速度要慢。另一方面，火焰传播速度一般随管径增大而增大，但管径增大到某一极值时，火焰

传播速度不再增大、管径小到某一极值时，火焰不能继续传播。

2.2.1.6 洁净区域可燃液体的燃烧

（1）液体物质组成

各种有机溶剂的特征燃烧速度是不同的。一般而言，易燃液体物质的燃烧速度高于可燃液体物质的燃烧速度；结构单一的液体物质燃烧速度基本相当；多种物质的混合液体往往是先快后慢。含水液体的燃烧受含水量影响较大，特别是在起火初期液体的整体温度较低，影响更大，这是因为油品中的水分在升温汽化时要消耗热量，因此，油品含水量越高，燃烧速度越小。

（2）液体物质的初始温度

液体的初始温度越高，燃烧的速度越快；火焰的热辐射能力越强，燃烧速度越快；液体的热容、蒸发相变焓越大，吸热越多，燃烧速度越慢。

（3）液体的液位

敞开的储罐（槽）内、反应器等容器内液位的高低，同样会影响其燃烧速度。液位高时的燃烧速度大于液位低时的燃烧速度。

（4）封闭空间

在封闭的储罐中，易燃液体躯体的直径对液体物质燃烧速度影响很大。一般是随液体储罐直径增大，燃烧速度加快。

另外，制药过程中也使用大量的可燃性固体辅助材料，这类固体物质的燃烧，受到固体自身材质的厚度、密度、热容、导热能力、环境温度、含水量、空气流动等多种因素的影响。一般而言，厚度大、密度大、热容大、导热差、温度低、含水量高的燃烧速度慢。

2.2.1.7 固体的燃烧

目前，对炸药、烟火剂、固体推进剂、煤炭的燃烧学研究较为深入，这里以炸药的典型燃烧为例简要说明固体可燃物的燃烧现象。

炸药的化学变化有热分解、燃烧和爆炸（爆轰）三种形式。热分解是炸药发生缓慢分解的化学变化形式，常温下炸药分解速率很慢，火药、推进剂可以安全储存 20 年，2,4,6-三硝基甲苯（TNT）可以安全储存 40 年以上。燃烧是炸药发生快速分解的化学变化形式，燃烧速度较一般有机物的要大，且受环境温度和压力影响。爆炸（爆轰）是炸药发生剧烈的化学变化形式，反应速率很高，达到数千米每秒，所形成的压力、温度是其他化学变化不能比拟的。炸药的三种化学变化形式可以互相转化，炸药燃烧爆轰传播如图 2-9。

炸药的燃烧反应包括三个反应区：气相火焰反应区、凝聚相表面反应区和凝聚相加热区。火焰区是主要反应区，化学反应进行完全、释放出大量热。当燃烧稳定时，几个反应区之间形成动态平衡，存在热交换和物质交换。大量热以辐射方式由火焰区传递给凝聚相反应区，凝聚相反应产物则持续、不断地进入气相反应区，支持火焰反应的进行。这种动态的平衡一直持续到炸药全部燃尽。反应区的分布如图 2-10 所示。

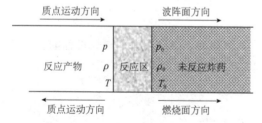

图 2-9 炸药燃烧爆轰传播示意图

p—反应区压力；ρ—反应产物密度；T—反应区温度；
p_0—未反应区压力；ρ_0—未反应区密度；T_0—未反应区温度

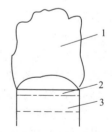

图 2-10 炸药燃烧反应区空间分布图

1—气相火焰反应区；2—凝聚相表面反应区；
3—凝聚相加热区

炸药燃烧有稳定燃烧和不稳定燃烧两种。炸药稳定燃烧释放的热量，即燃烧热，可以准确测量，表 2-9 为某研究所用绝热式氧弹量热法测得部分炸药的燃烧热。炸药燃烧过程中放出大量的热，其气体产物被加热到 2000℃ 以上，高温火焰足以引燃周围可燃物和邻近建筑物。

越过稳定燃烧的临界条件，会出现燃速不规律性的变化即不稳定燃烧，不稳定燃烧甚至可以转化为低速爆轰，炸药的燃烧和爆轰是两种不同的反应过程，其对比见表 2-10。

表 2-9　部分炸药的燃烧热

名称	燃烧热/(MJ/kg)	燃烧热/(kcal/kg)	名称	燃烧热/(MJ/kg)	燃烧热/(kcal/kg)
DATB	12.09	2889	2♯炸药	7.25	1730
HMX	9.50	2163	6♯炸药	5.58	1330
NQ(粉)	8.50	2030	7201	6.40	1530
PETN	8.15	1950	7507	9.06	2160
Tetryl	9.54	2280	JOB-9003	10.50	2510
TNT	14.99	3580	JO-9159	10.30	2460

注：1kcal=4.18kJ，下同。

表 2-10　炸药燃烧与爆轰的特性对比

项目	燃烧	爆轰
传播机理	热传导、热辐射、燃烧	激波强烈压缩
波的传播速度	亚音速、不稳定	超音速
化学反应速度	迅速	强烈
产物运动方向	与波阵面方向相反	与波阵面方向相同
波阵面压力	与爆轰相比压力较低	一般超过 20GPa

2.2.2　爆炸基础

自然界的爆炸分为物理爆炸、化学爆炸和核爆炸三种。由机械压缩能快速转化为机械功的爆炸称为物理爆炸，如高压气体瞬间释放；由快速的化学反应而使物质的化学潜能转化为压缩式气体能量的爆炸称为化学爆炸，如面粉、金属粉尘爆炸，天然气、有机化学试剂如炸药等的爆炸属于此类；由原子核的链式反应引发的爆炸称为核爆炸，本书不作介绍。制药过程中可能出现的爆炸事故，主要有气相爆炸、液相爆炸、粉尘爆炸、化学反应失控爆炸，以及蒸气物理爆炸。

2.2.2.1　爆炸及分类

一般而言，爆炸是物质或能量在极短时间内的瞬间释放过程，在此过程中，系统本身的能量借助于气体的急剧膨胀而转化为对周围介质做机械功，产生剧烈声响效应，有时也伴有强烈放热和发光效应。爆炸不一定都有热量或光的产生，例如一种叫熵炸药（TATP，三聚过氧丙酮炸药）的爆炸过程只有压力变化和气体生成，而不会有热量或光的产生。

（1）物理爆炸

锅炉的爆炸是典型的物理爆炸，其原因是过热的水迅速蒸发出大量蒸汽，使蒸汽压力不断提高，当压力超过锅炉的极限强度时，就会发生爆炸。又如，氧气钢瓶受热升温，引起气体压力增高，当压力超过钢瓶的极限强度时即发生爆炸。发生物理性爆炸时，气体或蒸汽等介质潜藏的能量在瞬间释放出来，会造成巨大的破坏和伤害。

物理爆炸的另一种情形，被称为沸腾液体膨胀汽体爆炸（BLEVE, boiling liquid expanding vapor explosion），当容器中含有高蒸气压液体时，一旦容器破裂，高压气体从裂缝喷出，容器内的压力急剧下降，导致液体处于过热状态，储罐中液体因突然降压而处于过热态。如果过热度很大，就会使过热液体剧烈沸腾，容器内压力骤增，引发严重的物理爆炸。如果容器内的介质是易燃液体，则可能引起燃烧或转化为化学爆炸。

（2）化学爆炸

化学性爆炸，也就是化学爆炸，是指物质在短时间内完成剧烈的化学变化，形成其他物质，同时释放大量气体和能量的现象。化学性爆炸有三个基本要素，即高速化学反应、大量气体产物和大量热量。化学性爆炸是制药过程中爆炸事故的主要类型。近年来类似事故比比皆是，例如，2012 年 2 月 7 日，巴基斯坦东部城市拉合尔的一家制药公司锅炉房发生煤气泄漏爆炸事故，造成三层楼的制药工厂全部坍塌，周围的几栋房屋也被夷为平地，死亡 10人。2013 年 10 月 23 日，陕西西安某药业有限公司生产车间内部发生爆炸事故，造成 5 人受伤，大面积厂房受损，事故原因是车间热风循环烘箱内酒精蒸气爆炸。

根据化学爆炸前物质性质与状态，除炸药爆炸外，固体、液体炸药发生爆炸分解，非火工品也可能发生化学爆炸，可细分为气相爆炸、液相爆炸、多相爆炸和化学反应失控引起的爆炸。如 TNT 爆炸、黑火药爆炸等。

① 气相爆炸　气相爆炸也称气体爆炸，一般分为混合气体爆炸和气体分解爆炸。粉尘爆炸与气体爆炸在爆炸机理及灾害效应上存在相似性，因此也常将粉尘爆炸归类于气相爆炸中。

② 液相爆炸　液相爆炸一般包括两种类型：一是不同液体混合发生的爆炸，如硝酸和油脂的混合爆炸；二是空气中易燃液体被喷成雾状物在剧烈燃烧时引起的爆炸。

③ 固相爆炸　传统的凝聚态炸药的爆炸属于最典型的固相爆炸，也即凝聚相爆炸。

④ 多相爆炸　多相爆炸一般指两种及以上相混合发生的爆炸，例如煤矿巷道内瓦斯与煤尘的混合爆炸。

需要说明的是，物理性爆炸和化学性爆炸并不是孤立的，有时也会同时存在于某一起事故中，例如燃料油、燃料气管道破裂会首先发生喷射，即属于物理性爆炸，当油气与空气混合遇到点火源点燃后，则又发生化学性爆炸。

2.2.2.2 气体爆炸的特性

（1）气体燃烧与爆炸的必要条件

可燃气体发生燃烧或爆炸，必须要满足三个必要条件：

① 合适浓度的可燃气体；

② 合适浓度的助燃气体；

③ 足够能量的点火源。

（2）爆炸极限

可燃气体、可燃液体蒸气或可燃粉尘与空气混合并达到一定浓度时，遇点火源就会燃烧或爆炸。可燃物在空气中遇点火源时能够发生爆炸的浓度范围，称为爆炸极限。爆炸范围的最低浓度称为爆炸下限，通常用可燃气体在空气中的体积分数表示；相应地，爆炸范围的最高浓度称为爆炸上限。粉尘的爆炸极限也用单位体积可燃气体的质量浓度 g/m^3 表示，可称为质量爆炸极限。常见可燃气体与空气混合物爆炸极限可查询。表 2-11 给出了部分气体在空气和氧气中的爆炸极限。

表 2-11　部分气体在空气和氧气中的爆炸极限

气体	下限(空气)/%	上限(空气)/%	下限(O₂)/%	上限(O₂)/%
乙炔	2.5	30.0	2.5	93.0
乙醚	1.9	36.0	2.1	82.0

续表

气体	下限(空气)/%	上限(空气)/%	下限(O_2)/%	上限(O_2)/%
氢	4.0	75.0	4.0	94.0
乙烯	3.1	32.0	3.0	80.0
一氧化碳	12.5	74.0	15.5	94.0
丙烷	2.2	9.5	2.3	55.0
甲烷	5.3	15.0	5.1	61.0
氨	15.5	29.0	13.5	79.0

爆炸极限范围越宽、下限越低，爆炸危险性也就越高。表 2-12 把部分气体在 O_2 以及其他氧化剂气体中的爆炸极限进行了比较。

表 2-12　部分可燃气体在 N_2O、NO、Cl_2 中的爆炸极限与在 O_2 中爆炸极限的对比

气体	爆炸极限(O_2)/%	爆炸极限(N_2O)/%	爆炸极限(NO)/%	爆炸极限(Cl_2)/%
氢气	4.0～94.0	5.8～86.0	7.0～66.0	8.0～86.0
氨气	13.5～79.0	2.2～72.0	20.0～65.0	—
硫化氢	4.0～88.5	—	20～55	—
一氧化碳	15.5～94.0	10.0～85.0	31.0～48.0	—
甲烷	5.1～61.0	2.2～36.0	9.0～22.0	5.6～70.0
乙烷	3.0～66.0	2.7～29.7	—	6.1～58.0
丙烷	2.3～55.0	2.1～25.0	—	6.1～59.0
丁烷	1.8～49.0	1.8～21.0	7.0～13.0	—
乙烯	3.0～80.0	5.0～40.0	—	—
丙烯	2.1～53.0	1.8～26.8	—	—
环丙烯	2.5～53.0	1.6～30.0	—	—
氯甲烷	8.0～66.0	—	—	10.0～63.0
二氯甲烷	13.0～70.0	—	—	16.0～53.0

2.2.2.3　化学爆炸的典型特征

炸药的爆炸是一种典型的化学爆炸，研究炸药爆炸有助于理解制药过程中的化学爆炸现象。反应的放热性、快速性和生成气体产物，是发生爆炸反应的三个特征。

(1) 炸药分解放热的三种类型

① 化合物由元素生成时吸热，因而分解成元素时就放出同样的热量。有一些基团在生成时是吸热的，如过氧键—O—O—、偶氮键—N═N—、叠氮基—N_3、炔基—C≡C—等。

② 化合物生成时虽然是放热的，但放热量远低于该化合物在分解成小分子的反应中释放的热量，这种分解反应并非分解成原来的元素，而是组成了比生成时放热更大、更稳定的小分子。这种反应通常是分子内的氧化还原反应，即，分解反应中分子内不与分子中的碳原子、氢原子直接结合的氧原子，把碳氧化成 CO_2（或 CO），氢氧化成气态 H_2O，因而释放出大量热量。

③ 化合物由元素生成时吸热，在分解时又生成放热量更大的小分子。氮杂环及高氮含量的炸药大都属于生成焓为正（化合时吸热储能），通过分解产生氮气，释放更多热量。炸药通过爆炸反应产生的热量就是爆热（Q），见表 2-13。芳烃及硝酸酯系炸药大都属于生成焓为负（化合时放热），却通过分解释放更多热量。

表 2-13　部分炸药的生成热及爆热

炸药	生成热 ΔH_f/(kJ/mol)	爆热 Q/(kJ/g)	炸药	生成热 ΔH_f/(kJ/mol)	爆热 Q/(kJ/g)
TNT	-62.72	6.45	TATB	-139.80	6.23
NG	-379.73	6.65	RDX	61.50	6.31
PETN	-539.02	6.23	Tetrl	19.53	4.77

（2）炸药爆炸反应的高速性

单质炸药中的氧化剂与燃料都处于同一分子内，相距极近，因而反应速度极高，可在爆轰波阵面后 $0.1\mu s$ 完成反应，速度可达到 $7000\sim9500m/s$，爆轰波阵面的压力达到 $20\sim45GPa$。反应的高速度是爆炸反应能自动传播到底的条件，也是炸药具有极高做功能力的原因和破坏力的根源。如 $1kg\phi100mm$ 的 HMX 药柱完成爆炸反应仅需 $10\mu s$，其功率为：

$$\frac{5646kJ}{10^{-5}s}=5.646\times10^8 kJ/s=5.646\times10^{11} W$$

（3）爆炸反应的产物

一般是 CO_2、CO、H_2O、N_2 及少量氮的氧化物等。1kg 炸药爆炸时，一般可产生 $600\sim1000L$ 的气体（标准状态）。把热能转换为机械能，气体是最佳工质。如果不生成气体，反应热再大，反应速度再快，也不会发生爆炸。如铝热剂释放出的热量足以将反应产物加热到 3000℃，反应速度也很快，但没有爆炸效应。

2.2.2.4　粉尘爆炸的特征

工业生产中，封闭或半封闭空间中粒径小于 $850\mu m$ 的可燃性固体在空气、氧气或其他助燃气体达到一定范围（爆炸极限）时，在点火源引发下发生的相燃烧爆炸的现象，称为粉尘爆炸。粉尘爆炸可分为局部爆炸和系统爆炸，是煤炭、粮食、药品、肥料、金属、塑料等加工工业中常见的事故类型。2010 年 2 月 24 日，河北秦皇岛某淀粉股份有限公司发生淀粉爆炸事故，造成 19 人死亡，49 人受伤。

（1）必要条件

发生粉尘爆炸的 4 个必要条件为：①粉尘颗粒足够小；②合适的可燃粉尘浓度；③合适浓度的氧气；④足够能量的点火源。

粉尘的粒径越小，比表面积越大，与空气接触越充分，化学活性高，氧化速度也越快，燃烧越完全，爆炸威力越大，表 2-14 列出了通用筛号与粉尘粒径之间的对应关系。

表 2-14　粉尘标准筛号与粒径之间的对应关系

标准筛号/#	20	40	100	200	325	400
粒径/μm	850	425	150	75	45	38

不同于混合气体的爆炸极限，粉尘的爆炸上限较难达到，有实际参考价值的是粉尘的爆炸下限，表 2-15 列出了常见粉尘的爆炸下限。

表 2-15　常见可燃性粉尘的爆炸下限　　　　　　　　　　　　单位：g/m^3

粉体	爆炸下限	粉体	爆炸下限	粉体	爆炸下限
Zr	40	苯酚	35	木粉	40
Mg	26	聚乙烯	25	纸浆	60
Al	35	醋酸纤维	25	淀粉	45
Ti	45	木素	40	大豆	40
Si	160	尿素	70	小麦	60

粉体	爆炸下限	粉体	爆炸下限	粉体	爆炸下限
Fe	120	乙烯树脂	40	砂糖	19
Mn	216	合成橡胶	30	硬质橡胶	25
Zn	500	环六亚甲基四胺	15	肥皂	45
天然树脂	15	无氮钛酸	15	硫黄	35
丙烯醛乙醇	35	烟草粉末	68	煤	35

（2）粉尘爆炸的影响因素

可燃粉尘的粒径、粒径分布、化学性质、含水量、点火能量等因素对粉尘爆炸有影响，表 2-16 列出了常见粉尘爆炸的特性爆炸参数。

表 2-16　典型可燃性粉尘的爆炸参数

粉尘种类	最低点火温度/℃	最小点火能量/mJ	最大爆炸压力/10^5Pa
铝粉	610	10	8.72
铁粉（氢还原的）	320	80	4.38
镁粉	560	46	7.96
乙酸纤维素	420	15	5.84
尼龙	500	20	5.77
聚碳酸酯	710	25	6.59
聚氨基甲酸酯泡沫	550	15	5.59
聚乙烯	450	10	5.49
聚丙烯	420	30	5.22
虫胶	400	110	5.01
玉米粉	400	40	7.28
麦乳精	400	35	6.53
面粉	440	60	6.66
锯末（松木）	470	40	7.76
阿司匹林	660	35	6.04
维生素 B	360	60	6.93
硫黄	190	15	5.35

（3）粉尘的爆炸由三步发展而形成

① 悬浮的粉尘在热源作用下迅速干馏或气化产生可燃气体；

② 可燃气体与空气混合经点火源点燃，发生粉尘燃烧；

③ 粉尘燃烧放出的热量经热传导和火焰辐射传给附近悬浮或被吹扬起的粉尘，使燃烧循环进行并在有限空间内传播。随着循环的逐次进行，其反应速度逐渐加快，通过剧烈燃烧的不断累积，形成爆炸。

在制药过程的药物合成、精制、剂型加工等车间或工段，有药物粉末、固体辅料、包装材料等可燃性粉尘，容易发生粉尘爆炸事故，而且，一些配套车间、工艺过程也存在粉尘爆炸的风险。2003 年 1 月 29 日，美国北卡罗来纳州金斯敦的韦斯特制药公司内部工厂发生系统性聚乙烯粉尘爆炸，造成 6 人死亡，并摧毁了整个工厂。表 2-17 给出了化学药品中典型可燃性粉尘的爆炸参数。

表 2-17 典型可燃性化学品粉尘的爆炸参数

粉尘名称	云状粉尘的引燃温度/℃	爆炸下限/(g/m³)	粉尘平均粒径/μm
硬脂酸锌	315	—	8～15
萘	575	28～38	80～100
蒽	505	29～30	45～50
己二酸	580	65～90	—
苯二(甲)酸	650	60～83	80～100
无水苯二(甲)酸(粗制品)	605	52～71	—
苯二(甲)酸腈	＞700	37～50	—
无水马来酸(粗制品)	500	82～113	—
硫黄	235	—	30～50
乙酸钠酯	520	51～70	5～8
结晶紫	475	46～70	15～30
四硝基卡唑	395	92～129	—
二硝基甲酚	340	—	40～60
阿司匹林	405	31～41	60
肥皂粉	575	—	80～100
青色染料	465	—	300～500
萘酚染料	415	133～184	—

2.2.2.5 化学反应失控爆炸

在药物生产过程中，原料药的化学合成、生物发酵等化学反应过程是不可避免的。化学反应失控也可能引起反应器等发生爆炸。如化学反应是放热反应，因某种干扰（如催化剂用量过多、冷却系统失效、搅拌失效等）导致反应容器内温度异常升高超出正常的控制范围，这可能会引起化学反应速度按指数规律增长，形成反应不断加速，发生物料飞温，进而可能导致容器内压力迅速升高（超压），即为反应失控，引发燃烧、爆炸事故。这与化学反应本身的热动力学特征、物料的危险性等直接相关，详细分析、阐述参见第 4 章。

紧急泄放是发生化学反应失控的有效扑救办法。根据化学反应及系统的物理性质、容器内流体动力学以及系统的黏度等因素，将失控反应泄放系统分为 3 类：①蒸气型，反应系统超压完全由反应物的蒸气压引起，在失控过程中随温度的升高而升高；②气体型，反应系统超压完全由反应生成的不凝气导致；③混合型，反应系统超压由反应生成的气体及升温引起的蒸气压力升高共同作用导致。

2.2.2.6 化学反应失控爆炸事故实例

2001 年 11 月 7 日，某厂二苯甲酮工号更换 2♯光化釜的进料三通，1h 后换完经值班长检查同意开车。先加苯，后滴加光气光化，由于釜内温度较低，开始反应较慢，光气在反应釜内积聚过多。当釜内温度升高后，光气与苯发生剧烈反应，釜内压力急剧升高，导致尾管破裂，含苯物料从破裂处快速喷出，物料与管壁摩擦产生静电，静电累积后放电引燃已达爆炸极限浓度的可燃苯蒸气，发生爆炸燃烧。约 1h 后该工号发生爆炸，死亡 3 人，伤 5 人，直接经济损失 69 万元。

2.2.3 洁净区域防火防爆技术

根据燃烧、爆炸的基础理论，可知燃烧、爆炸通常具有类似的基础，制药过程中的爆炸事故也经常在早期出现燃烧现象，引起燃烧爆炸的原因主要是物质性质本身及其环境激发因素，控制这些因素的技术就构成了防火、防爆技术的内容。

2.2.3.1　工艺控制

① 对于单纯气体，投料前要注意设备和管道的转换，防止可燃气体与设备或管道内的空气形成可燃性气体混合物。对于多种气体工艺，要注意各气体的配比关系、加料速率和加料程序。

② 对某些反应，加料程序尤其重要。生产氯化氢必须先通入氢气后通入氯气；生产三氯化磷是应先投磷后加氯；磷酸酯与甲胺反应须先投磷酸酯后投甲胺，反之可能发生爆炸。

③ 催化剂投放过量也可能引起反应速度增大，造成化学反应失控进而引起爆炸。

④ 由于种种原因导致操作参数（例如压力、温度、流量、液位等）变化时，都会引起组分变化从而形成爆炸性混合物。尤其是开、停车过程中，催化剂、反应温度、压力等的影响，既会导致浓度的不断变化，也会引起爆炸极限的变化。

⑤ 尽量采用不燃、难燃或阻燃材料代替可燃材料 以高闪点、难挥发溶剂代替低闪点、易挥发溶剂；减压蒸发代替常压加热蒸发。

2.2.3.2　防止泄漏

可燃液体、气体在使用、运输、储存过程中，跑、冒、滴、漏导致危险物泄漏。

（1）泄漏的因素

① 在设备方面，有腐蚀、疲劳、蠕变、脆性转化、裂纹、结垢等设备失效因素；

② 在设备维护方面，有检查失误、判断失误、维修方法不当、保养不当等；

③ 在操作方面，有操控失误，堵塞、排放不当，操作参数监控失误等引起泄漏。

（2）泄漏物的处置

① 气体泄漏物的处置措施

a. 通风驱散　采用自然通风、机械通风、排风设施等。

b. 喷雾稀释　向空中喷洒水雾，喷雾状水能有效地降低空气中泄漏物质的浓度。

c. 点燃放空　在易燃的有毒气体泄漏事故现场，如果条件允许，还可以采取点燃、放空工艺措施。

② 液体泄漏物处置

a. 筑堤引流。

b. 泡沫覆盖，为降低泄漏物向大气的蒸发。

c. 吸附法，少量液体泄漏物可用沙子、黏土或其他吸附剂吸附。

d. 中和泄漏物，选择能与其发生反应的物质进行中和，对于陆地泄漏，常用强酸、强碱中和；对于水体泄漏，用弱酸、弱碱中和。

e. 收集转运，大型液体泄漏，可选择将泄漏物泵入容器内，收集转运。

③ 固体泄漏物处置

a. 少量物品泄漏，小心扫起、收集于专用容器中；对与水反应或溶于水的物品可视情况直接使用大量水稀释，污水排入废水系统；

b. 大量物品泄漏时，先用塑料布、帆布等覆盖，减少飞散，然后回收、无害化处理，再彻底洗消。

（3）防治泄漏的技术措施

为减少泄漏，在设计上要采用提高可靠性的技术措施，这些措施包括以下几项。

① 缩短工艺流程，减小规模，简化工艺和装置，增强过程可靠性和本质安全，减少泄漏风险。

② 生产工艺中各种物料流动和加工过程尽量在封闭的管道和空间进行，实现"药企无药味儿"。

③ 在材料选择、设备定型时考虑冗余，从而提高设备、装置的"容错"能力。

④ 从本质安全和可靠性出发，选用合理的结构形式，如弃用阀门改用焊接或无缝管道，改液体润滑为固体润滑等。

⑤ 正确选用密封方式和材料，尽量采用先进的密封方式，如机械密封、柔性石墨密封，改动密封为静密封。

⑥ 无损检测和试压是检验密封性能的有效手段。

（4）泄漏引发的燃烧爆炸事故

1995 年 5 月 18 日下午 2 点，某副厂长王某组织 8 名工人用氧化釜通氧氧化乙酸，釜内工作压力 0.75MPa，温度 160℃。不久工人发现氧化釜搅拌器传动轴密封填料处发生泄漏，并用扳手、管钳紧压盖螺栓来处理泄漏问题，引起泄漏物爆燃，接着整个生产车间起火。除 1 人离开，其余 7 人全部陷入火中，共死亡 4 人，重伤 3 人。

2.2.3.3　除尘

制药过程中，气体中可燃粉尘浓度的控制主要通过除尘设备完成。除尘设备按其作用原理分成以下 5 类：①机械力除尘器，如重力除尘器、惯性除尘器、离心除尘器等；②洗涤式除尘器，如水浴式除尘、泡沫式除尘器、文丘里管除尘器、水膜式除尘器等；③过滤式除尘器，如布袋除尘器和颗粒层除尘器等；④静电除尘器；⑤磁力除尘器。

2.2.3.4　惰化技术

在爆炸气氛中引入惰化介质时，一方面可以使爆炸气氛中可燃分子和氧分子浓度被稀释，也使可燃组分同氧化剂隔离，从而防止燃烧、爆炸反应的发生。另一方面，若燃烧反应已经发生，惰化介质粒子参与并导致燃烧中断。

惰化系统的基本构成包括惰化介质源、介质输送与分配管网、介质喷洒机构、氧含量检测装置、控制系统等。按惰化介质相态分类，有气体惰化技术和固体惰化技术两种。按惰化作用原理分类，有降温缓燃型和化学抑制型两种。

2.2.3.5　点火源控制

点火源是燃烧、爆炸的必要条件之一，控制和消除点火源是制药过程中洁净区域最有效的防火、防爆措施。

① 控制明火及高温物体　明火，是指一切暴露、可见的发光、发热物体，例如火焰、火星、火苗、焊接火焰、燃烧火焰、火炉、加热器、打火机火焰、火柴火焰、电火花、未熄灭的余烬、辐射火源、机动车尾气管喷火等。严格动火管理；禁止带入火种，严格执行电器防火、防爆制度。

② 控制摩擦与撞击火花　摩擦与撞击尤其是金属撞击产生火花，在制药过程中，轴承摩擦发热起火、铁器和机件撞击、砂轮摩擦，以及导管或容器破裂内部物料喷出时摩擦起火等，都极易引起可燃物质的燃烧、爆炸。连续摩擦部件应当安装妥善、降温装置或报警装置。

③ 控制静电火花　制药过程中，摩擦起电、接触起电、破断起电、感应起电、电荷迁移等途径都会产生静电，防止静电的方法主要有抑制、疏导、中和 3 种。

④ 防雷电　雷击是引起火灾、爆炸的原因之一，为自然灾害之一，防雷技术在 2.4 节阐述。

1981 年 9 月 21 日 8 时 40 分，黑龙江省佳木斯化工厂氯化车间六六六工段，工人在拆卸、修理四号苯低位槽锈蚀的考克时，违规使用铁锤猛击，产生的火花引爆泄漏的苯蒸气，当场炸死 3 人，轻伤 3 人。

2.2.4　火灾与灭火

2.2.4.1　火灾及分类

广义上讲，失去控制的燃烧都可称为火灾，国家标准（GB/T 4968—2008）规定，火灾有 6 类。

① A 类　普通固体物质火灾，指由木材、纸张、棉、布、塑胶等固体有机物质所引起

的火灾，通常有大量的热余烬。

② B 类　油类火灾，指由可燃性液体及固体油脂物体所引起的火灾，如汽油、原油、煤油、溶剂油、沥青、石蜡等。

③ C 类　气体火灾，指由气体燃烧、爆炸引起的火灾，如天然气、煤气等。

④ D 类　金属火灾，指钾、钠、镁、锂及忌水物质引起的火灾。

⑤ E 类　电器火灾，指由电器走火、漏电、打火引起的电器自身或周围可燃物燃烧导致的火灾，如发电机房、变压器室、配电间、仪器仪表间和电子计算机房等在燃烧时不能及时或不宜断电的电气设备带电燃烧的火灾。

⑥ F 类　烹饪物火灾，指烹饪器具内烹饪物（动植物油脂等）燃烧引起的火灾。

根据火灾造成的损害，可分为如下四类。

特别重大火灾：造成 30 人以上死亡，或者 100 人以上重伤，或者 1 亿元以上直接财产损失的火灾。

重大火灾：造成 10 人以上 30 人以下死亡，或者 50 人以上 100 人以下重伤，或者 5000 万元以上 1 亿元以下直接财产损失的火灾。

较大火灾：造成 3 人以上 10 人以下死亡，或者 10 人以上 50 人以下重伤，或者 1000 万元以上 5000 万元以下直接财产损失的火灾。

一般火灾：造成 3 人以下死亡，或者 10 人以下重伤，或者 1000 万元以下直接财产损失的火灾。

2.2.4.2　灭火原理与方法

火灾燃烧的形式有阴燃、轰燃、烟气回燃三种。预防扑灭不同类型的火灾及燃烧形式，基本原则就是破坏燃烧三要素，即控制可燃物、隔绝助燃物、清除点火源。具体措施有：①清除点火源；②可燃物隔离法；③隔绝空气窒息法，阻止助燃的氧化剂进入，使可燃物质因缺乏氧化剂而停止燃烧；④冷却降温法；⑤化学抑制法，如 7501 灭火剂；⑥使用阻燃材料。

2.2.4.3　灭火剂选用

（1）水

水是应用历史最长、范围最广、价格最便宜的灭火剂，其蒸发潜热大，有利于燃烧物降温，气化后形成的水蒸气，能够阻止燃烧物与空气接触，并能稀释燃烧区的氧，使火势减弱。

对于水溶性可燃、易燃液体的火灾，如果允许用水扑救，水与可燃、易燃液体混合，可降低燃烧液体浓度以及燃烧区内可燃蒸气浓度，从而减弱燃烧的强度。由水枪喷射出的加压水流，其压力可达几兆帕。高压水流强烈冲击燃烧物质火焰，破坏持续燃烧，使燃烧强度显著降低。经水泵加压后，水可以直流水、开花水、喷雾水射出。用于扑救一般固体如煤炭、木制品、粮食、棉麻、橡胶、纸张等火灾，也可用于扑救闪点高于 120℃、常温下呈半凝固态的重油等火灾。雾状水大大提高了水与燃烧物的接触面积，降温快、效率高，常用于扑灭可燃粉尘、纤维状物质、谷物堆囤等固体物质的火灾，也可用于扑灭电气设备火灾。常见灭火剂列于表 2-18。

表 2-18　灭火剂适用范围

灭火剂种类	火灾种类					
	木材等一般火灾	气体类火灾	可燃液体类火灾		带电设备火灾	金属类火灾
			非水溶性	水溶性		
直流水	○	×	×	×	×	×
二氧化碳泡沫	○	△	○	×	×	×
7501 灭火剂	×	△	×	×	×	○

续表

灭火剂种类	火灾种类					
	木材等一般火灾	气体类火灾	可燃液体类火灾		带电设备火灾	金属类火灾
			非水溶性	水溶性		
卤代烷（如"1211"）	△	○	○	○	○	×
二氧化碳(CO_2)	△	○	○	○	○	×
（钠盐）干粉（BC 类）	△	○	○	○	○	×
碳酸盐干粉（ABC 类）	○	○	○	○	○	×
金属火灾用干粉（D 类）	×	×	×	×	×	○

注：○为适用；△为一般不用；×为不适用。

（2）泡沫灭火剂

泡沫灭火剂是重要的灭火物质。多数泡沫灭火装置都是小型手提式的，对于小面积火焰可有效覆盖。也可配置固定管线，在紧急火灾中提供大面积的泡沫覆盖。泡沫灭火剂由发泡剂、泡沫稳定剂和其他添加剂组成，如化学泡沫灭火剂（MP）、氟蛋白泡沫灭火剂（MPF）、水成膜泡沫灭火剂（MPQ）、抗溶性泡沫灭火剂（MPK）、高倍数泡沫灭火剂等。

（3）干粉灭火剂（MF）

又称为粉末灭火剂，是一种干燥易于流动的粉末。干粉灭火剂由能灭火的基料以及防潮剂、流动促进剂、防结块剂等添加剂组成。需要借助专用的灭火器或灭火设备中的气体压力将其喷出，以粉雾覆盖可燃物隔绝空气而灭火。

（4）其他灭火剂

其他灭火剂还包括二氧化碳、卤代烃（CCl_4，哈龙及其替代品）等。7501 灭火剂是无色透明液体，主要成分是三甲氧基硼氧烷，化学式为$(CH_3O)_3B_2O_3$，是忌水金属的首选灭火剂，其受热分解并与 O_2 燃烧生成难于气化的 B_2O_3，在着火金属表面生成隔离膜，从而有效灭火。

烟雾灭火剂是在发烟火药基础上发展的特殊灭火剂，主要成分是硝酸钾、木炭、硫黄和三聚氰胺，用于密闭体系中，不需供氧，自身燃烧产生 85％的 CO_2 和 N_2 等不燃气体而灭火。

2.2.4.4　灭火器选用

常见不同类型火灾及燃烧物推荐选用的灭火器类型见表 2-19 （a）、表 2-19 （b）和表 2-19 （c）。图 2-11 指示了灭火器的位置、使用方法。常用灭火器使用方法见表 2-20。

表 2-19 （a）　不同类型火灾及燃烧物推荐选用的灭火器类型 （一）

灭火类型	燃烧物名称	清水灭火器（棒状）	强化液灭火器（雾状）	化学泡沫灭火器	机械泡沫灭火器	CO_2灭火器	卤代烷灭火器	ABC干粉灭火器	BC干粉灭火器	备注
A	木制品类	□	○	○	○	×	×	○	×	胶合板、草/木屑、竹制品、木质物
	纸/纤维制品	□	○	○	○	×	×	△	×	衣物、纸制品、纤维织物
	被褥类	□	○	○	○	×	×	△	×	□表示灭火效果很好 ○表示可以灭火 △表示不能完全灭火，可控制火焰 ×表示不能灭火
	橡胶、赛璐珞	□	○	○	○	×	×	△	×	
	合成树脂类	○	○	○	○	○	○	○	○	
B	易燃性液体	×	○	○	○	○	○	□	□	
	动植物油类	×	□	△	△	○	○	○	○	
	矿物油	△	○	○	○	○	○	○	○	
E	带电设备	×	×	×	×	□	□	○	○	

表 2-19（b）　不同类型火灾及燃烧物推荐选用的灭火器类型（二）

灭火剂			火灾类型				
			木材等一般火灾	可燃液体火灾		带电设备火灾	金属火灾
				非水溶性	水溶性		
液体	水	直流	○	×	×	×	×
		交流	○	△	○	○	△
	水溶液	直流（加强化剂）	○	×	×	×	×
		喷雾（加强化剂）	○	○	○	×	×
		水加表面活性剂	○	△	△	×	×
		水加增黏剂	○	×	×	×	×
		水胶	○	×	×	×	×
		酸碱灭水剂	○	×	×	×	×
	泡沫	化学泡沫	○	○	△	×	×
		蛋白泡沫	○	○	×	×	×
		氟蛋白泡沫	○	○	×	×	×
		水成膜泡沫（轻水）	○	○	×	×	×
		合成泡沫	○	○	×	×	×
		抗溶泡沫	○	△	○	×	×
		高、中倍数泡沫	○	○	○	×	×
	特殊液体（7501灭火剂）		×	×	×	×	○
气体	卤代烷	二氟二溴甲烷（1202）	△	○	○	○	×
		四氟二溴乙烷（2402）	△	○	○	○	×
		四氟化碳	△	○	○	○	×
		二氟一氯一溴甲烷（1211）	△	○	○	○	×
		三氟一溴甲烷（1301）	△	○	○	○	×
	不燃气体	二氧化碳	△	○	○	○	×
		氮气	△	○	○	○	×
固体	干粉	钠盐、钾盐、Monnex、干粉、磷酸盐干粉、金属火灾用干粉	△	○	○	○	×
			○	○	○	○	×
			×	×	×	×	○
	烟雾灭火剂		×	○	×	×	×

注：○表示适用；△表示一般不用；×表示不适用。

表 2-19（c）　不同类型火灾及燃烧物推荐选用的灭火剂类型（三）

灭火剂种类	火灾种类				
	木材等一般火灾	可燃液体火灾		带电设备火灾	金属火灾
		非水溶性	水溶性		
直流水	○	×	×	×	×
二氧化碳泡沫	○	○	×	×	×
7501灭火剂	×	×	×	×	○
一氧化碳、氮气	△	○	○	○	×
钠盐、钾盐、Monnex 干粉	△	○	○	○	×
碳酸盐干粉	○	○	○	○	×

续表

灭火剂种类	火灾种类				
	木材等一般火灾	可燃液体火灾		带电设备火灾	金属火灾
		非水溶性	水溶性		
金属火灾用干粉	×	×	×	×	○

注：○表示适用；△表示一般不用；×表示不适用。

表 2-20　常用灭火器使用方法

类型	泡沫灭火器	二氧化碳灭火器	四氯化碳灭火器	干粉灭火器
规格	10L 56～130L	2kg 以下 2～3kg 5～7kg	2kg 以下 2～3kg 5～8kg	4kg(ABC) 4kg(BC)
药剂	筒内装有碳酸氢钠、发泡剂和硫酸溶液	瓶内装有压缩成液体的二氧化碳	瓶内装有四氯化碳液体并加有一定压力	钢筒内装有钾盐(或钠盐)干粉,并备有盛装压缩气体的小钢瓶
用途	扑救固体物质或其他易燃物体火灾。不能扑救忌水和带电设备火灾	扑救电气、精密仪器、油类和酸类火灾。不能扑救钾、钠、镁、铝等物质火灾	扑救电气设备火灾。不能扑救钾、钠、镁、乙炔、二硫化碳等物质火灾	a. 扑救普通的固体材料着火(ABC) b. 扑救可燃液体着火(ABC、BC) c. 扑救气体和蒸气着火(ABC、BC)
效能	10L 喷射时间 60s,射程 8m;60L 喷射时间 170s,射程 13.5m	接近着火地点,保持 3m 远	3kg 喷射时间 30s,射程 7m	4kg 喷射时间 3～10s,射程 3.5m
使用方法	倒过来稍加摇动或拔除插销,药剂即可喷出	一手拿着喇叭筒对准火源,另一手打开开关即可喷出	只要打开开关,液体就可喷出	a. 将灭火器翻转摇动数次拉出保险销; b. 不可倒置使用,对准火源根部压下手柄
保养和检查	① 放在使用方便的地方 ② 注意使用期限 ③ 防止喷嘴堵塞 ④ 冬季防晒 ⑤ 年检,泡沫低于 4 倍时换药	每月检测一次,当小于原重时,应充气	检查压力,小于额定压力时应充气	置于干燥通风处,防潮勿晒,每年检查一次干粉是否受潮,小钢瓶内气压每半年检查一次,必要时应充气

图 2-11　灭火器使用方法指示性图例

2.3　用电安全

2.3.1　预防人身触电

2.3.1.1　电流对人体的伤害

（1）电流对人体的伤害

触电对人体所造成的伤害是由电流对人体的作用引起的。这种伤害与通过人体的电流强度、持续时间、电压、频率、人体电阻、通过人体的途径以及人体的健康状况等因素相关，而且各种因素之间有着十分密切的联系。通过人体的电流强度和触电时间的长短为主要因素。

① 电流强度　对于工频电流，按通过人体电流强度与人体所呈现的不同状态，分为三级。

a. 感知电流　指人能感觉到的最小电流，感觉为轻微针刺、发麻等，就值而言，成年男性平均约为 1.1mA，成年女性平均约为 0.7mA。

b. 摆脱电流　人触电后，能自主摆脱带电体的最大电流。成年男性平均约为 16mA，成年女性平均约为 10.5mA；就最小值而言，成年男性约为 9mA，成年女性约为 6mA。

c. 室颤电流　指引起心室发生心室纤维性颤动的最小电流，也称为致命电流。资料表明，当电流持续时间超过心脏周期时，室颤电流仅为 50mA 左右。当电流持续时间小于 0.1s 时，500mA 以上乃至数安的电流才能够引起心室颤动。若电流直接通过心脏时，数十微安的电流即可导致心室颤动的发生，电流对人体作用的实验资料见表 2-21。

② 电流通过人体的持续时间　通过人体的电流持续时间越长，越容易引起心室颤动，危险性越大。

表 2-21　电流对人体作用的实验资料

电流/mA	交流电(50～60Hz)	直流电
0.6～1.5	手指开始感觉麻刺	无感觉
2～3	手指感觉强烈麻刺	无感觉
5～7	手指感觉肌肉痉挛	感到灼热和刺痛
8～10	手指关节与手掌感觉痛，手已难以脱离	灼热增加
20～25	手指感觉剧痛、迅速麻痹、不能摆脱电源，呼吸困难	灼热更增，手的肌肉开始痉挛
50～80	呼吸麻痹，心室开始震颤	强烈灼痛，手的肌肉痉挛，呼吸困难
90～100	呼吸麻痹，持续 3s 或更长时间后，心脏麻痹或心房停止跳动	呼吸麻痹

③ 电压　当 220～1000V 工频电压（50Hz）作用于人体时，通过人体的电流可同时影响心脏和呼吸中枢，引起呼吸中枢麻痹，使呼吸和心脏跳动停止，更高的电压还可能引起心肌纤维透明性变或心肌纤维断裂和凝固变性。

④ 电源频率　常用的 50～60Hz 交流电对人体的伤害最为严重，各种电源频率下的死亡率如表 2-22 所示。

表 2-22　各种电源频率下的死亡率

频率/Hz	10	25	50	60	80	100	120	200	500	1000
死亡/%	21	70	95	91	43	34	31	22	14	11

⑤ 人体电阻　不同条件下的人体电阻见表 2-23。人体电阻主要包括人体内部电阻和皮肤电阻，而人体内部电阻是固定不变的，并与接触电压和外界条件无关，约为 500Ω。皮肤电阻随皮肤表面干湿程度及接触电压而变化。不同类型的人，皮肤电阻差异很大。一般认为，人体电阻在 $1000\sim2000\Omega$ 之间。

表 2-23　不同条件下的人体电阻

接触电压/V	人体电阻/Ω			
	皮肤干燥①	皮肤潮湿②	皮肤湿润③	皮肤浸入水中④
10	7000	3500	1200	600
25	5000	2500	1000	500
50	4000	2000	875	440
100	3000	1500	770	375
250	1500	1000	650	325

① 干燥场所的皮肤，电流途径为单手至双脚。
② 潮湿场所的皮肤，电流途径为单手至双脚。
③ 有水蒸气，特别潮湿场所的皮肤，电流途径为双手至双脚。
④ 游泳池或浴池中的情况，基本为体内电阻。

⑥ 电流途径　电流通过心脏会引起心室颤动，致使心脏停止跳动，导致死亡。不同电流途径，流经心脏的电流比例是不同的。表 2-24 为电流通过人体的途径与流经心脏电流比例的关系。

表 2-24　电流通过人体的途径与流经心脏电流比例的关系

电流通过人体的途径	流经心脏的电流占通过人体总电流的比例/%
从一只手到另一只手	3.3
从左手到脚	6.4
从右手到脚	3.7
从一只脚到另一只脚	0.4

（2）电流对人体伤害的种类

按照触电事故的构成方式，电流对人体的伤害可分为电击和电伤。

① 电击　电击是电流对人体内部组织的伤害，是最危险的一种伤害，约 85% 的触电死亡事故都是由电击造成的，电击可分为直接接触电击和间接接触电击。

② 电伤　包括电烧伤、电灼伤、电烙印、皮肤金属化、电光眼、机械性损伤等，是电流的热效应、化学效应、机械效应等引起的局部伤害和表面伤害，电流很大，但并不流经人体。

2.3.1.2　人体触电方式

人体触电一般分为与带电体直接接触触电、跨步电压触电、接触电压触电等几种形式。

① 直接接触触电　分为单相触电和两相触电。单相触电是指当人体站在地面上，触及电源的一根相线或漏电设备的外壳而触电。高压带电体虽未直接接触人体，但超过了安全距离对人体放电而引起的触电也属于单相触电。在两相触电时，人同时和两根相线接触，在 380V/220V 的供电系统中，人体受 380V/220V 电压的作用，且电流大部分通过心脏，很危险。

② 跨步电压触电　当架空线路的一根带电导线落地时，在距离电线落地点 8～10m 以内可能发生触电事故，称为跨步电压触电。误入跨步电压区，倒地 2s 即死，应迈小步、单脚跳，朝接地点相反方向离开。

③ 接触电压触电　人体同时接触具不同电压的两点，加在人体两点之间的电压差称为接触电压，如漏电的电动机、手足之间出现的电压差就是接触电压。

2.3.1.3　触电事故防护技术

所有电气设备都必须具备防止电击危害的直接接触电击防护和间接接触电击防护措施。

（1）直接接触电击防护

① 绝缘　是指利用绝缘材料对带电体进行封闭和隔离。工程上应用的绝缘材料电阻率一般不低于 $10^7\Omega\cdot cm$。绝缘材料有气体绝缘材料如空气和六氟化硫等，液体绝缘材料如矿物油、十二烷基苯、聚丁二烯、硅油和三氯联苯等合成油以及蓖麻油。固体绝缘材料，如树脂绝缘漆、胶、纸板等。表 2-25 为我国绝缘材料标准规定的绝缘耐热分级和极限温度。

表 2-25　我国绝缘材料标准规定的绝缘耐热分级和极限温度

耐热分级	极限温度/℃	耐热分级	极限温度/℃
Y	90	F	155
A	105	H	180
E	120	C	＞180
B	130		

② 屏护　是一种对电击危险因素进行隔离的手段，即采用遮拦、护罩、箱匣等把危险的带电体同外界隔离开来，以防止人体触及或接近带电体引起触电事故。

③ 间距　是将带电体置于人和设备所及范围之外的安全措施。带电体与地面之间、带电体与其他设备或设施之间、带电体与带电体之间均应保持必要的安全距离。如明装的车间低压配电箱底口距地面的高度可取 1.2m，暗装的可取 1.4m，明装电度表板底口距地面的高度可取 1.8m。在低压检修间距操作中，人体及其所带工具与带电体的距离不应小于 0.1m；在高压无遮拦操作中，人体及所带工具与带电体之间为 0.7～1.0m。

（2）间接接触电击防护

① 保护接地（IT 系统）　保护接地适用于各种不接地配电网，如某些 1～10kV 配电网。

② 保护接零（TT 系统）　TT 系统的第一个字母 T 表示配电网直接接地，第二个字母 T 表示电气设备外壳接地。主要用于低压共用用户。

（3）兼防直接接触电击和间接接触电击

① 安全电压　安全电压应根据使用环境、人员和使用方式等因素确定。

② 剩余电流动作保护　旧称漏电保护，即剩余电流动作保护装置，简称 RCD。

2.3.1.4　紧急救护

人体触电后会出现肌肉收缩、神经麻痹、呼吸中断、心跳停止等征象，呈现昏迷不醒状态。此时是"假死"，如果立即急救，绝大多数触电者是可以救活的。

① 使触电者迅速脱离电源　触电急救，首先要使触电者迅速脱离电源，越快越好。

② 紧急救护

a. 如有知觉、昏迷、不适，观察病情，并请医生前来诊治。

b. 如失去知觉，但心脏跳动和呼吸尚存，应当使触电者舒适、平坦、安静地平卧在空气流通场所，以利呼吸，并迅速请医生诊治。

c.如呼吸、脉搏及心脏跳动停止，仍然不可认为已经死亡。立即就地施行人工呼吸，进行紧急救护。

2.3.2 电气防火防爆

工业企业电气设备的绝缘，大多数是采用易燃物质（如绝缘纸、绝缘油）组成的。发热、电弧、电火花可将周围易燃物引燃，发生火灾或爆炸。

防火防爆措施是综合性的措施，包括选用合理的电气设备、保持必要的防火间距、电气设备正常运行并有良好的通风、采用耐火设施、有完善的继电保护装置等技术措施。

（1）正确选用电气设备

应根据场所特点，选择适当形式的电气设备。按爆炸危险场所区分，电气设备的选型见表2-26～表2-30。

表2-26 旋转电动机防爆结构的选型

电气设备	1区			2区			
	隔爆型	正压型	增安型	隔爆型	正压型	增安型	无火花型
鼠笼型感应电动机	○	○	△	○	○	○	○
绕线型感应电动机	△	△		○	○	○	×
同步电动机	○	○	×	○	○	○	○
直流电动机	△	△		○	○	○	○
电磁滑差离合器（无电刷）	○	△	×	○	○	○	△

注：1.○为适用；△为慎用；×为不适用。

2.绕线型感应电动机及同步电动机采用增安型，其主体是增安型防爆结构，发生电火花的部分是隔爆或正压型防爆结构。

3.无火花型电动机在通风不良及户内具有比空气重的易燃物质区域内慎用。

表2-27 低压变压器类防爆结构的选型

电气设备	1区			2区			
	隔爆型	正压型	增安型	隔爆型	正压型	增安型	充油型
变压器（含启动）	△	△	×	○	○	○	○
电抗线圈（含启动）	△	△	×	○	○	○	○
仪表用互感器	△	△	×	○	○	○	○

注：○为适用；△为慎用；×为不适用。

表2-28 低压开关和控制器类防爆结构的选型

电气设备	0区	1区					2区				
	本质安全型	本质安全型	隔爆型	正压型	充油型	增安型	本质安全型	隔爆型	正压型	充油型	增安型
刀开关,断路器			○					○			
熔断器			△					○			
控制开关及按钮	○	○	○		○		○	○		○	
电抗启动器和启动补偿器			△				○				○
启动用金属电阻器		△	△		×		○	○		○	
电磁阀用电磁铁			○		×		○	○			○

续表

电气设备	0区	1区					2区				
	本质安全型	本质安全型	隔爆型	正压型	充油型	增安型	本质安全型	隔爆型	正压型	充油型	增安型
电磁摩擦制动器			△			×		○			△
操作箱、柱			○	○				○	○		
控制盘			△	△				○			
配电盘			△					○			

注：1.○为适用；△为慎用；×为不适用。

2. 电抗启动器、启动补偿器采用增安型时，是指将隔爆结构的启动运转开关操作部件与增安型防爆结构的电抗线圈或单绕组变压器组成一体的结构。

3. 电磁摩擦制动器采用隔爆型时，是指将制动片、滚筒等机械部分也装入隔爆壳体内者。

4. 在2区内电气设备采用隔爆型时，是指除隔爆型外，也包括主要有火花部分为隔爆结构而其外壳为增安型的混合结构。

表 2-29　灯具类防爆结构的选型

电气设备	1区		2区	
	隔爆型	增安型	隔爆型	增安型
固定式灯	○	×	○	○
移动式灯	△		○	
携带式电池灯	○		○	
指示灯类	○	×	○	
镇流器	○	△	○	○

注：○为适用；△为慎用；×为不适用。

表 2-30　信号、报警装置等电气设备防爆结构的选型

电气设备	0区	1区				2区			
	本质安全型	本质安全型	隔爆型	正压型	增安型	本质安全型	隔爆型	正压型	增安型
信号、报警装置	○	○	○	○	×	○	○	○	○
插接装置			○				○		
接线箱(盒)			○		△		○		○
电气测量表计			○	○	×		○	○	○

注：○为适用；△为慎用；×为不适用。

（2）保持防火间距

室外变、配电装置距堆场、可燃液体储罐和甲、乙类厂房库房不应小于25m，距其他建筑物不应小于10m，距液化石油气罐不应小于35m。10kV及以下变、配电室不应设在火灾危险区的正上方或正下方，且变、配电室的门窗应向外开，通向非火灾危险区域。10kV及以下的架空线路，严禁跨越火灾和爆炸危险场所；当线路与火灾和爆炸危险场所接近时，其水平距离一般不应小于杆柱高度的1.5倍。

（3）保持电气设备正常运行

包括保持电气设备的电压、电流、温升等参数不超过允许值，保持良好绝缘、连接、接地等。运行环境通风良好。隔离易燃物，使用耐火建筑材料等。

2.4 防雷、防静电安全技术

2.4.1 静电的类型

静电是在宏观范围内暂时失去平衡的相对静止的正电荷和负电荷。

① 人体静电　人体是导体，在静电场中可能感应起电而成为带电体，也可能引起感应放电。人在活动过程中，人的衣服、鞋以及所带的用具与其他材料摩擦或接触-分离时，均可能产生静电，人体静电高达 10000V 以上。

② 固体静电　固体物质的摩擦、粉碎等过程中，可产生静电。橡胶、塑料、纤维等行业工艺过程中的静电高达数万伏，甚至数十万伏。

③ 粉体静电　粉体只不过是处于特殊状态下的固体，塑料粉、药粉、面粉、麻粉和金属粉在研磨、搅拌、筛分或处于高速运动时，由于碰撞、摩擦、破断都会产生静电。粉体静电电压可高达数万伏。

④ 液体静电　液体与固体的接触面上也会出现双电层，液体在流动、过滤、搅拌、喷雾、飞溅、冲刷、灌注和剧烈晃动等过程中，可产生静电。

⑤ 蒸气和气体静电　蒸气或气体在管道内高速流动或由阀门、缝隙高速喷射出时也会产生危险的静电。完全纯净的气体是不会产生静电的，但由于气体往往含有灰尘、干冰、液滴、蒸气等固体颗粒或液体颗粒，通过这些颗粒的碰撞、摩擦、分裂等过程产生静电。

2.4.2 静电的危害

工艺过程中产生的静电可能引起爆炸和火灾，也可能给人以电击，还可能妨碍生产，其中，爆炸和火灾是最大的危害和危险。

（1）爆炸和火灾

静电能量虽然不大，但因其电压很高而容易发生放电，放电产生的电火花是极其危险的点火源。如果有易燃物质，又有易燃物质形成的爆炸性混合物，以及爆炸性粉尘等，极可能由于静电火花引起爆炸或火灾。如金属粉末、药品粉末、合成树脂和天然树脂粉末等都能与空气形成爆炸性混合物，在这些粉末的磨制、干燥、筛分、收集等工艺过程中，都比较容易由静电火花引起爆炸或火灾。一些轻质油料及化学溶剂，如汽油、煤油、酒精等容易挥发，与空气形成爆炸性混合物，在这些液体的运载、搅拌、过滤、注入、喷出和流出等工艺过程中，容易由静电火花引起爆炸或火灾。

1987 年 3 月 15 日，哈尔滨亚麻纺织厂发生特大爆炸事故，死 58 人，轻、重伤各 112 人、65 人，直接经济损失 881.9 万元。该厂是解放初期苏联援建的我国最大的亚麻纺织厂，1952 年投产。事故原因可能是亚麻粉尘在金属管道内接触产生静电，静电随亚麻粉在集尘器布袋积累，引发燃烧，进而引起中央除尘器粉尘爆炸，随后扩散引发系统性粉尘爆炸，明火 6 小时内扑灭，1.3 万平方米厂房遭到不同程度的损坏，这个拥有职工 6250 人、生产规模 2.16 万锭的亚麻厂，全厂停产。

（2）静电电击

静电放电造成的瞬间冲击性电击，不至于直接使人致命，但可能影响工作。

（3）妨碍生产

在某些生产过程中，如不消除静电，将会妨碍生产或降低产品质量。

2.4.3　防静电措施

静电导致火灾或爆炸的条件，有五个方面：①产生静电电荷；②有足够的电压产生火花放电；③有能引起火花放电的合适间隙；④产生的电火花要有足够的能量；⑤在放电间隙及周围环境中，有易燃易爆混合物。防止静电，主要有工艺控制法、泄漏导走法、中和电荷法、封闭削尖法、防止人体带静电等五种方法。

（1）工艺控制法

工艺控制法，即从工艺上、从材料选择、设备结构和操作管理等方面采取措施，控制静电的产生，使其不能达到危害程度。

① 改善工艺操作条件，尽量避免大量产生静电荷　利用静电序列表，优选原料配方和使用材料，使摩擦或接触的物质在序列表中的位置接近，通过调配接触顺序的办法，可以使多种物质摩擦或接触时产生的静电相互抵消。例如，某搅拌作业需要向混合釜内加入汽油、氧化锌、氧化铁、石棉等，如果最后加汽油，浆料表面静电电压高达 $11\sim13kV$，改为先加入部分汽油，再加固体，最后加入石棉等填料和剩余汽油，浆料表面静电电压降至 400V 以下。

② 控制物料输送速度　流体流动中流速越快，产生的静电量越多，控制流体流动速度可以减少静电。例如，烃类燃料油在直径 50mm 的管道内输送，流速不得超过 3.6m/s；管直径为 100mm 时，流速不得超过 2.5m/s。

③ 保证足够的静置时间　向容器内灌注易燃液体时会产生静电，停止灌注后，液体趋于静止，静电可慢慢消失。

④ 改进灌注方式　向容器内灌注易燃液体时，减轻液体注入时的冲击和飞溅，可减少静电，具体做法为：改变灌注管头的形状，如用 T 形或 Y 形；可以改变灌注管头的位置，如延伸至近容器的底部。

⑤ 增设松弛容器　液体与管道壁的摩擦产生静电，在管道末端加装一个直径较大的"松弛容器"，可消散、消除液体在管道中积累的静电荷。

⑥ 尽量避免高能量静电放电的条件　在设计工艺装置或制作设备时，避免存在高能量静电放电的条件。

（2）泄漏导走法

泄漏导走法，是在工艺过程中，采用空气增湿、加抗静电添加剂、静电接地和规定静止时间的方法，将带电体上的电荷向大地泄漏消散。

① 空气增湿　湿空气在物体表面覆盖一层导电的液膜，可以降低静电非导体的绝缘性。在工艺条件允许的情况下，空气增湿取相对湿度 70% 为合适，增湿以表面可被水润湿的材料为好，如乙酸纤维素、硝酸纤维素、纸张和橡胶等。

② 加抗静电添加剂　抗静电添加剂使绝缘材料的电阻率降低到 $10^6\sim10^8\Omega\cdot cm$ 以下。

③ 静电接地连接　静电接地是消除静电的最简单、最基本的方法。将能够产生静电的管道、设备，如各种储罐、混合器、物料输送设备、过滤器、反应器、粉碎机械等金属设备与管线连成一个连续的导电整体，利用连接线接地。

④ 静止时间　当灌装到 90% 停泵，液面静电电位的峰值出现在停泵后 5～10s 以内，静电消散时间为 70～80s。

（3）中和电荷法

利用极性相反的电荷中和以减少带电体上的静电量，即中和电荷法。该方法有：静电消除器消电、物质匹配消电、湿度消电等。

① 静电消除器　静电消除器有外接电源式、放射线式、离子流式、自感应式等。

② 物质匹配消电　利用静电摩擦序列表中的带电规律，匹配相互接触的物质，使生产过程中产生的不同极性电荷得以相互中和，即匹配消电。

③ 湿度消电　增加空气湿度能降低某些绝缘材料的表面电阻，从而使静电容易导入大地。

（4）封闭消尖法

封闭消尖法是利用静电的屏蔽、尖端放电和电位随电容变化的特性使带电体不致造成危害的方法。

（5）人体防静电

① 人体接地措施　穿防静电鞋、工作服、手套和帽子，在人体必须接地的场所应设金属接地棒，赤手接触即可导出人体静电。

② 工作地面导电化　地面材料应采用电阻率 $10^6\Omega\cdot cm$ 以下的材料制成的地面。

③ 确保安全操作　在工作中尽量不做与人体带电有关的事情。如接近或接触带电体，在工作场所不要穿、脱工作服等。在有静电危险场所操作、巡视、检查，不得携带与工作无关的金属物品，如钥匙、硬币、手表、戒指等。

2.4.4　雷电的形成和分类

（1）雷电的形成

云的上部以正电荷为主，云的中下部以负电荷为主，云的下部前方的强烈上升气流中还有一小范围的正电区。因此，云的上下之间形成一个电位差，当电位差达到一定程度后，就产生放电，这就是闪电。放电过程中，闪道中的温度骤增，使空气体积急剧膨胀，从而产生冲击波，导致强烈的雷鸣，当云层很低时，有时可形成云地间放电，这就是雷击。雷电流冲击波波头陡度可达 50kA/s，平均陡度约为 30kA/s。

（2）雷电的分类

① 直击雷　带电的云层与大地上某一点之间发生迅猛的放电现象，叫做直击雷，雷冲击过电压可达数千千伏。

② 感应雷　又分为静电感应雷、电磁感应雷。

③ 球形雷。

2.4.5　雷电的危害性

① 电效应　在雷电放电时，能产生高达数万伏的冲击电压，足以烧毁电力系统的发电机、变压器、断路器、电气设备或将输电线路绝缘击穿而发生短路，导致火灾或爆炸。

② 热效应　当几十至几千安的强大雷电流通过导体时，在极短时间内转化大量的热能，雷击点的发热能量为 500~2000J，这一能量可熔化 50~200mm³的钢。

③ 机械效应　雷电的热效应还将使雷电通道中的空气剧烈膨胀，同时使水分及其他物质分解为气体，在被雷击物体内部出现强大的机械压力，致使被击物体遭受严重破坏或爆炸。

④ 电磁感应　雷电周围的空间里，存在强大的交变磁场，不仅使处在这一电磁场的导体感应出强大的电动势，还会在构成闭合回路的金属物中产生感应电流，导致局部过热或发生火花放电等危害。

⑤ 静电感应　雷击的金属物的静电感应电压可高达几万伏，能击穿数十厘米的空气间隙，发生火花放电，可能导致危害。

⑥ 雷电侵入波　雷电在架空线路、金属管道上会产生冲击电压，若侵入建筑物内，可造成配电装置和电气线路绝缘层击穿，产生短路，或使易燃、易爆物品燃烧或爆炸。

⑦ 防雷装置的反击作用　当防雷装置受到雷击时，在接闪器、引下线和接地体上都具有很高的电压。可能会对附近电气设备或线路产生放电，即反击，可引起电气设备绝缘破坏，金属管道烧穿，甚至造成火灾或爆炸。

⑧ 雷电对人的危害　雷击电流通过人体，可立即使呼吸中枢麻痹，心室纤颤或心跳骤停，出现休克或突然死亡，雷击时产生的电火花，还可使人遭到不同程度的烧伤。

2.4.6　防雷基本措施

防雷的保护对象是人体、设备和建筑物。雷电防护系统包括外部和内部雷电防护系统。外部雷电防护系统是建筑物外部或本体的雷电防护部分，用以防直击雷，通常由接闪器、引下线和接地装置组成。内部雷电防护系统是建筑内部的雷电防护部分，主要用于减小和防止雷电流在防护空间内所产生的电磁效应，通常由等电位连接系统、共用接地系统、屏蔽系统、合理布线、电涌防护器等组成。现代防雷技术主要采取拦截、接地、均压、分流和屏蔽五项技术措施，这五项防雷措施是一个有机联系的整体，必须综合考虑，全面实施才能达到最佳的防雷效果。

① 拦截　防直击雷电的避雷装置一般由三部分组成，即接闪器、引下线和接地体。接闪器由避雷针、避雷线、避雷带和避雷网四种中的一种或多种组成。接地体是埋入土壤中或混凝土基础中做散流用的导体。引下线为连接接闪器与接地装置的金属导体。任何被雷击中的物体都可能反击放电，击坏邻近的低电位物体。所以，接闪器、引下线和接地体附近不得有金属管道和电气线路。

② 接地　所有防雷系统都需要通过良好的接地系统把雷电流泄入大地。把防雷接地、过电压保护接地、防静电接地、屏蔽接地等通过地下或者地上的金属导体连接起来，称为共用接地。共用接地是目前常用的接地方式。

③ 均压　也称等电位连接或电位均衡连接，感应雷的防护通常是对整个系统做等电位连接接地。

④ 分流与电涌保护器　电涌保护器，也叫防雷器，指用于限制瞬态过电压和分泄电涌电流的器件。

⑤ 屏蔽　用金属网、箱、壳、管等导体把需要保护的对象包围起来，其作用是把雷电的脉冲电磁场从空间入侵的通道阻隔开来，防止任何形式的电磁干扰。

2.4.7　人身防雷

雷电情况下，人身防雷应注意的要点如下。

① 为了防止直击雷伤人，应减少在户外活动时间，尽量避免在野外逗留。

② 为了防止二次放电和跨步电压伤人，要远离建筑物的接闪杆及其接地引下线；远离各种天线、电线杆、高塔、烟囱、旗杆、孤独的树木和没有防雷装置的孤立小建筑物等。

③ 雷电情况下，室内人身防雷，应注意人体最好离开可能传来雷电侵入波的各种线路，如离照明线、动力线、电话线、广播线、收音机和电视机电源线等1m以上。

2.4.8　制药工业建筑与装置防雷

① 工业建筑物的防雷　工业建筑物应当按照 GB 50057—2010 的规定，进行分类并安装防雷设施。对于装有防雷装置的建筑物，在防雷装置与其他设施和建筑物内人员无法隔离的情况下，应采取等电位连接。建筑物的所有外露金属构件，包括管道，都应与防雷网（带、线）良好连接。

② 制药装置的防雷　有火灾爆炸危险的装置、露天设备、储罐、电气设施等应设计防

直击雷装置。防雷接地装置的电阻要求应按 GB 50057—2010 的规定执行。

可燃气体、液化烃、可燃液体的钢罐必须设防雷接地，并应符合下列规定：①避雷针、线的保护范围应包括整个储罐；②装有阻火器的甲乙类可燃液体的地上固定顶罐，当顶板厚度小于 4mm 时应装设避雷针、线；当露天布置的塔、容器顶板厚度≥4mm 时，对雷电有自身保护能力，不需要装设避雷针保护，但必须设防雷接地；当顶板厚度＜4mm 时，为防止直击雷击穿顶板引起事故，需要装设避雷针；③丙类液体储罐可不设避雷针、线，但必须设防感应雷接地；④浮顶罐（含内浮顶罐）可不设避雷针、线，但应将浮顶与罐体用两根截面不小于 25mm² 的软铜线做电气连接；⑤压力储罐不设避雷针、线，但应做接地。

2.4.9 防雷装置的检查

为了使防雷装置具有可靠的保护效果，应建立必要的检查、维护制度。对于重要设施，应在每年雷雨季前做定期检查，如有特殊情况，还要做临时性的检查。

① 检查是否由于维修建筑物或建筑物本身变形，使防雷装置的保护情况发生变化。

② 检查接闪器有无因遭受雷击后而发生熔化或折断，避雷器瓷套有无裂纹、碰伤的情况，并应定期进行预防性试验。

③ 检查明装导体有无因锈蚀或机械损伤而折断。

④ 检查接地线在距地面 2m 至地下 0.3m 处的一般保护处理有无被破坏。

⑤ 测量全部接地装置的接地电阻。

⑥ 检查接地装置是否正常及周围的土壤有无沉陷现象。

思考题

1. 化学危险品如何分类？主要的危害性有哪些？
2. 如何在危险化学品使用过程中保障安全？
3. 洁净区域的燃烧、爆炸事故类型有哪些？
4. 如何预防洁净区域的燃烧、爆炸事故？
5. 人体触电的方式有哪些？如何防护触电事故？
6. 电气防火防爆措施有哪些？
7. 静电的类型与危害有哪些？
8. 如何防静电？
9. 雷电有哪些类型和危害？
10. 防雷措施有哪些？
11. 人身如何防雷？

参考文献

[1] 肖德华主编. 化工安全管理与环保. 北京：化学工业出版社，2012.
[2] 韩世奇，韩燕晖编. 危险化学品生产安全与应急救援. 北京：化学工业出版社，2008.
[3] 陈海群，王凯全，等编. 危险化学品事故处理与应急预案. 北京：中国石化出版社，2005.
[4] 毕明树，周一卉，孙洪玉编. 化工安全工程. 北京：化学工业出版社，2014.
[5] 庞磊，靳江红主编. 制药安全工程概论. 北京：化学工业出版社，2015.
[6] 周礼庆，崔政斌，赵海波编. 危险化学品企业工艺安全管理. 北京：化学工业出版社，2015.
[7] 王留成主编. 化工环境保护概论. 北京：化学工业出版社，2016.
[8] 温路新，李大成，刘敏，等编. 化工安全与环保. 北京：科学出版社，2014.
[9] 孙玉叶主编. 化工安全技术与职业健康. 第 2 版. 北京：化学工业出版社，2015.
[10] 贾素云主编. 化工环境科学与安全技术. 北京：国防工业出版社，2009.

第3章

制药设备安全技术

本章学习目的与要求
- ★掌握设备安全附件的类型及作用
- ★掌握设备失效类型及失效检测方法
- ★熟悉设备材料的选择依据以及设备金属材料防腐蚀的措施
- ★熟悉主要制药设备的车间平面布置安全原则
- ★了解紧急停车装置和联锁保护装置的应用

3.1 设备安全

3.1.1 设备安全设计概述

3.1.1.1 制药设备的分类及特点

（1）制药设备的分类

药品生产企业为进行生产所采用的各种机器设备统属于制药设备的范畴。国家、行业标准按制药设备产品的基本属性，将制药设备分为八大类，如表 3-1 所示。

表 3-1　制药生产设备

设备类别	用途
原料药机械及设备	实现生物或化学物质转化以及利用动、植物与矿物制取原料药
制剂机械	将药物制成各种剂型
药用粉粹设备	药物粉粹或研磨
饮片机械	对天然药用动物、植物、矿物进行选、洗、润、切、烘、炒、煅等方法制取中药饮片
制药用水设备	制备制药用水
药品包装机械	药品包装
药物检测设备	检测各种药物制品或半制品质量
其他制药机械与设备	执行非主要制药工序的有关机械与设备

（2）制药设备的特点

① 功能原理多样化　制药设备的设计、制造及运行在很大程度上依赖于设备内部进行的各种物理或化学过程以及设备外部所处的环境条件。制药生产过程的介质特性、工艺条件、操作方法以及生产能力的差异，也就决定了人们必须根据设备的功能、条件、使用寿

命、安全质量以及环境保护等要求，采用不同的材料、结构和制造工艺对其进行单独设计。从而使得在制药工业领域中所使用的设备的功能原理、结构特征多种多样，并且设备的类型也比较繁多。

② 设备安全保护性要求较高　制药设备通常都是在一定温度和压力条件下工作，如反应器通常是在高温、高压、高真空、低温、强腐蚀的条件下操作，如果在反应器设计、选材、制造、检验和使用维护中稍有疏忽，一旦发生安全事故，其后果不堪设想。

③ 设备在线监测与控制　随着现代工业技术的发展，对物料、压力、温度等参数实施精确可靠控制，以及对设备运行状况进行适时监测，已是制药设备高效、安全、可靠运行的保证。为此，生产过程中的成套设备都是将制药过程、机械设备及控制技术三个方面结合在一起，实施"机、电、仪"技术的一体化，对设备操作过程进行控制。

④ 设备布局不得影响产品质量　制药设备布局要合理，其安装不得影响产品质量，设备安装间距要便于生产操作、拆装、清洗和维修保养，避免发生差错和交叉污染。当设备穿越不同洁净室（区）时，应采用可靠的密封隔断装置，防止污染。不同洁净等级房间之间，如采用传送带传递物料时，为防止交叉污染，传送带不宜穿越隔墙，应在隔墙两边分段传送。

3.1.1.2　GMP 对制药设备设计选型的指导原则

国家食品药品监督管理局于 2011 年 2 月对外发布《药品生产质量管理规范》（2010 年修订）（简称新版药品 GMP）。新版药品 GMP 对直接参与药品生产的制药设备做了指导性的规定，设备的设计、选型、安装应符合生产要求，易于清洗、消毒和灭菌，便于生产操作和维修、保养，并能防止差错和减少污染。GMP 对制药设备设计选型的指导原则如下。

① 产品的物理特性、化学特性　产品剂型、外形尺寸、密度、黏度、熔点、热性能、对温湿度的敏感程度、适应的储存条件、pH 值、氧化反应、毒性、腐蚀性、稳定性及其他特殊性质。

② 生产规模　根据市场预测、生产条件、人力资源情况，预计设备涉及产品的年产量、每日班次。

③ 生产工艺要求　根据市场预测和生产条件提出能力需求，例如：生产批量、包装单位数量、装箱单位数量、生产设备的单位产出量、提升设备的最大提升重量和高度等。

根据生产工艺提出对设备功能的需求，例如：温度范围及精度需求，速度范围及精度需求，混合均匀度需求，供料装置需求，传输装置需求，检测装置需求，成型需求，剪切需求，灌装精度、灌装形式需求，标记功能需求，装盒形式需求，中包形式需求，装箱形式需求，封箱捆扎形式需求，托盘摆放形式需求等。

④ 材质要求　根据接触物料特性、环境特性、清洗特性，保证不与药品发生化学反应或吸附药品，而提出关键材料材质要求。

⑤ 清洁要求　物料接触处无死角，表面粗糙度小，就地清洗射流强度大、覆盖面积广，清洗剂要求，器具表面无肉眼可见残留物，清洗水样经紫外分光检查无残留物。

⑥ 在给定条件下设备的稳定性需求　新设备在设计时要特别考虑设备的可靠性、可维修性，同时还应对新设备所配备的在线、离线诊断帮助或设备状态监控工具等进行明确和说明。

⑦ 根据生产工艺要求和生产条件确定设备安装区域、位置、固定方式（通常给出设备布置图）。

⑧ 外观要求　表面涂层色彩要求，表面平面度、直线度大，表面镀铬，不锈钢亚光，表面氧化处理，表面喷塑，表面涂装某牌号的白色面漆。

⑨ 满足安全要求　应符合国家相关机器设备安全设计规范。

⑩ 满足环境要求　符合国家相关机器设备环境控制规范。

⑪ 操作要求　操作盘安装位置、操作盘显示语言处理、汉语标识、某工位配置桌椅。

⑫ 维修要求　易损部件便于更换、各部位有维修空间、故障自动检测系统、控制系统恢复启动备份盘。

⑬ 计量要求　测量仪表具有溯源性、测量范围、测量仪表的分辨率、测量仪表的精度等级、测量仪表采用标准计量单位。

3.1.2　强度安全设计

3.1.2.1　设计载荷

（1）设计压力

设计压力是确定压力容器计算壁厚的压力，每个压力容器都承受一定的压力载荷。由于压力的作用，容器器壁中产生均匀分布于整个壁厚上的拉（压）应力，即薄膜应力。

（2）重量载荷

容器的重量载荷包括容器的自重、所装介质重量和安装在容器上的工艺附件、保温材料及操作平台等的重量。重量载荷对器壁的作用情况与容器的支承方式有关，通常是局部的作用于支座部位的器壁，如卧式容器鞍式支座，可能由于鞍座处筒体壳体刚性不足，鞍座上部的筒壁产生局部变形，出现不能承受应力的无效区。

（3）风载荷

对于安置于室外的高耸设备，需考虑风载荷的作用。如将这类高耸直立容器当作一个支承与地面的悬臂梁，由于风力矩的作用，将使迎风面的器壁产生轴向拉应力、背风面产生轴向压应力。

（4）地震载荷

作用于容器上的地震力是由于容器基础处地壳反常地突然迁移以及容器的惯性作用引起的。因此地震力及其产生的应力皆具有瞬变的动态特性，对设备的作用极为复杂，目前尚难以作精确分析。

（5）温度载荷

对于操作温度高于或低于室温的容器，在使用时，容器因壁温变化引起相应的膨胀或收缩变形，一旦变形受到相邻构件或材料的限制，构件内部就要产生温差应力。

（6）交变载荷

上述载荷中，有的是大小和方向不随时间变化的静载荷，有的是大小和/或方向随时间变化的交变载荷。如间歇生产的压力容器的重复加压、泄压；装料、卸料引起的容器支座上的载荷变化。

3.1.2.2　常规设计

（1）弹性失效设计准则

① 最大拉应力理论，亦称第一强度理论。该理论认为，材料的破坏是由最大拉应力引起的，即不论什么样的应力状态，只要构件内一点处的三个主应力中的最大拉应力达到单向拉伸时材料的极限应力值，材料就发生破坏。

② 最大伸长线应变理论，亦称第二强度理论。该理论认为，材料破坏是由最大拉应变引起的，即不论材料处于什么应力状态，只要构件某一点处的最大拉应变达到单向拉伸时材料的极限应变值就会引起材料的断裂破坏。

③ 最大剪应力理论，亦称第三强度理论。该理论认为，材料的破坏是由最大剪应力引起的，即不论什么应力状态，只要构件内任一点处的最大剪应力达到单向拉伸时材料的极限剪应力，材料就发生破坏。

④ 形状改变比能理论，亦称第四强度理论。该理论考虑材料的变形能，认为受力构件的形状改变比能是引起材料破坏的根本原因，即不论什么应力状态，当材料某点的形状改变比能达到单向拉伸时材料的极限形状改变比能时，材料发生破坏。

（2）常规设计及其局限

常规设计又称"按规则设计"，理论基础为弹性失效准则中的第一强度理论（最大拉应力理论）。常规设计经过了长期实践的考验，简便可靠，目前仍为各国压力容器设计规范所采用，如我国 GB 150—1998《钢制压力容器》、美国 ASME 锅炉与压力容器规范第Ⅷ卷第 1 册《压力容器》以及日本标准 JISB 8243《压力容器构造》等。然而常规设计也有其局限性，表现在以下几方面。

① 常规设计是以弹性失效准则中的第一强度理论（最大拉应力理论）为理论基础的，只考虑了拉应力的作用，没有对容器不同部位、由不同载荷引起、对容器失效有不同影响的应力进行详尽的分析。

② 常规设计没有考虑到温度载荷的影响，但压力容器在实际运行中所承受的载荷不但有机械载荷，往往还有温度载荷，同时这些载荷还可能有较大的波动。由温度载荷引起的温差应力对容器的影响是不能通过提高材料设计系数或加大厚度的方法来解决的。

③ 常规设计只考虑单一最大载荷工况，按一次施加的静力载荷处理，没有考虑交变载荷的影响，而由交变载荷引起的疲劳失效又是压力容器常见的失效形式。

3.1.2.3　分析设计

（1）分析设计的理论基础

分析设计放弃了传统的弹性失效准则，采用了塑性失效准则、弹塑性失效准则和疲劳失效准则，允许结构出现可控制的局部塑性区，合理地放松了对计算应力的过严限制，适当地提高了许用应力，又严格保证了结构的安全性。目前我国相应的设计标准为 JB 4732—95《钢制压力容器分析设计标准》。

① 塑性失效准则　为当容器上某一点达到屈服时，不会导致容器的失效，只有当容器整体屈服时，才是容器承载的极限状态。

② 弹塑性失效准则　为当容器边缘区域出现一定量的局部塑性变形时，即为容器承载的极限状态。

③ 疲劳失效准则　为容器在交变载荷的作用下，当最大交变应力或循环次数达到疲劳设计曲线的规定值时，即为容器承载的极限状态。

（2）压力容器的应力分类

不同载荷作用于器壁产生不同的应力以及同一载荷在容器的不同部位引起不同类型的应力对容器的破坏作用是不同的。目前，比较通用的应力分类方法是将压力容器中的应力分为三大类：一次应力、二次应力和峰值应力。

① 一次应力 P　一次应力是指平衡外加机械载荷所必须的应力。当一次应力超过屈服极限时将引起容器的显著变形或破坏，对容器的失效影响最大。一次应力的特点为：一次应力必须满足外载荷与内力及内力矩的静力平衡关系，一次应力随外载荷的增加而增加；一次应力不会因达到材料的屈服极限而自行限制，是非自限应力。一次应力包括以下类型：a. 一次总体薄膜应力 P_m，是指存在于容器整体范围内，由内压或其他机械载荷所引起的薄膜应力。例如，薄壁圆筒或球壳中远离结构不连续部位由内压引起的薄膜应力。b. 一次弯曲应力 P_b，是指由内压或其他机械载荷作用下沿壁厚成线性分布的应力。一次弯曲应力在内、外表面上大小相等、方向相反。例如，由内压引起的在平板封头上的弯曲应力。c. 一次局部薄膜应力 P_L，是在局部范围内，由于内压或其他机械载荷而引起的薄膜应力，统称为局部薄膜应力。例如，筒体与封头连接处的薄膜应力。

② 二次应力 Q　二次应力是由于容器元件自身的约束或相邻元件间的相互约束而产生的正应力或剪应力。二次应力的特点为：二次应力和外载荷无直接关系，是由元件自身或相邻元件的变形不协调引起的；具有自限性。

③峰值应力 F　峰值应力是由于局部结构不连续和局部热应力的影响而叠加到一次加二次应力之上的应力增量。峰值应力的特点是高度的局部性，因此不引起任何明显的变形，其危害在于可能导致疲劳裂纹或脆性断裂。

（3）应力强度

压力容器各点的应力状态一般为复合应力状态，分析设计中采用最大剪应力理论（第三强度理论）计算应力强度 S，其值为该点最大主应力与最小主应力之差。

根据各类应力及其组合对容器危害程度的不同，分析设计标准划分了五类基本的应力强度：一次总体薄膜应力强度 S_I；一次局部薄膜应力强度 S_{II}；一次薄膜加一次弯曲应力 (P_L+P_b) 强度 S_{III}；一次加二次应力 (P_L+P_b+Q) 强度 S_{IV}；峰值应力强度 S_V (P_L+P_b+Q+F)。

在分析设计中，设计应力强度 S_m 是按照材料的短时拉伸性能除以相应的材料设计系数而得的，又称为许用应力。由于各类应力对容器失效的危害程度不同，所以对它们的限制条件也不同，不采用统一的许用应力值。

一次应力的许用值由塑性失效准则中极限分析确定，主要目的是防止韧性断裂或塑性失稳，一次总体薄膜应力强度 S_I 的限制条件为 $S_I \leqslant KS_m$；一次局部薄膜应力强度 S_{II} 的限制条件为 $S_{II} \leqslant 1.5KS_m$；一次薄膜加一次弯曲应力 (P_L+P_b) 强度 S_{III} 的限制条件为 $S_{III} \leqslant 1.5KS_m$。其中 K 为载荷组合系数，与容器所受载荷和组合方式有关，范围为 $1.0 \sim 1.25$。

二次应力的许用值由弹塑性失效准则中安定性分析确定，目的在于防止塑性疲劳或过度塑性变形。一次加二次应力强度 S_{IV} 的限制条件为 $S_{IV} \leqslant 3S_m$。

峰值应力的许用值由疲劳失效准则中疲劳分析确定，目的在于防止交变载荷引起的疲劳。峰值应力强度 S_V 应由疲劳设计曲线得到的应力幅 S_a 评定，即 $S_V \leqslant S_a$。

3.1.3　材料安全设计

制药设备常用材料的种类很多，主要有金属材料、非金属材料和复合材料。制药生产条件十分复杂，温度从低温到高温，压力从真空到超高压，介质具有易燃、易爆、有毒及强腐蚀性等，不同的生产条件对材料有不同的要求。因此，为了保证制药设备的安全运行及经济性要求，必须根据设备的具体操作条件及制造等方面的要求，合理地选择材料。

3.1.3.1　常用金属材料的基本性能

金属材料是制药设备最常用的一种材料。金属材料的基本性能主要有机械性能、耐腐蚀性能、物理性能和制造工艺性能等。

（1）机械性能

机械性能是指金属材料在外力作用下表现出来的特性，主要包括材料强度、塑性、韧性和硬度等。

① 强度　强度是指材料抵抗外载荷能力大小的指标，常用的强度指标有屈服极限 R_{eL} 和强度极限 R_m。这两个指标是确定材料许用应力的主要依据。设计时，选用强度较高的材料，可减少构件的尺寸大小及重量。

② 塑性　材料的塑性是指材料在破坏前，产生永久变形的能力。常用的塑性指标有断后伸长率 A 和断面收缩率 Z。工程中把 A 大于 5% 的材料称为塑料材料，把 A 小于 5% 的材料称为脆性材料。用塑性好的材料制造的设备，在破坏前会发生明显的塑性变形，而塑性

差的材料制造的设备，往往没有产生明显的变形而突然遭到破坏。因此，从设备的加工制造和安全运行角度考虑，要求材料的塑性要好。设备主要用材，一般要求 A 在 $15\%\sim20\%$。

③ 韧性 韧性是材料在断裂前吸收变形能量的能力。材料韧性好坏可用冲击韧性 a_K 表示。韧性好的材料，即使存在缺口或裂纹而引起应力集中，也有较好的防止发生脆断和裂纹快速扩展的能力。

④ 硬度 硬度是指材料对局部塑性变形的抵抗能力。常用硬度指标有布氏硬度（HB）、洛氏硬度（HR）等。硬度大小反映材料的耐磨性能和切削加工的可能性。一般来说，硬度越高，耐磨性能好，但切削加工性能较差。

（2）耐蚀性能

制药生产中所处理的物料，大多是有腐蚀性的。介质的耐腐蚀性能通常是选材的主要依据。根据介质的腐蚀特点，合理选择材料，关系到设备是否能安全运行、设备的使用寿命、产品质量及环境污染等问题。

（3）物理性能

金属材料的物理性能指热导率、线膨胀系数、密度、熔点及导电性等。材料在不同的使用场合，对其物理性能要求不同。例如，用作传热表面的材料，必须考虑材料的导热性能，对衬里或复合钢板所制设备，应尽量使不同材料的线膨胀系数相等或接近。

（4）加工工艺性

材料的加工工艺性有可焊性、可锻性、可铸性、切削加工和热处理性能等。对设备用材的加工工艺性要求，取决于设备的结构和加工方式。例如，用板材制造设备的壳体时，要求材料具有良好的塑性、良好的切削加工性能和焊接性能等。

3.1.3.2 设备材料选择依据

设备和零件材料的选择，应综合考虑容器的使用条件、功能、材料使用经验和综合经济性等。

（1）设备的使用条件

设备的使用条件包括设计温度、设计压力、介质特性和操作特点。材料的选择主要由使用条件决定。例如，对于压力很高的容器，常选用高强度或超高强度钢。由于钢的韧性往往随着强度的提高而降低，所以应特别注意材料强度和韧性的匹配，在满足强度要求的前提下，尽量采用塑性和韧性好的材料。

（2）设备部件的功能

明确部件的功能，选择相应性能要求的材料。例如，筒体和封头的功能主要是受压原件，且与介质直接接触，所以对于盛装介质腐蚀性很强的中、低压压力容器，应选择耐腐蚀的压力容器专用钢板；而支座的主要功能是支承容器并将其固定在地面上，属于非受压元件，且不与介质接触，所以可选用一般结构钢，如普通碳素钢。

（3）材料的使用经验

根据文献和手册，查阅所用材料的化学成分、机械性能、抗腐蚀性能等相关信息，特别是有关设备的失效分析报告，分析设备的失效与材料的相关性，有针对性地选择合适的材料。

（4）综合经济性

一般情况下，相同规格的碳素钢价格低于低合金钢，低合金钢的价格低于不锈钢。综合考虑抗腐蚀性、设备规模、加工难度等因素，选择合适的材料。

（5）政策法规

GMP 对制药设备材料的技术要求如下：

① 直接接触药品的材料，需查明材料物理化学特性，保证其不与药品发生反应、不吸

附或释放药品，并根据产品工艺特性考虑耐温、耐蚀、耐磨、强度等特性进行适当选择，避免盲目选择不能满足工艺要求的材料产生浪费。

② 金属材料目前制药行业多采用不锈钢材料，国际制药工程协会（ISPE）最低要求为 AISI 300 以上的不锈钢，对接触药品处目前国内药企多采用超低碳奥氏体不锈钢 316L，不接触药品的重要部位选用 304 不锈钢。应注意超低碳不锈钢易发生渗碳反应，316L 周围不宜安装铁碳溢出的材料。

③ 目前非金属材料在制药行业多采用聚四氟乙烯、聚偏氟乙烯、聚丙烯等。橡胶密封材料多采用天然橡胶、硅橡胶等化学特性比较稳定的材料。

3.1.3.3 设备常用金属材料

（1）碳素钢

碳素钢又称碳钢，是含碳量 0.02%～2.11%（一般低于 1.35%）的铁碳合金。压力容器用碳素钢主要有三类：第一类是碳素结构钢，如 Q235-B 和 Q235-C 钢板；第二类是优质碳素结构钢，如 10、20 钢管，20、35 钢锻件；第三类是压力容器专用钢板，如压力容器专用钢板 Q245R 是在 20 钢基础上发展起来的，主要是对硫、磷等有害元素的控制更加严格，对钢材的表面质量和内部缺陷控制的要求也较高。碳素钢强度较低，塑性和可焊性较好，价格低廉，故常用于常压或中、低压容器的制造，也用作支座、垫板等零部件的制造。

（2）低合金钢

低合金钢是在碳素钢基础上加入少量合金元素的合金钢。合金元素的加入使其在热轧或热处理状态下除具有高的强度外，还具有优良的韧性、焊接性能、成形性能和耐腐蚀性能。采用低合金钢，不仅可以减小容器的厚度，减轻重量，节约钢材，而且能克服大型压力容器在制造、检验、运输、安装中因厚度太大所带来的各种困难。

压力容器常用的低合金钢，包括专用钢板 0345R、15CrMoR、16MnDR、15MnNiDR、09MnNiDR、07MnCrMoNbR、07MnCrMoNDR；钢管 16Mn，09MnD，锻件 16Mn、20MnMo、16MnD、09MnNiD、12Cr2Mo。

（3）高合金钢

高合金钢大多是耐腐蚀、耐高温钢，主要有铬钢、铬镍钢和铬镍钼钢。以铬镍为主要合金元素的奥氏体不锈钢是应用最为广泛的一类不锈钢。铬镍不锈钢除具有氧化铬薄膜的保护作用外，还因镍能使钢形成单一奥氏体组织而得到强化，使得铬镍不锈钢在很多介质中比铬不锈钢更具耐蚀性。另外为了提高对氯离子的耐蚀性，可在铬镍不锈钢中加入合金元素 Mo。

奥氏体不锈钢的品种很多，以 0Cr18Ni9 为代表的普通型奥氏体不锈钢用量最大。我国原以 1Cr18Ni9Ti 奥氏体不锈钢为主，近几年正逐渐被低碳或超低碳的 0Cr18Ni9 奥氏体不锈钢或 00Cr18Ni10 奥氏体不锈钢所取代，在医药、石油、化工、食品、制糖、酿酒等工业中得到广泛应用。

3.1.4 设备本质安全设计

3.1.4.1 传统安全设计

目前，国内的安全设计是传统的安全设计模式。传统模式以系统安全工程学为基础，通过危险源辨识（运用系统安全分析方法发现、识别系统中的危险源）、危险度评价（评价危险源导致事故、造成人员伤害或财产损失的危险程度）和危险源控制（利用工程技术和管理手段消除、控制危险源，防止危险源导致事故、造成人员伤害和财务损失）三个步骤进行安全设计。

传统模式安全设计的合格条件为：第一满足国家法律法规要求；第二满足相关的标准和

规范的要求；第三结合企业标准和经验。

3.1.4.2 本质安全设计

(1) 本质安全设计与传统安全设计的比较

传统过程设计在设计后期仅仅通过危险性查找危险，并采用相应的安全策略控制危险和减轻事故后果。而本质安全设计在设计阶段的初期就将产生危险的因素和预防事故的措施纳入设计中。两者的主要区别见表3-2。

表3-2 本质安全设计和传统安全设计的区别

比较因素	传统安全设计	本质安全设计
设计目的	以需求为主的设计目的	提高本质安全度，满足可持续性化工生产要求
设计依据	依据用户提出的功能、质量及成本等要求	将本质安全、功能、质量和成本要求作为产品目标
设计策略	在工艺构思及设计初期较少考虑安全、环保和劳动卫生因素	在工艺构思及设计初期必须考虑安全、环保和劳动卫生因素，在源头削减危险
设计技术与工艺	采用附加安全系统控制危险	采用本质安全化设计将安全功能融入过程属性
设计产品	达到设计要求的产品	本质安全产品

(2) 本质安全设计方法

化工设备的设计一般分为可行性研究、初步设计、施工图设计等阶段，因此化工设备的本质安全设计也应分步进行，以提高设备本质安全水平。

① 可行性研究阶段 通过实现贯彻安全生产法规、技术标准以及工程系统资料，实现项目本质安全的总体规划布置。

② 初步的设计阶段 初步设计阶段主要对总图布置及建筑物的危险、有害因素进行辨识，实现项目选址和厂区平面布置的本质安全。在选址时，除考虑建设项目的经济性和技术的合理性，并满足工业布局和城市规划的要求外，在安全方面应重点考虑地质、地形、水文、气象等自然条件对企业安全生产的影响以及企业与周边地区的相互影响。在满足生产工艺流程、操作要求、使用功能的需要和消防及环境要求的同时，主要从风向、安全防火距离、交通运输安全以及各类作业和物料的危险、有害性等方面出发，确定厂区平面布置，并着手设备的工艺流程设计。

工艺条件和反应过程决定了设备的工作状况以及危险、有害因素的类别和组别，同时也决定着设备应该采取的本质安全防护对策措施。工艺流程设计的任务是根据设备要求，依据物料、热量平衡原理，选择适合于生产要求的工艺流程以及对危险化学品所采取的防火防爆对策。

a. 工艺流程应为低压、常温工艺，尽量避免使用高压、高温工艺，不存或少存爆炸危险性物质等。

b. 应选择无害化的工艺技术，或以无害物质代替有害物质并实现自动化等，尽可能从根本上避免危险、有害因素的发生。

c. 当消除危险、有害因素有困难时，应采取预防措施，如设置安全阀和防静电接地、防雷接地、保护接地、漏电保护等。

d. 当无法避免且难以预防时，也应该采取减少危险、有害因素发生的措施如设置防火堤、防火间距、以低毒物质代替高毒物质等。

e. 如果减少毒物质无法实现时，必须采取隔离和联锁装置终止危害因素的发生。

③ 施工图纸的设计阶段 施工图设计阶段就是在选定工艺流程的条件下，进行设备选型、管道走线、控制方案及控制设备等的设计。设备包括标准设备、专业设备、特征设备和

电气设备等。在选用生产设备时，除应满足工艺功能外，应对设备的劳动安全性能给予足够的重视，保证设备按规定使用时不会发生任何危险，不排放出超过标准规定的有害物质，尽量选用自动化程度、本质安全程度高的生产设备。

3.1.5 设备平面布置安全设计

3.1.5.1 设备平面布置总原则

装置区域设备布置设计安全影响总体计划，当工厂的平面图确定，装置区设备的布置按设计规范进行。设备平面布置应遵守的有关法规及周围环境的要求，按照装置的工艺及控制流程图，设计出最安全和操作性及经济性最佳的平面布置。

① 首先要熟悉规划的装置占地和当地气象条件、全年的主导风向，其中主导风向直接影响加热炉、压缩机房及控制室等的位置。从设备上泄漏的可燃气体或蒸气不应吹向加热炉，故加热炉应位于上风向或侧风向。加热炉烟囱排出的烟和气不应吹向压缩机房或控制室。

② 制药设备的特点是易燃易爆，所以装置布置应严格遵循安全防火和防爆规范，确定设备间的防火和防爆间距，对于防火、防爆、防腐要求相近的设备应适当集中布置。

③ 满足工艺流程要求，按物流顺序布置设备，按照同类设备适当集中的原则进行分区。在管廊两侧按流程顺序布置设备、减少占地面积、节省投资。

④ 满足全厂规划要求，装置主管廊和设备的布置应根据装置在工厂总平面图上的位置以及有关装置、罐区、系统管廊、道路等的相对位置确定，并与相邻装置的布置合理协调。

⑤ 工艺设备的竖向布置，应按下列原则考虑：a. 工艺设计不要求架高的设备，尤其是重型设备，应落地布置；b. 由泵抽吸的塔和容器以及真空、重力流、固体卸料等设备，应满足工艺流程的要求，布置在合适的高层位置；c. 当设备的面积受限制或经济上更为合理时，可将设备布置在构架上。

3.1.5.2 动设施平面安全布置

(1) 泵的设置

原则上，泵尽量接近吸入源，并且尽量集中有规律地排列。一般是将出口管线布置成一直线，纵向配管对齐。但若电极侧为通路时，应使泵的基础对齐。

有多台泵的装置，泵可在管廊下成排布置，泵的出口中心线取齐。若管廊内侧两排泵对称布置时，中间通道宽度不应小于 2m，如果考虑用汽车吊车检查，其通道宽度最小应为 3.5m。两台泵之间的最小间距为 0.8m。

泵前方的操作检修通道不应小于 1.25m，多级泵前的操作检修通道不应小于 1.8m。

(2) 压缩机的布置

压缩机的设置应根据压缩机的类型确定：

① 可燃性气体压缩机适宜露天或半露天布置，但严寒或多风沙地区布置在厂房内。

② 往复式压缩机应布置在厂房或带遮阳板的敞棚内。

③ 大型或多段压缩机宜采用两层布置，上层布置机组（压缩机和驱动机），下层布置附属设备，机组的操作和检修在二层。压缩机的安装高度除满足其附属设备的安装要求外，还应满足进出口连接管道与地面的净空要求，进出口连接管道与管廊的连接高度要求，吸入管道上过滤器安装高度与尺寸要求。

当压缩机布置在厂房内时，机组一侧应有检修时放置机组部件的场地，其大小应能放置机组最大检修部件并能进行检修作业，在靠通道的厂房楼板上设置吊装孔。

压缩机厂房基础应与压缩机基础分开，以防引起共振。

3.1.5.3　静设施平面安全布置

(1) 容器的布置

① 立式容器的布置　为了操作方便,立式容器可以安装在地面、楼板或平台上,也可以穿越楼板和平台,采用支耳支承。立式容器穿越楼板或平台时,应避免液位计和液位控制器穿越楼板或平台。

大型立式容器宜从地面支撑,如带有大负荷的搅拌器时更应是如此。

对于顶部设有加料口的立式容器,加料点的高度不宜高出楼板或平台1.0m,否则,应考虑增设加料平台或台阶。

② 卧式容器的布置　成组布置的卧式容器宜按支座基础中心线取齐或按封头切线对齐。卧式容器之间如无阀门或仪表时巡视检查通道不宜小于0.75m,当有阀门或仪表时,操作通道净空应不小于1.0m。容器下方需设通道时,容器底部配管与地面净空应不小于2.2m。

卧式容器的安装高度应满足物料重力流或泵吸入高度的要求。

卧式容器的平台设置要考虑人孔和液位计等因素,对于集中布置的容器可设联合平台。

(2) 换热器的布置

换热器尽量设在地面上,应在通道侧靠近道路留出抽出管束的空间。地上的换热器,壳体封头侧应留出1.8~3m,管箱侧至少留出管束长度加上1.5m的空地。

地面上成组布置的换热器应整齐排列,其管箱接管中心线宜在一条线上。换热器的安装间距:①两台换热器外壳间无配管时,最小净距为0.6m。②两台换热器外壳间有配管但无操作要求时,仅巡视用通道,最小净距为0.75m。③两台换热器外壳间有操作阀门或仪表时,操作通道最小距离为1.0m。

若将架空式冷凝器设置在平台上时,两端应设操作平台。为了维护壳体、封头、浮头、管箱及管束,应设起重构架。构架的长度应能将管束放到地面上,并应留出作业空间。管箱侧到平台扶手的间距应为0.9~1.2m。

(3) 塔的平面布置

① 塔的平面布置　塔的布置多采用单排形式,按流程顺序沿管廊或框架一侧中心线对齐。对于直径较小、本体较高的塔,可以双排或成三角形布置,利用平台将塔联系在一起,也可以布置在框架内,利用联合平台或框架提高其稳定性。

② 塔的安全距离　两塔之间净距不宜小于2.5m,以便敷设管道和设置平台。塔的操作一侧应考虑塔的吊装设施和运输通道。在塔的吊柱转动范围内,应留有起吊塔盘、填料、安全阀等的空间。

③ 塔的安装高度　a. 利用塔的内压和塔内流体重力将物料送往其他管道时,应由其内压和被送往设备或管道的压力与高度来确定塔的安装高度。b. 对于靠位差输送液体的塔,其安装高度由被送往设备高度决定。c. 用泵抽吸塔底液体时,应由泵的汽蚀余量和吸入管道的压力降来确定塔的安装高度。d. 带有立式热虹吸式再沸器或卧式再沸器的塔的安装高度应按塔和再沸器之间的相互关系和操作要求来确定。e. 塔的安装高度应满足底部管道的安装和操作要求。

(4) 反应器的布置

① 反应器的一般成组布置在框架内,框架顶部设有吊装催化剂和供检修用的吊车梁。框架下部应有卸催化剂的空间,框架的一侧应有管道及检修、起吊所需的空间和场地。

② 操作压力超过3.5MPa的反应器宜布置在装置的一端或一侧。

③ 反应器的安装高度应考虑催化剂卸料口的位置和高度。

3.2 设备安全保护基础

3.2.1 安全装置种类与设置

每台压力容器都是根据生产工艺的需要而设计的，它只能在允许的压力和温度等条件下使用。如果超过允许条件，容器就可能产生塑性变形或破裂。为确保安全生产，每台容器都要根据生产工艺条件、介质特性和容器压力来源等因素，安装必要的安全装置，也称安全附件。

3.2.1.1 安全装置种类

① 泄压装置　设备超压时能自动排放介质降低压力的装置。

② 联锁装置　为防止人员操作失误而装设的控制机构，如安全联锁装置、紧急停车装置等。

③计量装置　能自动显示设备运行中与安全有关的参数或信息的仪表或装置，如压力表、温度计等。

④ 警报装置　设备运行过程中出现不安全因素处于危险状态时，能自动发出声、光或其他明显报警信号的仪器，如压力报警器、超温报警器等。

3.2.1.2 安全装置通用要求

① 制造安全阀、爆破片装置的单位应当持有相应的特种设备制造许可证。

② 安全阀、爆破片、紧急切断阀等需要型式试验的安全附件，应当经过国家质检总局核准的型式试验机构进行型式试验并且取得型式试验证明文件。

③ 安全附件的设计、制造，应当符合相关安全技术规范的规定。

④ 安全附件出厂时应当随带产品质量证明文件，并且在产品上装设牢固的金属铭牌。

⑤ 安全附件实行定期检验制度，安全附件的定期检验按照《固定式压力容器安全技术监察规程》（TSG 21—2016）与相关安全技术规范的规定进行。

3.2.2 安全泄放装置

安全泄放装置的主要作用是防止压力容器、锅炉和管道等受压设备因火灾、操作故障、停水或停电造成设备压力超过其设计压力而发生爆炸事故。当设备内介质的压力达到预定值时，安全泄放装置立即动作，泄出介质压力。一旦压力恢复正常，安全泄放装置自行关闭，以保证设备的正常运行。因此正确选用和设置安全泄放装置是设计工作中的一个重要环节，安全泄放装置包括安全阀和爆破片装置，设计中应根据安全泄放装置的使用条件等来确定泄放装置的类型和设置方式。

3.2.2.1 安全阀

安全阀是一种超压防护装置，是目前应用最普遍的安全泄放装置。安全阀的功能在于当容器内的压力超过规定值时，安全阀迅速自动开启排放容器内部的过压气体，并发出响声，警告操作人员采取降压措施。当压力回复到允许值后，安全阀自动关闭，使容器内压力始终低于允许范围的上限，不致因超压而酿成爆炸事故。

（1）安全阀的种类

① 弹簧式安全阀　弹簧式安全阀的加载装置是一个弹簧，通过调节螺母，可以改变弹簧的压缩量，调节阀芯对阀座的压紧力，从而确定其开启压力的大小，弹簧式安全阀结构见图 3-1。当气体作用在阀芯上的力超过弹簧的弹力时，弹簧被压缩，阀芯被抬起离开阀座，

安全阀开启排放泄压。当气体作用在阀芯上的力小于弹簧的弹力时，阀芯紧压在阀座上，安全阀处于关闭状态。弹簧式安全阀结构轻便、紧凑、体积小、动作灵敏度较高，安装方位不受影响，对震动不太敏感，故可安装在移动式压力容器上。其缺点是阀内弹簧受高温影响时，弹性有所降低。

　　② 杠杆式安全阀　杠杆式安全阀是运用杠杆原理通过杠杆和阀杆将重锤的重力矩作用于阀芯，以平衡气体压力作用于阀芯上的力矩，杠杆式安全阀见图 3-2。当重锤的力矩小于气体压力的力矩时，阀芯被顶起离开阀座，安全阀开启排气泄压；当重锤的力矩大于气体压力的力矩时，阀芯紧压阀座，安全阀关闭。杠杆式安全阀靠移动重锤的位置或改变重锤的质量来调节安全阀的开启压力。杠杆式安全阀具有结构简单、调整方便、比较准确以及适用较高温度的优点。但杠杆式安全阀结构比较笨重，加载机构较易振动，常因振动而产生泄漏现象，不宜用于高压容器上面。

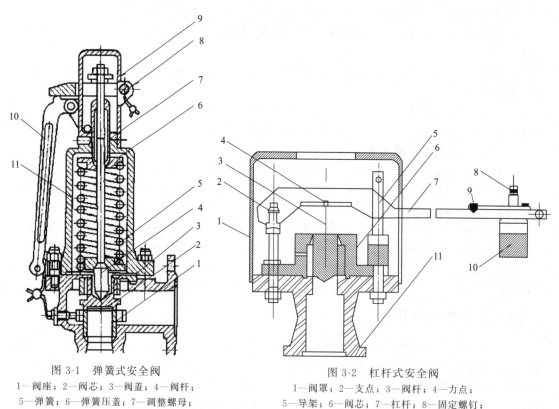

图 3-1　弹簧式安全阀
1—阀座；2—阀芯；3—阀盖；4—阀杆；
5—弹簧；6—弹簧压盖；7—调整螺母；
8—销子；9—阀帽；10—手柄；11—阀体

图 3-2　杠杆式安全阀
1—阀罩；2—支点；3—阀杆；4—力点；
5—导架；6—阀芯；7—杠杆；8—固定螺钉；
9—调整螺钉；10—重锤；11—阀体

　　（2）安全阀的选用

　　安全阀的选用应该符合下述原则：①安全阀的制造单位必须是国家定点厂家和取得相应类别的制造许可证的单位。②安全阀上应有标牌，标牌上应注明主要技术参数，如排放量、开启压力等。③安全阀的选用根据容器的工艺条件和工作介质的特性，从容器的安全泄放量、介质的物理化学性质以及工作压力范围等方面考虑。其中安全排放量是选用安全阀的重要因素，安全阀的排放量应不小于容器的安全泄放量。

　　（3）安全阀的安装

　　安全阀应垂直向上安装在压力容器本体的液面以上气相空间部位，选择安装位置时，应考虑到安全阀的日常检查、维护和检修的方便。安全阀与压力容器之间一般不宜装设截止阀门，但对于盛装易燃，毒性强度为极度、高度、中高度危害或黏性介质的容器，为便于安全阀更换、清洗，可装截止阀，但截止阀的流通面积不得小于安全阀的最小流通面积，并且要有可靠的措施和严格的制度，以保证在运行中截止阀保持全开状态并加铅封。

（4）安全阀的维护和检验

安全阀一般每年至少应校验一次，拆卸进行校验，有困难时应采用现场校验（在线校验）。校验合格后，校验单位应出具校验报告书并对校验合格的安全阀加装铅封。

安全阀须加强日常维护检查，并经常保持清洁，防止阀底弹簧等被油垢及脏弃物所黏住或被腐蚀，还应经常检查安全阀的铅封是否完好。

3.2.2.2　爆破片

爆破片又称防爆片，是一种断裂型的超压防护装置，用来装设在不宜于装设安全阀的压力容器上，当容器内的压力超过正常工作压力并达到设计压力时自行爆破，使容器内的气体经爆破片断裂后形成的流出口向外排出，避免容器本体发生爆炸。

（1）爆破片的种类

① 正拱形爆破片　呈拱形，凹面处于压力系统的高压侧，动作时因拉伸而破裂，见图3-3。

② 反拱形爆破片　呈拱形，凸面处于压力系统的高压侧，动作时因压缩失稳而翻转破裂或脱落，见图3-4。

图 3-3　正拱形爆破片　　　　　　　图 3-4　反拱形爆破片

③ 平板形爆破片　呈平板形，动作时因拉伸、剪切或弯曲而破裂，见图3-5。

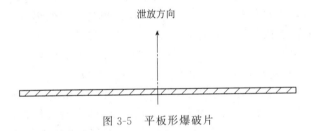

图 3-5　平板形爆破片

④ 石墨爆破片　由浸渍石墨、柔性石墨、复合石墨等以石墨为基体的材料制成，动作时因剪切或弯曲而破裂，见图3-6。

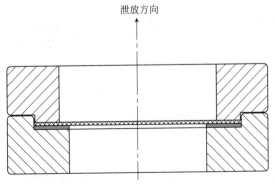

图 3-6　石墨爆破片

（2）爆破片的选择

① 选择爆破片安全装置时，应考虑爆破片安全装置的入口侧和出口侧两面承受的压力及压力差等因素。

② 选择爆破片型式时，应综合考虑被保护承压设备的压力、温度、工作介质、最大操作压力比等因素的影响，以便获得较长使用周期的爆破片安全装置。

③ 根据被保护承压设备的工作条件及结构特点，爆破片可选用铝、镍、奥氏体不锈钢、石墨等材料。用于腐蚀环境时，可采用在爆破片表面进行电镀、喷涂或衬膜等防腐蚀处理措施，防止爆破片安全装置腐蚀失效。

（3）爆破片的安装

① 爆破片安全装置应设置在承压设备的本体或附属管道上，且应便于安装、检查及更换。

② 爆破片安全装置应设置在靠近承压设备压力源的位置。若用于气体介质，应设置在气体空间或与气体空间相连通的管线上；若用于液体介质，应设置在正常液面以下。

③ 当压力由外界传入压力容器，且能得到可靠控制时，爆破片安全装置应直接安装在承压设备或进口管道上。

（4）爆破片的维护和检验

运行中应经常检查爆破片法兰连接处有无泄漏，爆破片有无变形。通常情况下，爆破片应每年更换一次，发生超压而未爆破的爆破片应当立即更换。

3.2.3 紧急停车装置

3.2.3.1 紧急停车系统的概念及构成

紧急停车系统（ESD，emergency shutdown device）是化工生产过程中最高级的安全保护装置。ESD 处理大量的逻辑信号，进行大量的逻辑判断。在正常的情况下，通过安全保护系统实时在线监测装置的安全。当某个工艺参数超越其设定的界限时，或生产过程处于某一危险状态时，该装置就执行相应的逻辑程序，迅速发出保护联锁信号对工艺流程实施联锁保护或紧急停车，自动地将有关生产过程和设备置于安全的临时状态（必要时置于部分或全厂停产状态），以防止酿成人员伤亡、设备损坏等重大事故。

ESD 由检测单元（如各类开关、变送器等）、控制单元和执行单元（如电磁阀、电动门等）组成，其核心部分是控制单元，见图 3-7。从 ESD 的发展过程看，其控制单元经历了电气继电器（electrical）、电子固态电路（electronic）和可编程电子系统（programmable electronic system），即 E/E/PES 三个阶段。

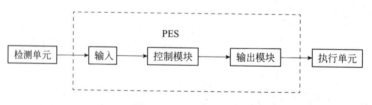

图 3-7 ESD 的构成

3.2.3.2 紧急停车系统的设计原则

（1）独立设置原则

ESD 紧急停车系统按照安全独立原则要求，独立于 DCS 集散控制系统，其安全级别高于 DCS。在正常情况下，ESD 系统是处于静态的，不需要人为干预。作为安全保护系统，凌驾于生产过程控制之上，实时在线监测装置的安全性。只有当生产装置出现紧急情况时，不需要经过 DCS 系统，而直接由 ESD 发出保护联锁信号，对现场设备进行安全保护，避免危险扩散造成巨大损失。

(2) 故障安全原则

组成 ESD 的各环节，自身出现故障的概率不可能为零，且供电、供气中断亦可能发生。当内部或外部原因使 ESD 失效时，被保护的对象（装置）应按预定的顺序安全停车，自动转入安全状态。

(3) 工艺过程风险的评估及安全度等级的评定

① ISA-S 84.01 标准　美国仪表学会（ISA）定义安全仪表系统，对应 ISA-S84.01 标准。ISA-S 84.01 是过程工业功能安全标准，首次提出了安全完整性等级（safety integrity level，SIL）分级概念标准，将 SIL 分为 1、2、3 级。SIL.1 级每年故障危险的平均概率为 0.01～0.10，仅对少量的财产和简单的生产进行保护；SIL.2 级每年故障危险的平均概率为 0.001～0.01，对大量的财产和复杂的生产进行保护，也对生产操作人员进行保护；SIL.3 级每年故障危险的平均概率为 0.0001～0.001 之间，对工厂的财产、全体员工的生命和整个社区的安全进行保护。

② IEC 61508 标准　IEC 国际电工委员会定义安全要求对应的标准为 IEC 61508 标准。IEC 61508 标准继承了 ISA-S 84.01 标准的 SIL 分级体系，与 ISA 的 SIL 相比，除了覆盖 ISA 中的 SIL.1～3 级以外，增加了第 4 级标准。IEC SIL.4 级标准每年故障危险的平均概率为 0.00001～0.0001，避免灾难性的、会对整个社区形成巨大冲击的事故。

③ DIN V 19250 标准　DIN V 19250 标准是德国莱茵认证机构对工业过程安全控制系统所作的分类等级，共分为 8 级（AK1～AK8），AK1/2 对应于 SIL.1 级，AK3/4 对应于 SIL.2，AK5/6 对应于 SIL.3，AK7 对应于 SIL.4，AK8 是目前最高级别的安全标准，故障概率小于十万分之一。

三个标准对风险的评估及安全度等级之间的关系见表 3-3。

表 3-3　三个标准对风险的评估及安全度等级之间的关系

ISA-S 84.01	IEC 61508	DIN V 19250	PFD
SIL.1	SIL.1	AK1	$10^{-2}\sim10^{-1}$
		AK2	
		AK3	
SIL.2	SIL.2	AK4	$10^{-3}\sim10^{-2}$
SIL.3	SIL.3	AK5	$10^{-4}\sim10^{-3}$
		AK6	
	SIL.4	AK7	$10^{-5}\sim10^{-4}$
		AK8	

在确定了某个具体工艺过程的安全度等级（SIL）之后，再配置与之相适应的 ESD。因此，工艺过程安全度等级的评定是一项十分重要的工作。但目前我国尚无如何评定安全度等级的标准和规范。

3.2.4　联锁保护装置

3.2.4.1　联锁保护及其目的

化工生产过程中，某些工艺参数可能超限幅度较大，即使信号系统发出报警信号，操作人员也未必能及时判断原因并预防事故发生或操作恶化。此时应当设置自动联锁保护系统。联锁保护系统是一种能够按照规定的条件或程序来控制有关设备的自动操作系统，或打开泄压阀或自动停车或启动备用设备，切断各种与事故设备相关的联系，以避免事故发生或限制事故发展，保护人身和设备安全。联锁保护是最重要的化工自动化安全控制技术。

联锁保护的目的大致包括以下两个方面。

(1) 由于工艺参数越限而引起联锁保护

当生产过程出现异常情况或发生故障时，按照一定的规律和要求，对个别或一部分设备进行自动操作，从而使生产过程转入正常运行或安全状态，达到消除异常、防止事故的目的，这一类联锁往往跟信号报警系统结合在一起。根据联锁保护的范围，可以分为整个机组的停车联锁、部分装置的停车联锁以及改变机组运行方式的联锁保护。根据参加联锁的工艺参数的数目，可以分为多参数联锁和单参数联锁。

(2) 设备本身正常运转或者设备之间正常联络所必需的联锁

在生产过程中不少设备的开、停车及正常运行都必须在一定的条件下进行，或者遵守一定的操作程序。在设备之间也往往存在相互联系、互相制约的关系，必须按照一定的程序或者条件来自动控制。通过联锁，不但能够实现上述要求，而且可以转化操作步骤，避免误操作。这一类联锁是正常生产所必需的联锁，按其内容包括机组之间的相互联锁，程序联锁，开、停车联锁等。

3.2.4.2　联锁保护的分类

按联锁内容，联锁保护系统可分为以下四种。

(1) 工艺联锁

由于被监控的工艺参数已超出允许值，系统处于即将发生事故的状态，联锁系统发出事故信号，引起联锁动作，称为工艺联锁。例如，反应釜搅拌意外停止，将使反应釜间壁换热速率大幅降低，可能造成釜内局部物料不均匀和釜内温度迅速升高而发生事故。将反应装置内的温度、压力、搅拌机电流与其控制手段形成联锁关系并设立紧急停车系统，就可以避免这类事故的发生。

(2) 机组联锁

机组联锁是运转设备或机组之间的联锁。例如，某合成氨厂氮氢气压缩机设置相关的轴温、轴震动、轴位移、油压、油温、防喘振等几十个因素与机组联锁控制，其中任何一个因素不正常，机组将自动停车，有效保证了机组安全。

(3) 程序联锁

程序联锁能按照程序即一定的顺序对工艺装置进行自动操作。例如，燃气锅炉点火程序控制系统，由程序控制器进行监测和控制，能对点火过程进行自动控制。点火之前首先由风机向炉膛送风以置换可能存在的易燃易爆气体，只有当风机完成清炉任务后，才能进行点火；点火之后，只有当点火火焰已建立起来并经过预定的时间后，主燃烧器的控制阀门才能打开并送入燃气；点火火焰在预定的时间后能够自动熄灭；如果主火焰未能在预定的时间内被点燃，主燃烧器能在点火火焰熄灭的同时自动快速关闭。这个程序联锁保证了燃气锅炉的点火安全。

(4) 单机开停联锁

快开门式压力容器应当具有满足以下要求的安全联锁功能：当快开门达到预定关闭部位时，才能升压运行；当压力容器的内部压力完全释放时，才能打开快开门。

3.2.4.3　联锁保护的应用——硝铵生产装置中管式反应器的联锁控制

近年来，大多企业生产硝铵采用管式加压反应器和加压中和法生产。理论上，硝铵的最佳反应状态是1mol氨气和1mol硝酸在一定温度和压力下反应生成1mol的硝铵。但实际生产过程中，因实际工况的不确定性和复杂性，很难达到理想效果。为此，设计硝铵管式反应器的开停车、吹扫和正常生产联锁装置，以保证氨气和硝酸的反应效率和最终产品的质量。

管式反应器的控制流程如图 3-8 所示。来自氨预热器的气氨和硝酸按比例进入管式反应器 F1201 并进行放热反应，生成物进入闪蒸槽 F1202，工艺蒸气从硝酸铵溶液中分离出来，硝铵溶液则留在底部（浓度高于 78%）。

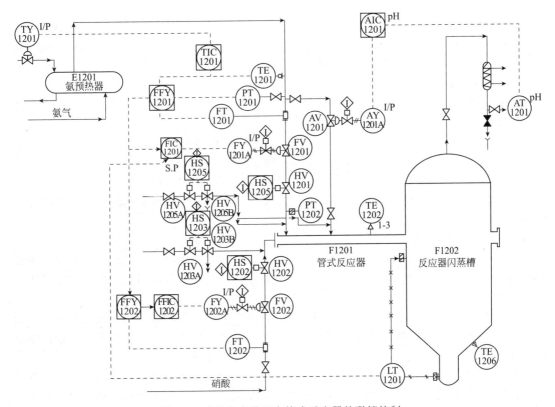

图 3-8　硝铵生产装置中管式反应器的联锁控制

硝酸流量由流量元件 FT1202 测得，并通过 FIC1202 控制调节阀 FV1202，硝酸流量低时，FAL1202 在 DCS 上报警；再低时，FSLL1202 报警并停止中和反应，切断气氨流量开关阀 HV1201 和硝酸流量开关阀 HV1202。硝酸流量高时 FAH1202 报警；再高时，FSHH202 报警并停止中和反应，切断 HV1201 和 HV1202。

气氨体积流量由流量元件 FT1201 测量。气氨流量低时，FAL1201 在 DCS 报警；再低时，FSLL1201 报警并中断反应，切断气氨和硝酸。气氨流量高时，FAH1201 报警；超高时，FSHH1201 报警并切断气氨和硝酸。

气氨压力由元件 PT1201 测定。气氨压力低时，PAL1201 在 DCS 上报警；过低时，PSLL1201 在 DCS 上报警并中断反应。FV1201 阀前压力高时，PAH1201 在 DCS 上报警；进管式反应器的气氨压力高时，PSH1202 报警并中断反应。

管式反应器入口气氨温度由 TIC1201 通过调节氨预热器 E1201 的工艺蒸汽进行控制，温度低时，TAL201 在 DCS 报警。硝铵约在 220℃ 时开始分解，为安全起见，管式反应器的最高温度不应超过 205℃。管式反应器内的温度由表面温度计 TE1202A～C 三取二获得，温度过高时，TSH1202 报警并中断反应。

3.2.5 其他安全保护附件

3.2.5.1 压力表

每台压力容器都是根据生产工艺的需要而设计的，它只能在允许的压力和温度等条件下使用，如果超过允许条件，容器就可能产生塑性变形或破裂。每台容器都要根据生产工艺条件、介质特性等因素，安装压力表、温度计、液位计等附件确保安全生产。

（1）压力表的选用

选用的压力表应当与压力容器内的介质相适应；设计压力小于 1.6MPa 压力容器使用的压力表的精度不得低于 2.5 级，设计压力大于或者等于 1.6MPa 压力容器使用的压力表的精度不得低于 1.6 级，压力表表盘刻度极限值应当为工作压力的 1.5～3.0 倍。

（2）压力表安装

① 安装位置应当便于操作人员观察和清洗，并且应当避免受到辐射热、冻结或者震动等不利影响；

② 压力表与压力容器之间，应当装设三通旋塞或者针型阀（三通旋塞或者针型阀上应当有开启标记和锁紧装置），并且不得连接其他用途的任何配件或者接管；

③ 用于蒸汽介质的压力表，在压力表与压力容器之间应当装有存水弯管；

④ 用于具体腐蚀性或者高黏度介质的压力表在压力表与压力容器之间应当安装能隔离介质的缓冲装置。

（3）压力表的维护和检验

使用中的压力表应根据设备的最高工作压力，在它的刻度上画明警戒红线，但注意不要涂画在表盘玻璃上，一则会产生很大的视差，二则玻璃转动导致红线位置发生变化使操作人员产生错觉，造成事故。

压力表应保持洁净，表盘上玻璃要明亮透明，使表内指针指示的压力值能清楚易见。压力表的接管要定期吹洗。在容器运行期间，如发现压力表指示失灵，刻度不清，表盘玻璃破裂，泄压后指针不回零位，铅封损坏等情况，应立即校正或更换。

压力表的维护和校验应符合国家计量部门的有关规定。一般每 6 个月校验一次。通常压力表上应有校验标记，注明下次校验日期或校验有效期。校验后的压力表应加铅封。未经检验合格和无铅封的压力表均不准安装使用。

3.2.5.2 液位计

液体容器的液位过高或过低都可能发生事故，液位计是压力容器的安全附件。

（1）液位计通用要求

按照《固定式压力容器安全技术监察规程》TSG 21—2016，压力容器用液位计应当符合以下要求。

① 根据压力容器的介质、设计压力（最高允许工作压力）和设计温度选用。

② 在安装使用前，低、中压容器液位计，应进行 1.5 倍液位计公称压力的液压试验，高压容器液位计，应进行 1.25 倍液位计公称压力的液压试验。

③ 盛装 0℃ 以下介质的压力容器，应选用防霜液位计。

④ 寒冷地区室外使用的液位计，应选用夹套型或保湿型结构的液位计。

⑤ 用于易燃、毒性程度为极度、高度危害介质的液化气体压力容器上的液位计，并应有防止泄漏的保护装置。

⑥ 要求液面指示剂平稳的压力容器，不应采用浮子（标）式液位计。

（2）液位计安装

液位应应安装在便于观察的位置，若液位计的安装位置不便于观察，则应增加其他辅助设施。大型压力容器还应有集中控制的设施和报警装置。液位计的最高和最低安全液位，应做出明显的标记。

（3）液位计的维护和检验

压力容器的操作人员，应加强液位计的维护管理，保持液位计的完好和清晰，若液位计出现玻璃板（管）有裂纹或破碎、经常出现假液位等，应停止使用。液位计应实行定期检修制度，使用单位可根据实际运行情况，在管理制度中具体规定。

3.2.5.3 温度计

温度计用来测量工作介质温度、设备金属壁面温度。根据测量温度方式的不同，温度计可分为接触式和非接触式两种。接触式有液体膨胀式、固体膨胀式、热电阻和热电偶等。非接触式有光学高温计、光电高温计和辐射式高温计等。

（1）介质温度测量

用于介质温度的温度计主要有插入式温度计和插入式电热偶测量仪，其特点是温感探头直接或带套管插入设备内，与介质接触。

（2）壁面间接测量

此类测温装置的测温探头紧贴在设备的金属壁面上，测温探头应根据设备和内部结构及介质温度的分布情况，装贴在具有代表性的位置，并做好保温措施，避免外界环境的影响。

温度计应安装在便于观察和方便维修、更换检测的地方，应根据使用说明书的要求、实际使用情况及规定检验周期进行定期检验检测。

3.2.5.4 阻火器

阻火器是防火安全装置，位于罐顶上机械呼吸阀的下部，外形类似箱盒，里面装有一定孔径的铜、铝（或其他耐热金属）制成的多层丝网或波纹板。一旦有火焰进入呼吸阀时，由于阻火器内的金属丝网或波纹板迅速吸收燃烧气体的热量，使火焰熄灭，阻止火焰进入罐内。阻火器一般安在易产生燃烧、爆炸的设备、燃烧室、高温氧化炉、反应器与输送可燃气体、易燃液体蒸气的管道之间，以及易燃液体、可燃气体的容器、管道和设备的排气管上。影响阻火器性能的因素为阻火层厚度及其孔隙和通道的大小。

对阻火器应每季度检查一次，冰冻季节每月检查一次。检查内容有：阻火芯是否清洁通畅，有无冰冻，垫片是否严密，有无腐蚀现象。维修内容有：清洁阻火芯，用煤油洗去尘土和锈污，给螺栓加油保护。

3.3 设备失效与检测技术

3.3.1 失效及其危害

失效是一个非常宽泛的概念，可以认为凡是不能正常发挥原有功能的情况都应视为失效，包括机械、电器、仪表，甚至食品和药品都能应用这一概念。设备失效，是指组成设备的零、部件全部或部分丧失规定的功能，而使得设备整体无法完成原有的任务或部分任务。化工设备的失效是指符合下列三种情况之一的现象。

① 完全失去原定的功能。如压力容器及管道的破裂或轴类等零部件的过度变形或断裂。

② 虽还能运行，但已部分失去原有功能或不能良好地达到原定的功能。如压缩机汽缸的磨损、轴承的间隙过大，或容器和管道发生密封泄漏等。

③ 虽还能运行，但已严重损伤而危及安全性，使可靠性降低。如压力容器出现裂纹、

严重的鼓胀变形或减薄，容器管道或压缩机中有害物质的严重泄漏。

失效一旦造成事故将会造成不同程度的危害。化工设备中往往承受介质的压力和腐蚀，甚至是易燃易爆或有毒物质，一旦失效不但易引起设备本身的损坏，有时由于内部介质的危害性也会引发灾难性事故，往往直接危害社会公共安全。

1984 年 12 月 3 日，印度博帕尔市的一家美国农药厂的一台甲基异氰酸盐储罐发生剧毒物质的严重泄漏，5 套安全系统全部失灵，致使泄漏事故无法控制，直接致死人数 2.5 万，间接致死人数 55 万，永久性残疾人数 20 多万，其中主要残疾人是中毒而致双目失明。

2012 年 2 月 28 日，河北克尔化工有限公司生产硝酸胍车间的 1 号反应釜底部保温放料球阀的伴热导热油软管连接处发生泄漏自燃着火，外部火源使反应釜底部温度升高，局部热量积聚，达到硝酸胍的爆燃点（270℃），造成釜内反应产物硝酸胍和未反应的硝酸铵急剧分解爆炸，造成 25 人死亡、4 人失踪、46 人受伤。整个车间被全部炸毁，北侧地面被炸成一个中心深度为 3.67m 的椭圆形爆坑。

3.3.2　常见失效类型

3.3.2.1　韧性失效

当金属构件局部区域的应力强度超过材料的屈服极限时，构件便会发生局部塑性变形，此时为弹性失效；如果继续加载外载荷，则应力会继续增大，构件的局部变形明显可见，此时为塑性失效；再继续加大载荷，构件的塑性变形将继续增大，当超过强度极限时，构件就会发生破裂，即为韧性失效。

压力容器韧性破坏的特征：在超载的作用下会发生鼓胀变形，压力容器的容积会明显增大，容器壁厚会明显减薄，周长会明显伸长；压力容器超压爆破后爆破口会沿轴向形成一条长的裂缝（见图 3-9），有时爆破口会有分叉现象（见图 3-10）；韧性爆破一般不会产生碎片。

图 3-9　爆破试验后容器破裂的情况　　　　图 3-10　钢制容器爆破口分叉情况

压力容器韧性失效的原因：①容器壁厚因腐蚀减薄，当减薄到应力超过屈服极限，出现过度变形而鼓胀，若不及时采取措施就会出现韧性失效。②压力容器的工作温度若明显超出设计温度时会导致材料的强度明显下降，这使工作应力更接近甚至超过温度上升后材料的屈服极限，其次温度过高也会造成工作压力超载，导致韧性失效。

压力容器韧性失效的预防措施：①压力容器安装合适的安全泄放装置防止超压；②选用合适的材料并进行防腐处理，防止壁厚减薄；③通过自动化控制系统进行温度控制防止超温。

3.3.2.2　脆性失效

容器不发生或未发生充分塑性变形下就破坏类型称为脆性失效。从压力容器破坏时的宏观变形观察，有时并不表现出明显塑性变形，容器破裂时，容器总体薄膜应力远低于制造容器材料的抗拉强度，甚至低于屈服极限。此外，起裂部位常在截面不连续处，常伴有表面缺陷或内部缺陷，起裂部位有严重的应力集中。

压力容器脆性破坏的特征如下：

① 宏观变形量小是任何脆性断裂最基本的特征。发生脆断的容器类设备没有明显的鼓胀变形，其直径和周长几乎测量不到宏观的变形量，见图 3-11。

② 当材料的脆断比较明显时，发生容器爆破时往往是容器发生解体性的破坏，碎片四溅，造成极大的破坏力和杀伤力。因此易产生碎片是脆性断裂重要的宏观特征，见图 3-12。

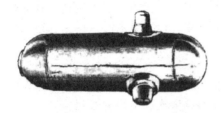
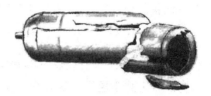

图 3-11　压力容器的脆性断裂　　　　　图 3-12　低温下发生脆断的压力容器

③ 发生脆性断裂的构件，其主断口一般呈平齐状，并且与最大拉伸主应力相垂直，见图 3-13。

图 3-13　螺栓脆断形貌及断口

压力容器脆性失效的原因：①材料的脆性引起的脆性失效。材料的脆性表现在属于脆性材料和在加工制造中出现脆化、低温脆性或长期在高温影响下逐渐脆化两种情况；②如果结构中存在宏观缺陷，如焊缝中存在如气孔、夹渣、裂纹、未熔合、未焊透等缺陷，则容器连续性遭到破坏，在缺陷处将引起应力集中，发生脆性断裂。

脆性失效的预防措施：①合理选材，即选用在运行温度下有良好韧性的材料；②在制造、运行过程中保证符合规范的工艺过程和正常的操作条件，保证材料的韧性；③加强容器在制造中各阶段的检验，及时发现和消除材料中的缺陷或裂纹；④在役期间实施定期的检测，避免容器发生突然的脆性断裂。

3.3.2.3　疲劳失效

压力容器常在交变载荷下运行，经过长期作用后，容器的承压部件发生破裂或泄漏，容器外观上没有明显的塑性变形，容器的这种破坏形式称为疲劳失效。

压力容器疲劳失效的特征如下：

① 疲劳破裂常发生在结构局部应力较高或存在缺陷处，因为容器壁总体应力不高，所以容器没有明显的塑性变形。若用强度较低而韧性较好的材料制造容器时，不一定发生破裂，而是疲劳裂纹穿透器壁发生泄漏，也称"未爆先漏"。

② 疲劳失效的断口比较平齐光整，断口有明显的分区，包括萌生、疲劳扩展区和瞬断区，见图 3-14。萌生区的几何尺寸极小，往往可以忽略；疲劳扩展区最具特征，断口平齐光整，且可观察到特殊的贝壳纹路；瞬断区是最终断裂区，具有放射纹及人字纹。

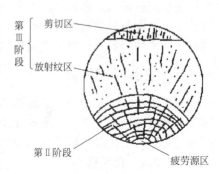

图 3-14　圆界面轴疲劳断口

压力容器疲劳失效的原因有：运行中的设备受到交变载荷的长期作用，交变载荷是疲劳失效的必要条件；设备结构中应力集中处往往是疲劳裂纹萌生之处，如压力容器的筒体或封头上总有接管，接管与壳体连接部位是开孔应力集中之处，也是疲劳裂纹萌生之处。

疲劳失效的预防措施：预防疲劳失效关键要严格控制容器的制造和检验，减少附加的应力集中，避免焊接或安装造成裂纹或缺陷；减少频繁开停车、压力或温度波动、外加强迫振动等，维持设备的稳定运行，以抑制或延缓裂纹扩展破裂；设计容器时，选用合适的抗疲劳材料，并按分析设计规范进行疲劳设计。

3.3.2.4　应力腐蚀失效

材料在持久的拉伸应力和腐蚀介质的共同作用下发生的脆性开裂破坏现象称为应力腐蚀。应力腐蚀是电化学腐蚀和机械应力破坏互相促进裂纹生成和扩展的过程。

压力容器应力腐蚀失效的特征：应力腐蚀失效具有脆性破裂的特征，没有宏观的塑性变形，断口可见腐蚀产物，见图 3-15；断口开裂处，表现出与主断口垂直方向有裂纹分叉，呈树枝状，这是应力腐蚀失效与非应力腐蚀失效的明显区别，见图 3-16。

图 3-15　换热器表面腐蚀失效　　　　图 3-16　应力腐蚀失效的分叉特征

压力容器应力腐蚀失效的原因：①一定的材料只有在特定的腐蚀介质中才会发生应力腐蚀，即应力腐蚀具有选择性；②拉应力是发生应力腐蚀失效的必要条件之一；③材料纯度会影响材料对应力腐蚀的敏感性，一般认为纯金属材料不会发生应力腐蚀，但存在极少杂质时就可能发生应力腐蚀。

应力腐蚀失效的预防措施：①采用合适的防腐方法，如设备内壁涂防腐蚀涂层或加衬里，腐蚀介质中加入缓蚀剂等；②设计容器时，对于特定的介质选择防腐材料，在结构设计和制造过程中避免或减小应力集中和残余应力的存在。

3.3.2.5　蠕变失效

在高温下工作的压力容器，当操作温度超过一定极限，材料在应力的作用下发生缓慢的塑性变形，这种塑性变形经过长期的累积后，最终会导致容器破裂而蠕变失效。

蠕变破裂有明显的塑性变形和蠕变小裂纹，断口无金属光泽，呈粗糙颗粒状，表面有高温氧化层或腐蚀物。当材料由于高温作用发生金相组织变化，例如石墨化倾向时，由此引起的蠕变破裂有明显的脆性断口特征。预防蠕变失效的措施通常为限制容器器壁温度或选用满足高温力学性能要求的材料来避免容器的蠕变破裂。

3.3.3　设备常规检测

设备检测是指对设备（尤其是特种设备）的原材料、设计、制造、安装、运行、维护等的各个环节的检验、测量、试验和监督。目的在于依据相关法规，经过专职检验人员的判断得出结论，提前消除各环节中出现的不安全因素，保证设备安全使用。

3.3.3.1　宏观检测

按照《压力容器定期检验规则》TSG R7001—2013，宏观检验主要采用目视方法（必要时利用内窥镜、放大镜或者其他辅助仪器设备、测量工具）检验压力容器本体结构、几何尺寸、表面情况（如裂纹、腐蚀、泄漏、变形），以及焊缝、隔热层、衬里等。宏观检测一般包括以下内容。

（1）结构检验

包括封头型式、封头与筒体的连接，开孔位置及补强，纵（环）焊缝的布置及型式，支承或者支座的型式与布置，排放（疏水、排污）装置的设置等。

（2）几何尺寸检验

包括筒体同一断面上最大内径与最小内径之差，纵（环）焊缝对口错边量、棱角度、咬边、焊缝余高等。

（3）壳体外观检验

包括铭牌和标志，容器内外表面的腐蚀，主要受压元件及其焊缝裂纹、泄漏、鼓包、变形、机械接触损伤、过热、工卡具焊迹、电弧灼伤、法兰、密封面及其紧固螺栓，支承、支座或者基础的下沉、倾斜、开裂，地脚螺栓，直立容器和球形容器支柱的铅锤度，多支座卧式容器的支座膨胀孔，排放（疏水、排污）装置和泄漏装置信号指示孔的堵塞、腐蚀、沉积物等情况。

（4）隔热层、衬里和堆焊层检验

① 隔热层的破损、脱落、潮湿，有隔热层下容器壳体腐蚀倾向或者产生裂纹可能性的应当拆除隔热层进一步检验；

② 衬里层的破损、腐蚀、裂纹、脱落，查看检查孔是否有介质流出；发现衬里层穿透性缺陷或者有可能引起容器本体腐蚀的缺陷时，应当局部或者全部拆除衬里，查明本体的腐蚀状况和其他缺陷；

③ 堆焊层的裂纹、剥落和脱落。

3.3.3.2 无损探伤技术

设备在制造过程中，可能产生各种各样的缺陷，如裂纹、疏松、气泡、夹渣、未焊透和未熔合等，在运行过程中，由于应力、疲劳等因素的影响，各种缺陷又会不断产生和扩展。宏观检测技术可以发现设备外表面的缺陷，而材质内部的缺陷或外表面极其微小的缺陷，就无法通过常规检测发现，则需要通过无损探伤技术检测和评价。

无损探伤是指在不损伤和破坏材料结构的情况下，对材料或设备构件的物理性质、工作状态和内部结构进行检测，并由所测的不均匀性或缺陷，来判断材料是否合格。常用的方法有超声检测技术、射线检测技术、磁粉检测技术、渗透检测技术和涡流检测技术。

（1）超声检测技术

超声波检测技术是超声波进入物体遇到缺陷时，一部分声波会产生反射，发射器和接收器可对反射波进行分析，显示出内部缺陷的位置和大小。

超声波是频率高于 20kHz 的机械波，在超声波探伤中常用频率为 0.5～5MHz。这种机械波在材料中能以一定的速度和方向传播，遇到声阻抗不同的异质界面（如缺陷或被测物件的底面等）就会发生反射。如脉冲回波探伤法进行探伤时，脉冲振荡器发出的电压加在探头上，探头发出的超声波脉冲通过声耦合介质进入材料内部并传播，遇到缺陷时，部分反射能量沿原途经返回探头，探头又将其转变为电脉冲，电脉冲经仪器放大而显示在荧光屏上。根据缺陷反射波在荧光屏上的位置和幅度，即可测定缺陷的位置和大致的尺寸。

超声波探伤在承压类特种设备检测中，可用于探伤焊缝内部埋藏的缺陷和焊缝内表面裂纹，还用于探伤压力容器锻件和高压螺栓可能出现的裂纹。该方法对裂纹、未焊透等平面缺陷检测灵敏度高，具有指向性好、穿透力强、探伤速度快、成本低等优点。

超声波探伤仪器体积小、重量轻，便于携带和操作，对人体没有危害。检验人员可以不进入设备内部，只要在设备外侧探伤，就能检测出焊缝内部缺陷情况。

（2）射线检测技术

射线检测技术是利用射线穿过材料或工件时强度衰减，检测其内部结构不连续性的技术。射线检测技术在承压类特种设备检验中，一般用于探伤焊缝和铸件中存在的气孔、密集气孔、夹渣、裂纹、未融合、未焊透等缺陷。几乎适用于所有材料，并对试件的形状及其表面粗糙度无特别要求。能直观地显示缺陷影像，能够对缺陷进行定性、定量和定位分析，检测结果可以作为档案资料长期保存备查，以便于分析事故原因。

射线检测的局限：①射线在穿透物质的过程中被衰减，使得被检测工件的厚度受到制约。②难于发现垂直射线方向的薄层缺陷，对于微小裂纹的平面型缺陷检测灵敏度较低。③在进行射线探伤时，必须做好安全防护工作，要防止射线对人体的照射产生伤害。

（3）磁粉检测

磁粉检测是磁铁性材料工件被磁化后，由于不连续性缺陷的存在，使工件表面和近表面的磁力线发生局部畸变而产生漏磁场，漏磁场的局部磁极能够吸引铁磁性物质。在工件表面撒上导磁性很好的铁磁性粉末，则会沿漏磁场排列形成目视可见的磁痕，从而显示出缺陷的位置、大小、形状和严重程度。

以铁磁性材料为主的承压类特种设备在原材料验收、制造安装过程质量控制、产品质量验收、使用过程中的定期检验与缺陷维修检测等几个阶段，磁粉探伤技术在检测铁磁性材料表面及近表面裂纹、折叠、夹层、夹渣等方面均得到广泛的应用。

磁粉检测局限在于只能检测铁磁性材料，并限于表面或者接近表面的缺陷，不能检测奥氏体不锈钢材料和用奥氏体不锈钢焊条焊接的焊缝，也不能检测铜、铝、镁、钛等非磁性材料。

（4）渗透检测技术

渗透检测是一种以毛细作用原理为基础的用于检测非疏孔性金属和非金属试件表面开口缺陷的无损检测方法。零件表面被施涂含有荧光染料或着色染料的渗透剂后，在毛细管作用下，经过一段时间，渗透液可以渗透进表面开口缺陷中。在去除零件表面多余的渗透液后，再在零件表面施涂显影剂，同样在毛细管作用下，显影剂将吸引缺陷中保留的渗透液，渗透液回渗到显影剂中，在一定的光源下可显现缺陷处的渗透液痕迹，从而探测出缺陷的形貌及分布状态。

渗透探伤操作简单、成本低，缺陷显示直观，探伤灵敏度高，可探伤的材料和缺陷范围广，对形状复杂的部件一次操作就可大致做到全面检测。渗透探伤方法在探伤表面微细裂纹时往往比射线探伤灵敏度高，还可用于磁粉探伤无法应用到的部位。在承压类特种设备检测中，渗透探伤多用于奥氏体不锈钢设备的表面探伤。

渗透探伤的局限在于只能检测出材料的表面开口缺陷，且不适用于多孔性材料的检验。渗透检测只能检出缺陷的表面分布，难以确定缺陷的实际深度，因而很难对缺陷做出定量评价。

（5）涡流检测

涡流检测是建立在电磁感应原理基础上的一种无损检测方法，适用于导电材料，如果把一块导体置于交变磁场中，在导体中就有感应电流存在，即产生涡流。由于导体自身各种因素，如电导率、磁导率、形状、尺寸和缺陷等变化，会导致感应电流的变化，涡流检测便是利用这种现象而判知导体性质、状态的检测方法。

3.3.3.3　在线检测技术

（1）声发射检测

声发射是指固体物质在应力作用下发生范性形变（如金属的塑性变形、位错运动等）或者在材料中裂纹产生与扩展时，其内部从不稳定的高能量应力集中状态快速过渡到稳定的低能量状态，在此平衡过程中释放出来的多余能量会以弹性应力波形式表现，从而产生应力波的物理现象。声发射检测技术就是利用仪器检测、分析材料中的声发射信号并据此对声发射源作出评价与判断的检测技术。

声发射根据仪器提供的信号参数，能够只经过一次检测就准确评价出工件结构中可能存在的缺陷情况，若采用多通道检验检测系统，还能够准确判断出缺陷的具体部位。在压力容器定期检测方面，声发射技术还具有缩短设备停机时间甚至不需要停机便能进行在线检测，不受容器构件形状影响，对材料接触要求不高等优点。

（2）红外热成像技术

红外热成像技术是基于红外辐射原理，通过扫描记录或观察被检测工件表面上由于缺陷所引起的温度变化来检测表面和近表面缺陷的无损检测方法。

红外热成像技术具有非直接接触、快速、现场易检测、范围广等优点，这些优点使其在检验层下腐蚀方面具有其他无损检测手段所不能比拟的优势。对于压力容器检测，红外热成像可以在不停机高温运行状态下进行检测并判定缺陷。目前，大多数压力容器都是在高温高压状态下运行，为避免容器材料金属本体长期在这种环境中发生腐蚀，通常会在容器内部加上衬里，这些衬里在高温高压以及快速介质流体的冲刷下容易发生鼓包、脱落、裂纹等现象。通过红外热成像技术可以在不停机的情况下对其检测，及时发现缺陷，进行补救，减少损失，消除安全隐患。

（3）激光无损检测

激光无损检测技术通过被检物体在加载前后的激光散斑图的叠加，从而在有缺陷部位形成干涉条纹来判断缺陷的存在。激光无损检测的优点是非接触检测，不需要耦合剂，可检测复杂形面或难以接近的部位，同时可以实现远距离的遥控激发和接收，从而实现了压力容器的在线检测，因此激光无损检测可用于高温和高压等恶劣环境下压力容器的无损评估。

3.4 设备腐蚀与防护

3.4.1 概述

金属是重要的工程材料，金属材料的腐蚀普遍存在于国民经济的各个领域。腐蚀不仅会改变金属材料的力学性能和物理性能，还会引发重大的事故，造成巨大的经济损失，污染环境，浪费人类的宝贵资源，因此对金属腐蚀的研究备受世界各国的关注。

腐蚀给人类社会带来的直接损失是巨大的。20世纪70年代前后，许多工业发达国家相继进行了比较系统的腐蚀调查工作，据统计，每年由于腐蚀而报废的金属设施和材料相当于金属年产量的1/3，其中约有1/3的金属材料因锈蚀粉化而无法回收。工业发达国家每年由于腐蚀造成的经济损失占国民经济生产总值的2%～4%。2014年我国腐蚀总成本约占当年GDP的3.34%，总额超过2.1万亿元人民币。这些数据只是与腐蚀有关的直接损失数据，间接损失数据有时是难以统计的，甚至是惊人的数字。

在许多工业领域，金属腐蚀的结果会直接危害环境，造成对环境的污染。例如化工行业的管道、储罐因腐蚀发生泄漏，直接污染大气、水和土壤。石油工业的地下输油管线因腐蚀破裂，不仅会造成大量原油的泄漏损失，也会导致大量农田的破坏，不仅造成了土壤的污染，还影响了农业生产。

腐蚀对金属的破坏，有时会引发灾难性的后果。1997年6月27日，北京某化工厂18

个乙烯原料储存发生重大火灾，造成直接经济损失 2 亿多元，停产达半年之久，间接损失巨大，事故原因是储罐硫化物腐蚀所造成的；2004 年 4 月 15 日重庆天原化工总厂氯氢分厂氯冷凝器出现腐蚀穿孔，造成氯气泄漏，16 日发生局部爆炸，造成 9 人死亡，近 15 万人疏散；2008 年 6 月 29 日青岛碱业股份有限公司热电分公司 5 号锅炉检修后点火试车过程中，由于检修时未发现锅炉联络管道上存在严重的条状腐蚀凹坑，导致试车时发生锅炉联络管爆裂事故，造成 4 人死亡，1 人受伤。

腐蚀不仅对现有的工业金属设施造成损坏，还会因此影响新技术的发展，例如，高温燃料电池，被认为是一种新型能源，但由于高温及电化学腐蚀使电池寿命达不到要求，若不能有新的耐蚀材料出现，高温燃料电池就不会进入实用阶段。

所以，金属腐蚀和防护的研究在国民经济中占有极其重要的地位，不容忽视。

3.4.2　金属腐蚀的主要类型

金属腐蚀是金属及其合金与周围介质发生化学或电化学作用而引起的破坏。

腐蚀会显著降低金属材料的强度、塑性、韧性等力学性能，破坏金属构件的几何形状，增加零件间的磨损，恶化电学和光学等物理性能。

3.4.2.1　按腐蚀的反应历程分类

（1）化学腐蚀

金属表面与周围介质直接发生化学反应而引起的腐蚀现象，在化学反应过程中，没有腐蚀电流产生。

（2）电化学腐蚀

金属材料（合金或不纯的金属）与电解质溶液接触，通过电极反应产生的腐蚀现象，在电化学反应过程中，有腐蚀电流产生。

3.4.2.2　按腐蚀的形态分类

（1）均匀腐蚀

均匀腐蚀是指在与环境接触的整个金属表面上几乎以相同速度进行的腐蚀，结果是使金属变薄，最后的破坏是使结构穿孔或发生类似于超载而引起破坏。均匀腐蚀时金属的腐蚀损耗最为严重，但其技术与安全管理的难度最小，因为检测人员可以经常测量容器的壁厚，方便估计寿命，避免安全事故。在应用耐蚀材料时，应以抗均匀腐蚀性能作为主要的耐蚀性能依据，在特殊情况下才考虑某些抗局部腐蚀的性能。

（2）局部腐蚀

局部腐蚀是指金属表面各部分之间的腐蚀速度存在明显差异的一种腐蚀形态。从腐蚀类型造成的危害来看，均匀腐蚀相对于局部腐蚀危险性小，均匀腐蚀可以根据平均腐蚀速度设计和预留腐蚀余量，可以预先进行腐蚀失效周期的判断，但对局部腐蚀来说，很难做到这一点，往往在没有什么预兆的情况下，金属设备、构件等就发生突然的断裂，甚至造成严重的事故。

① 点蚀（或孔蚀）　金属材料在腐蚀介质中经过一定时间后，在整个暴露于腐蚀介质中的表面上个别的点或微小区域内出现腐蚀小孔，而其他大部分表面不发生腐蚀或腐蚀很轻微，且随时间的推移，蚀孔不断向纵深方向发展，形成小孔状腐蚀坑，这种腐蚀形态称为点蚀，也叫孔蚀。在石油、化工的腐蚀失效类型统计中，点蚀占 20%～25%。

点蚀是一种外观隐蔽而破坏性极大的局部腐蚀，点蚀虽然金属的腐蚀损耗不大，但由于腐蚀速率很快，能很快导致腐蚀穿孔破坏，产生危害性很大的事故，造成巨大的经济损失。点蚀还会使晶间腐蚀、应力腐蚀和腐蚀疲劳等加剧，在很多情况下点蚀是这些类型腐蚀的起源。

② 晶间腐蚀　晶间腐蚀是金属材料在特定的腐蚀介质中，沿着材料的晶粒间界受到腐蚀，使晶粒之间丧失结合力的一种局部腐蚀破坏现象。受到这种腐蚀的设备或零件，有时从外表看仍是完好光亮，但由于晶粒间已失去了结合力，材料几乎丧失了强度和塑性，敲击金属时已丧失金属的声音，会造成金属结构突发性破坏，因此是一种危害性很大的局部腐蚀。据统计，在石油、化工设备腐蚀失效事故中，晶间腐蚀约占11.5%。一般认为，晶界合金元素的贫化是产生晶间腐蚀的主要原因，可通过降低金属含碳量、添加与碳亲和力大的合金元素（如Ti、Nb）对金属材料进行合理的热处理来预防晶间腐蚀。

③ 应力腐蚀　材料在特定的腐蚀介质中和在静拉伸应力（包括外加载荷、热应力、冷加工、热加工、焊接等所引起的残余应力，以及裂缝锈蚀产物的楔入应力等）下，所出现的低于强度极限的脆性开裂现象，称为应力腐蚀开裂。金属腐蚀、应力腐蚀开裂是先在金属的腐蚀敏感部位形成微小凹坑，产生细长的裂缝，且裂缝扩展很快，能在短时间内发生严重的破坏。应力腐蚀开裂在石油、化工腐蚀失效类型中所占比例最高，高达38%。

在发生应力腐蚀开裂时，并不发生明显的均匀腐蚀，甚至腐蚀产物极少，有时肉眼也难以发现，因此，应力腐蚀是一种非常危险的腐蚀。预防应力腐蚀应从减少腐蚀和消除拉应力两方面来采取措施，主要是：a. 要尽量避免使用对应力腐蚀敏感的材料；b. 在设计设备结构时要力求合理，尽量减少应力集中和积存腐蚀介质；c. 在加工制造设备时，要注意消除残余应力。

④ 缝隙腐蚀　在电解液中，金属与金属或金属与非金属表面之间构成狭窄的缝隙，缝隙内有关物质的移动受到了阻滞，形成浓差电池，从而产生局部腐蚀，这种腐蚀被称为缝隙腐蚀。缝隙腐蚀常发生在设备中法兰的连接处，垫圈、衬板、缠绕与金属重叠处，它可以在不同的金属和不同的腐蚀介质中出现，从而给生产设备的正常运行造成严重障碍，甚至发生破坏事故。据统计，在石油、化工设备腐蚀失效事故中，缝隙腐蚀约占2.2%。

预防缝隙腐蚀的措施有：a. 合理设计，避免缝隙。例如螺钉连接结构，可以采用绝缘垫片，或者在结合面上涂覆环氧树脂等，以保护连接处；b. 选用合适材料，对于某些重要部件，可以改用抗缝隙腐蚀能力较强的材料；c. 采用电化学保护法。

⑤ 腐蚀疲劳　腐蚀疲劳是在腐蚀介质与循环应力的联合作用下产生的，这种由于腐蚀介质而引起的疲劳性能的降低，称为腐蚀疲劳。疲劳破坏的应力值低于屈服极限，在一定的临界循环应力值（疲劳极限或称疲劳寿命）以上时，才会发生疲劳破坏。而腐蚀疲劳却可能在很低的应力条件下就发生破断，因而危害性巨大。

影响材料腐蚀疲劳的因素主要有应力交变速度、介质温度、介质成分、材料尺寸、加工和热处理等。增加载荷循环速度、降低介质的pH值或升高介质的温度，都会使腐蚀疲劳强度下降。

3.4.3　金属的电化学腐蚀

3.4.3.1　腐蚀电池

腐蚀电池，是由阳极、阴极、电解质溶液和电子回路组成的只能导致金属材料破坏而不能对外界作有用功的短路原电池。

腐蚀电池包括以下四个部分。

（1）阳极过程

金属发生溶解，并且以离子形式进入溶液，同时将相应摩尔数量的电子留在金属上。

$$[M^{(n+)} \cdot ne^-] = M^{(n+)} + ne^-$$

（2）阴极过程

从阳极流过来的电子被阴极表面电解质溶液中能够接受电子的氧化性物质D所接受。

$$D + ne^- \Longrightarrow [D \cdot ne^-]$$

（3）电子的传输过程

这个过程需要电子导体（即第一类导体），将阳极积累的电子传输到阴极，除金属外，属于这类导体的还有石墨、过渡元素的碳化物、氮化物、氧化物和硫化物等。

（4）离子的传输过程

这个过程需要电子导体（即第二类导体），阳离子从阳极区向阴极区移动，同时阴离子向阳极区移动。除水溶液中的离子外，属于这类导体的还有解离成离子的熔融盐和碱等。

腐蚀电池这四个部分的同时存在，使得阴极过程和阳极过程可以在不同的区域内进行，这种阳极过程和阴极过程在不同区域分别进行是电化学腐蚀的特征，这个特征是区别腐蚀过程的电化学历程与纯化学腐蚀历程的标志。

腐蚀电池工作时所包括的上述四个基本过程既相互独立，又彼此紧密联系。这四个过程中的任何一个过程被阻断不能进行，其他三个过程也将受到阻碍不能进行。腐蚀电池不能工作，金属的电化学腐蚀也就停止了，这也是金属防护的基本思路之一。

3.4.3.2 腐蚀电池的分类

（1）宏观电池

根据组成电池的电极的大小，可以把电池分为宏观电池和微观电池两类，对于电极较大，即用肉眼可以观察到的电极组成的腐蚀电池称为宏观电池。常见的有以下几种类型。

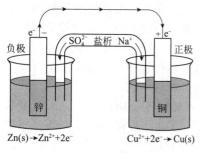

图 3-17　丹尼尔电池示意图

① 不同金属与其电解质溶液组成的电池　这种电池的电极体系是由金属及该种金属的溶液组成的。例如丹尼尔［J.F.Daniel（英）］电池，是由金属锌和硫酸锌溶液，金属铜和硫酸铜溶液组成的电池，锌是阳极，铜是阴极，见图 3-17。

② 不同金属与同一种电解质溶液组成的电池　将不同电极电位的金属相互接触或连接在一起，浸入同一种电解质溶液中所构成的电池，也称为电偶电池，这种腐蚀也称为电偶腐蚀。例如前面提到的将锌、铜连接放入酸溶液中形成的腐蚀电池，这种电池是最常见的，如船的螺旋桨为青铜制造，船壳为钢材，同在海水中，船壳电位低于螺旋桨电位，船壳将受到腐蚀。

③ 浓差电池　这种电池是由于电解质溶液的浓度不同造成电极电位的不同而形成的，电解质溶液可以是同一种不同浓度的溶液，也可以是不同种不同浓度的溶液。溶液浓度会影响金属电位的大小，使得不同浓度中的电极电位不同，形成电位差。在腐蚀中常见的浓差电池除了由金属离子浓度的不同形成电池，还有氧气在溶液中的溶解度不同造成的氧浓度差电池。

④ 温差电池　这种电池是由于浸入电解质溶液的金属的各个部分处于不同温度造成不同电极电位，从而形成了电池，这种由两个部位间的温度不同引起的电偶腐蚀叫做热偶腐蚀。温差电池腐蚀常发生在热交换器、锅炉等设备中，例如碳钢热交换器，高温部位的碳钢电位低，成为腐蚀电池的阳极；低温部位碳钢电位高，成为阴极，高温端电极电位低于低温端的电极电位，形成了温差电池，因而造成高温端腐蚀严重。

（2）微观电池

金属表面从微观上检查会出现各种各样的不同，如微观结构、杂质、表面应力等，使金属表面产生电化学不均匀性。由于金属表面的电化学不均匀性，会在金属表面形成许多微小的电极，由这些微小的电极形成的电池称为微观电池。形成金属表面的电化学不均匀性原因很多，主要有以下几种。

① 金属表面化学成分的不均匀性引起的微电池　一般工业纯金属含有杂质，而工业用

金属材料绝大部分为合金，属多相金属，不同相的化学成分不同，电化学性质也就不同。例如在铸铁中石墨的电极电位高于铁的电极电位，石墨为阴极，铁为阳极，导致基体铁的腐蚀。

② 金属组织结构的不均匀性引起的微电池 金属的微观结构、晶型等在金属内部一般会存在差异，例如金属或合金的晶粒与晶界之间、不同相之间的电位都会存在差异。造成这种差异是由于相间或晶界处原子排列较为疏松或紊乱，造成晶界处杂质原子的富集以及不同相间某些原子的沉淀等现象的发生。当有电解质溶液存在时，造成电极电位不同。

现在工业上用金属绝大部分为合金，是多晶体金属，表面存在无数的晶体边界，晶界存在成分不均的晶体缺陷，在电解质溶液中由于晶体畸变，能量较高而不稳定，因而先行溶解腐蚀，如不锈钢的晶体腐蚀即属此类。

③ 金属表面物理状态的不均匀性引起的微电池 金属在加工和装配过程中常受到局部塑性变形及应力不均匀性。一般变形较大部位成为阳极，如钢板弯曲较大部位总是首先受到腐蚀。

④ 金属表面防护膜的不完整性引起的微电池 金属的表面防护膜，包括镀层、氧化膜、钝化膜、涂层等。当金属表面防护膜不均匀、不完整、破损或有孔隙，或金属表面膜上有针孔等现象时，则表面膜与孔隙下的基体金属形成微观腐蚀电池，孔隙处的金属的电极电位较低，为阳极，易于腐蚀。又因为孔隙处的面积小，造成小阳极、大阴极的状态，加速了腐蚀。多数情况下基体金属电位较负，成为微电池的阳极，形成孔-膜电池，常造成点蚀。

3.4.3.3 电化学腐蚀实例

某药厂结晶罐设置有冷却夹套和外保温层结构。内壁采用 SUS316L（022Cr17Ni12Mo2）不锈钢材料，夹套采用 SUS304（06Cr19Ni10）不锈钢材料，夹套外部采用 3mm 厚 SUS304 材料焊接保温层。设备夹套通冷却介质，该设备所用冷却介质为 NaCl 和 $CaCl_2$ 混合液形成的冰盐水。

该结晶罐在使用半年后发现夹套部位有穿透性针孔产生，造成夹套泄漏，冷媒渗出，经过补焊后使用不久再度出现泄漏，最后造成停产。为了确定泄漏原因，企业去除了结晶罐外保温层和夹套，发现夹套有大量的孔状穿透性腐蚀，腐蚀区域有垢状物，且大多数腐蚀区域集中在焊接处较为粗糙的区域，而设备内壁的内外表面完好，见图 3-18。

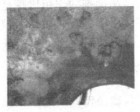  

夹套内壁的点蚀　　　　放大后的点蚀形貌　　　　放大后的点蚀形貌

图 3-18　结晶罐点蚀

结晶罐腐蚀机理探讨：不锈钢的耐蚀性主要决定于表面保护性的钝化膜，但由于不锈钢存在缺陷、杂质等，接触的介质中含有某些活性阴离子（如 Cl^-）时，这些活性阴离子首先被吸附在金属表面某些点上，从而使金属表面钝化膜发生破坏。钝化膜破坏显露出基体金属，形成了腐蚀电池，造成了点蚀。结晶罐夹套发生点蚀原因分析如下。

① 采用了点蚀敏感性离子的冷媒 该设备所用冷却介质为 NaCl 和 $CaCl_2$ 混合液形成的冰盐水，正是由于采用了含点蚀敏感性离子的冷媒才为点蚀的发生提供了必要条件。

② 设备使用方式不合理 药厂在该结晶罐使用时，使夹套内长期充满冷媒，即使结晶罐不使用也不把冷媒排放干净。冷媒长时间静置在夹套内，造成冷媒在夹套表面结晶形成垢层，使垢层周围的氯离子达到高度的浓缩与富集，加速点蚀的发生。

③ 夹套材料选择不当　结晶罐内壁材料采用 SUS316L（022Cr17Ni12Mo2）不锈钢材料，而夹套采用 SUS304（06Cr19Ni10）不锈钢材料，两种不锈钢材料中 Cr、Ni、Mo 含量不同，而合金元素的含量直接影响了不锈钢的电位，造成夹套的表面电位低于内壁，使腐蚀发生在夹套部位。

3.4.4 防腐蚀措施

3.4.4.1 选用耐腐蚀材料

选用耐腐蚀材料是最有效、最简便的腐蚀控制方法。选用耐腐蚀材料之前，首先要分析设备和管道的工作环境，包括接触何种介质、介质的腐蚀性、工作温度、压力以及流速等。选择材料不仅要看材料的耐腐蚀性，还要分析材料的机械性能、物理性能和加工性能等，并综合材料价格和使用寿命等经济因素进行选材。

3.4.4.2 优化结构设计

设备的结构设计需要重视设备的抗腐蚀性能。优化结构设计，提升设备的耐腐蚀性，能够延长设备的使用寿命，所以结构设计也是影响腐蚀的关键因素。

（1）尽量避免设备中出现死角

如果设备在生产使用过程中出现死角，清洗不彻底，设备中残留的物质会聚集在一起产生化学反应，进而对设备造成腐蚀。因此在对设备进行结构设计时，要避免死角的产生。

（2）尽量避免设备间出现间隙

设备间出现间隙是设备遭到腐蚀的主要因素，设备间隙会造成设备中液体的流通阻碍，而被腐蚀的部分结构相对松散，容易被破坏，进而造成设备的更大损坏。因此在对设备进行设计时要避免缝隙的出现。

3.4.4.3 缓蚀剂

向设备内部的腐蚀性介质中加入缓蚀剂可以减缓腐蚀。缓蚀剂用量极少，但可以使与之接触的设备、管道、阀门等部位的金属腐蚀速度大幅度降低。缓蚀剂种类繁多，作用机理复杂。电化学理论认为，缓蚀剂的作用机理是对电极过程的阻碍作用，按此机理，缓蚀剂可分为阳极性缓蚀剂、阴极性缓蚀剂和混合型缓蚀剂。膜理论认为，缓蚀剂的作用机理是生成某种膜，使金属腐蚀减缓，按此机理缓蚀剂可分为氧化膜型、沉淀膜型和吸附膜型缓蚀剂。按照成分，缓蚀剂分为无机和有机缓蚀剂。按照使用介质的 pH 值分，缓蚀剂可用于酸性、碱性和中性介质。目前化工企业使用缓蚀剂主要用于锅炉炉水和循环冷却水等场合。

3.4.4.4 耐腐蚀隔离层

将耐腐蚀能力强的材料覆盖于设备和管道的基材上，将其与腐蚀性介质隔离，以达到防腐的目的。常用的覆盖材料有非金属材料衬里、耐腐蚀涂料和耐腐蚀金属，选用时需考虑腐蚀介质的性质、操作温度等因素。

常用非金属材料衬里，如玻璃钢、橡胶等。防腐蚀涂料种类较多，在化工防腐蚀中用途很广，如环氧树脂、聚氯乙烯等。耐腐蚀金属如铅、铝、钛等。

3.4.4.5 电化学保护

（1）阴极保护

将被保护的金属进行外加阴极极化称为阴极保护。阴极保护有两种方法：①外加电流保护，即将被保护的金属与直流电源负极相连，见图 3-19；②牺牲阳极保护，即在被保护的金属上连接更容易被氧化的金属作阳极，见图 3-20。两种方法的原理都是使电子流入阴极，使阴极的电位向负的方向移动，即阴极极化，从而减少阴极与阳极之间的电位差。流入电子分别来自于直流电源或牺牲阳极，故称为外加阴极极化。阴极保护在石油、化工等领域应用比较广泛，在海上、地下管线防腐保护中也经常采用。

（2）阳极保护

阳极保护是将被保护的金属与直流电源正极相连，使电子离开阳极，阳极的电位向正的方向移动，控制阳极极化至一定电位，在此电位下，金属能建立并维持钝化，腐蚀速度显著降低，金属得到保护，见图 3-21。阳极保护需控制最佳保护电位，若控制的阳极电位处于活化区，被保护金属会电解腐蚀；若处于过钝化区，也会加快被保护金属的腐蚀。所以采用阳极保护的设备要经常检查调整电位或电流等控制参数，要有专人定期检查保护效果，维修保护设施。

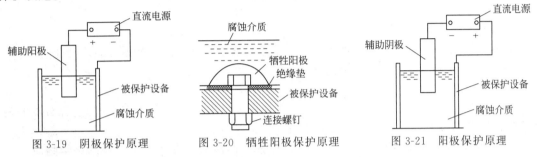

图 3-19 阴极保护原理　　图 3-20 牺牲阳极保护原理　　图 3-21 阳极保护原理

3.4.4.6 提高防腐工作人员的专业技能

在平常的企业管理过程中，需要强化施工意识，结合实际情况，定期组织人员进行培训。工作人员在正式上岗之前必须通过工作技能考核和理论知识考试，确定上岗人员专业素质和技能水平达到工作需要，保证日常工作中严格按照要求进行防腐工作，确保工作中的防腐质量过关，让防腐工作真正发挥出应有的效果。

3.5 压力容器安全技术

3.5.1 压力容器分类

3.5.1.1 按容器承压分类

按照容器承受压力的状态，可以把容器分为内压容器和外压容器。

内压容器是指容器内部压力高于外界压力，大多数压力容器都属于内压容器。外压容器是指容器内部压力低于外界压力。

按照设计压力 p 大小，内压容器可分为三个压力等级，具体划分如下：

低压容器（代号 L），$0.1\text{MPa} \leqslant p < 1.6\text{MPa}$；

中压容器（代号 M），$1.6\text{MPa} \leqslant p < 10\text{MPa}$；

高压容器（代号 H），$10\text{MPa} \leqslant p < 100\text{MPa}$。

3.5.1.2 按容器用途分类

压力容器按照在生产工艺过程中的作用原理，划分为反应压力容器、换热压力容器、分离压力容器、储存压力容器，具体划分如下。

① 反应压力容器（代号 R）　主要是用于完成介质的物理、化学反应的压力容器，例如各种反应器、反应釜、聚合釜、合成塔等；

② 换热压力容器（代号 E）　主要是用于完成介质的热量交换的压力容器，例如各种热交换器、冷却器、冷凝器、蒸发器等；

③ 分离压力容器（代号 S）　主要是用于完成介质的流体压力平衡缓冲和气体净化分离的压力容器，例如各种分离器、过滤器、吸收塔、干燥塔等；

④ 储存压力容器（代号 C）　主要是用于储存或盛装气体、液体、液化气体等介质的压力容器，例如各种形式的储罐。

3.5.1.3 按设备安全技术管理分类

出于对化工设备安全的考虑，《固定式压力容器安全技术检查规程》（TSG 21—2016）按照安全技术管理的要求把承压设备分成了三类，分别为第一类、第二类和第三类。对于这三类设备，分别在设计、制造、安装及使用过程中提出了不同的要求。按照安全技术管理分类的主要分类依据包括介质的危害性、压力 p 和体积 V 三个方面。

（1）介质分组

压力容器的介质分为以下两组：

① 第一组介质　毒性危害程度为极度、高度危害的化学介质，易爆介质，液化气体；

② 第二组介质　除第一组以外的介质。

（2）介质的危害性

介质危害性是指介质的毒性、易燃性、腐蚀性和氧化性等，其中影响压力容器分类的是介质的毒性和易燃性，而腐蚀性和氧化性则从材料方面考虑。

① 毒性　毒性是指某种化学毒物引起机体损伤的能力。毒性大小一般以化学物质引起实验动物某种毒性反应所需要的剂量来表示。以空气中该物质的浓度表示，我国将化学介质的毒性分为四级，其中最高容许浓度分别如下。

a. 极度危害（Ⅰ级），最高容许浓度＜0.1mg/m^3。

b. 高度危害（Ⅱ级），最高容许浓度 $0.1\sim1.0\text{mg/m}^3$。

c. 中毒危害（Ⅲ级），最高容许浓度 $1.0\sim10\text{mg/m}^3$。

d. 低毒危害（Ⅳ级），最高容许浓度 $\geqslant10\text{mg/m}^3$。

属Ⅰ、Ⅱ级毒性危害的介质有氯甲醚、甲醛、甲酸、苯胺、环氧乙烷等。属Ⅲ级毒性危害的介质有乙腈、乙酸、甲醇、吡啶、苯酚等。属Ⅳ级毒性危害的介质有氢氧化钠、四氟乙烯、丙酮等。介质的毒性危害越高，压力容器爆炸或泄漏造成的危害越严重，对容器的设计、材料选用、制造、检验、使用和管理的要求就越高。

② 易燃性　易燃性是指介质与空气混合后发生燃烧或爆炸的难易程度。介质与空气混合后是否会发生燃烧和爆炸与介质的浓度和温度有关，通常将可燃气体与空气的混合物遇明火能够发生爆炸的浓度范围称为爆炸极限。发生爆炸时的最低浓度和最高浓度分别称为爆炸下限和爆炸上限。爆炸下限小于 10%，或爆炸上限和下限之差值大于等于 20% 的介质，称为易燃介质，如乙酸乙酯、二氯甲烷、丙酮、石油醚、乙醇、苯、甲苯等都属于易燃介质。

压力容器中的介质为混合物时，应以介质的组分并按上述毒性程度或易燃介质的划分原则，由设计单位的工艺设计或使用单位的生产技术部门提供介质毒性程度或是否属于易燃介质的依据。无法提供依据时，按毒性危害程度或爆炸危险程度最高的介质确定。

（3）压力容器划分

压力容器的分类应当根据介质特征，按照以下要求选择分类图，再根据设计压力 p（单位 MPa）和容积 V（单位 m^3），标出坐标点，确定压力容器类别。

① 第一组介质，压力容器分类见图 3-22；

② 第二组介质，压力容器分类见图 3-23。

3.5.2 压力容器设计安全要求

3.5.2.1 压力容器设计规范标准

（1）国外主要的设计标准规范

① 美国 ASME 规范　美国是世界上最早制订压力容器规范的国家。19 世纪末 20 世纪

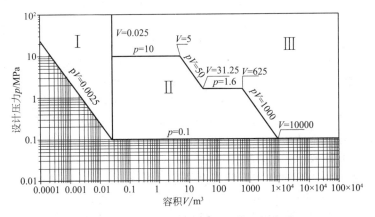

图 3-22 压力容器分类图——第一组介质

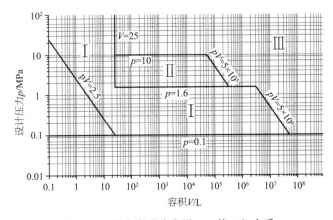

图 3-23 压力容器分类图——第二组介质

初，锅炉和压力容器事故频繁发生，造成了严重的人员事故伤亡和财产损失，1911 年美国机械工程师协会（ASME）成立锅炉和压力容器委员会，着手编写世界上第一部有关压力容器规范《锅炉建造规范（1914 版）》。目前，ASME 锅炉压力容器规范共有 12 卷，包括锅炉、压力容器、焊接、材料、无损检测等内容。ASME 规范每年增补两次，每两年出一次新版，技术先进，修订及时，能迅速反映世界压力容器科技发展的最新成就，使它成为世界上影响最大的一部规范。

② 欧盟压力容器规范标准　欧盟将压力容器、压力管道、安全附件、承压附件等以流体压力为基本载荷的设备统称为承压设备。为了在工业领域内实施统一的技术法规，欧盟颁布了很多与承压设备有关的 EEC/EC 指令和协调标准。

EEC/EC 指令侧重于安全管理方面的要求，涉及产品安全、工业安全、人体健康、消费者权益保护的基本要求，是欧盟各成员国制订相关法律的指南。与压力容器有关的 EEC/EC 指令主要有：76/767/EEC《压力容器一般指令》、87/404/EEC《简单压力容器指令》和97/23/EC《承压设备指令》。

欧洲协调标准一般由欧洲标准化委员会（CEN）、欧洲电工标准化委员会（CENELEC）等技术组织制订。协调标准是非强制性的，但企业若采用协调标准，就意味着满足了相应指令的基本要求。EN13445《非火焰接触压力容器》是与 97/23/EC 相对应的欧洲协调标准，其主要内容有：总则、材料、设计、制造、检验和试验、安全系统和铸铁容器。

③ 日本国家标准（JIS）　20 世纪 60 年代末期，日本开始对欧美各国的压力容器标准

体系进行全面深入的调研，提出了全国统一的 JIS 压力标准体系的构想，并于 80 年代初定制了两部基础标准，一部是参照 ASME Ⅷ-1 制定 JIS B 8243《压力容器的构造》，另一部是参照 ASME Ⅷ-2 制定 JIS B 8250《压力容器的构造—另一标准》。后为了适应科学技术的进步，日本决定采用新的标准体系，于 1993 年颁布了新的压力容器标准：JIS B 8270《压力容器（基础标准）》和 JIS B 8271～8285《压力容器（单项标准）》。

2000 年 3 月，日本制订并实施了 JIS B 8265《压力容器构造——一般事项》。2003 年 9 月，日本制定了 JIS B 8266《压力容器构造—特定标准》，并修改了 JIS B 8265《压力容器构造——一般事项》，形成了新的压力容器 JIS 标准体系。

（2）国内主要的设计标准规范

① TSG 21—2016《固定式压力容器安全技术监察规程》 1981 年原国家劳动总局颁布了《压力容器安全监察规程》。1990 年原劳动部在总结执行经验的基础上，修订了 1981 版的规程，改名为《压力容器安全技术监察规程》，并于 1991 年 1 月正式执行，后于 1999 年修订。

2009 年 8 月颁布 TSG R2004—2009《固定式压力容器安全技术监察规程》，2011 年 11 月颁布 TSG R0005《移动式压力容器安全技术监察规程》，将固定式和移动式压力容器分开。

2015 年，以 TSG R0001—2004《非金属压力容器安全技术监察规程》、TSG R0002—2005《超高压容器安全技术监察规程》、TSG R0003—2007《简单压力容器安全技术监察规程》、TSG R0004《固定式压力容器安全技术监察规程》、TSG R7001—2013《压力容器定期检验规则》、TSG R5002—2013《压力容器使用规则》、TSG R7004—2013《压力容器监督检验规则》等 7 个规范为基础，整合形成了综合规范 TSG 21—2016《固定式压力容器安全技术监察规程》。该规程对固定式压力容器从材料、设计、制造、安装、改造等环节提出了基本安全要求。

② GB 150—2011《钢制压力容器》 其基本思路与 ASME Ⅷ-1 相同，属常规设计标准。其典型过程是确定设计载荷，选用设计公式、曲线或图表，并对材料取一个安全应力，最终给出容器的基本厚度，然后根据规范许可的结构细则及有关制造检验要求进行制造。适用于设计压力不大于 35MPa 的钢制压力容器的设计、制造、检验及验收。适用的设计范围根据钢材允许的使用的温度确定，为 269～900℃。

③ JB 4732《钢制压力容器——分析设计标准》 JB 4732 是国内第一部压力容器分析设计的行业标准，其基本思路与 ASME Ⅷ-2 相同。该标准通过考虑作用在容器上载荷的性质，进行详细的应力分析，计算得到的应力按其对容器破坏的作用分类，与许用应力强度比较和评定，并加上严格的材料、制造和检验要求。该标准与 GB 150 同时实施，在满足各自要求的前提下，设计者可选用其中之一使用，但不得混用。与 GB 150 相比，JB 4732 允许采用较高的设计应力强度，在相同设计条件下，容器的厚度可以减薄，重量可以减轻。一般推荐用于重量大、结构复杂、操作参数较高的压力容器设计。

3.5.2.2 压力容器设计通用要求

（1）设计单位设计许可条件

为了确保压力容器的设计质量，根据《特种设备安全监察条例》的有关规定，从事压力容器设计的单位，必须取得由中华人民共和国国家质量检查检疫总局颁布的《压力容器压力管道设计许可规则》，方可按批准的类别、级别、品种在全国范围内进行压力容器的设计工作。压力容器 A 级、C 级和 SAD 级设计单位由国家质检总局负责受理和审批；D 级设计单位由省级质量技术监督部门受理和审批。《设计许可证》有效期为 4 年，有效期满的设计单位继续从事设计工作的，应当按本规则的有关规定办理换证手续，逾期未办或者未被批准换证的，其《设计许可证》有效期满后不得继续从事设计工作。

（2）设计条件

压力容器应根据设计委托方以正式书面形式提供的设计条件进行设计。设计条件至少包含以下内容：①操作条件，包括工作压力、工作温度范围、液位高度、接管载荷等；②压力容器使用地及其自然条件，包括环境温度、抗震设防烈度、风载荷等；③介质组分和特性，介质学名或分子式、主要组分、密度及危害性等；④预期使用年限，设计委托方提出预期使用期限，设计者应当与委托方进行协商，根据压力容器使用工况、选材、安全性和经济性合理确定压力容器的设计寿命；⑤几何参数和管口方位，常用容器结构简图表示，示意性画出容器本体与几何尺寸、主要内件形状、接管方位、支座形式等；⑥设计需要的其他必要条件，包括选材要求、防腐要求、安装运输要求等。

（3）设计方法

压力容器的设计可以采用常规设计方法或者分析设计方法，必要时也可以采用试验方法、可对比的经验设计方法或者其他设计方法，但应通过新技术评审。压力容器设计单位应当根据设计委托方提出的设计条件，综合考虑所有相关因素、失效模式和足够的安全裕量，以保证压力容器具有足够的强度、刚度、稳定性和耐腐蚀性，同时还应当考虑支座、支耳及其他型式支承件与压力容器本体的焊接（粘接）接头的强度要求，确保压力容器在设计使用年限内的安全。

（4）设计文件

压力容器的设计文件，包括强度计算书或者应力分析报告、设计图样、制造技术条件、风险评估报告，必要时还应包括安装及使用维修说明。

设计计算书的内容包括：设计条件、所以规范和标准、材料、腐蚀裕量、计算厚度、名义厚度等。装设安全泄放装置的压力容器，还应计算压力容器安全泄放量、安全阀排量和爆破片泄放面积。

设计图样包括总图和零部件图，压力容器总图上应注明：压力容器名称、类别；设计、制造所依据的主要法规和标准；工作条件；设计条件；主要受压元件材料牌号及标准；主要特性参数（如容积、换热器换热面积与程数等）；压力容器设计寿命；特殊制造要求；热处理要求；无损检测要求；耐压试验和泄漏试验要求；预防腐蚀要求；安全附件及仪表的规格和订购特殊要求；压力容器铭牌的位置；包装、运输、现场组焊和安装要求；以及其他特殊要求。

3.5.3　压力容器安全使用

3.5.3.1　压力容器的验收和登记

压力容器是生产和生活中广泛使用的、有爆炸危险的承压设备。为了加强压力容器使用的安全监察工作，根据《特种设备安全监察条例》的有关规定，制定了《锅炉压力容器使用登记管理办法》。通过压力容器使用登记，可以使当地特种设备安全监察机构掌握压力容器有关安全方面的基本情况，提高安全管理水平。同时通过使用登记，可以建立压力容器的技术档案，加强统计管理，为安全使用提供重要依据。另外通过使用登记，可以限制无安全保障的压力容器投入使用。

固定式压力容器的使用单位，在压力容器投入使用前或者投入使用后 30 日内，使用单位必须向地、市劳动部门锅炉压力容器安全监察机构申报和办理使用登记手续；超高压容器使用单位，必须向省级劳动部门锅炉压力容器安全监察机构申报和办理使用登记手续。

3.5.3.2　压力容器的安全操作

（1）压力容器操作人员具备的基本条件

压力容器操作人员，具备的基本条件如下：①经过安全技术教育和安全技术培训，考试合格并取得"压力容器操作人员合格证"后，方准独立进行操作；②操作人员应熟悉生产工艺流程，了解本岗位压力容器的结构、技术特性和主要技术参数，掌握容器的正常操作方法，在容器出现异常情况时，能准确判断，及时、正确地采取紧急措施；③掌握各种安全装置的型号、规格、性能及用途，保持安全装置齐全、灵活、准确可靠；④严格遵守安全操作规程，坚守岗位，精心操作，认真记录，加强对容器的巡回检查和维护保养；⑤定期参加专业培训教育，不断提高自身的专业素质和操作技能。

压力容器操作人员，应履行以下职责：①按照操作规程的规定，正确操作使用压力容器，确保安全运行；②做好压力容器的维护保养工作，使容器经常保持良好的技术状态；③经常对压力容器的运行情况进行检查，发现操作条件不正常时及时进行调整，遇紧急情况应按规定采取紧急处理措施，并及时向上级主管部门报告；④对任何不利于压力容器安全的违章指挥，应拒绝执行。

（2）压力容器投入前的准备工作

由于工艺条件的不同，压力容器的操作内容、方法、程序与注意事项也不同。做好投入使用前准备工作，对保证整个生产过程安全运行有着重要的意义。

压力容器使用前要做如下准备工作：①要组织对压力容器及其装置进行全面检查验收工作。检验验收的内容包括：压力容器及其装置的设计、制造、安装、检修等质量是否符合国家有关技术法规、标准的要求；施工现场应清理干净；操纵平台上梯子、栏杆应完好；安全装置应齐全、灵敏、可靠；照明正常；地面平整清洁；操纵及维修用备件齐全；水、电、蒸气、风、氧气、透风正常等。②编制压力容器及装置的开工方案。开工方案应包括如下内容：压力容器吹扫及贯通试压工作；单元容器的试运转；系统置换驱赶空气；抽堵盲板；引进工艺介质及物料，建立循环；转入正常生产。开工方案一般应由车间领导、技术人员及有经验的操作人员共同编制，并报有关部分批准。对批准后的开工方案，应组织操作人员认真学习。③操作人员在操作前应做好以下预备工作：按规定着装，带齐操作工具；认真检查本岗位的压力容器、安全装置、机泵及工艺流程中的进出口管线、阀门、电气设备等各种设备及仪表附件的完善情况；检查岗位的清洁卫生情况；试动各阀门是否灵活，检查系统阀门开关情况。操作人员在确认压力容器及设备能投入正常运行后，才能开工启动系统。

（3）压力容器运行期间的检查

压力容器运行期间的检查是压力容器动态监测的重要手段，其目的是及时发现操作上或设备上出现的不正常状态，采取相应的措施进行调整或消除，防止异常情况的扩大和延续，保证容器安全运行。

对运行中的容器进行检查，主要包括以下三个方面：①工艺条件方面，主要检查操作条件，包括操作压力、操作温度、液位是否在安全规定的范围内；容器工作介质的化学成分、物料配比、投料数量等，特别是那些影响容器安全的成分是否符合要求；②设备状况方面，主要检查容器各连接部位有无泄漏、渗漏现象；容器的部件和附件有无塑性变形、腐蚀及其他缺陷或可疑迹象；容器及其连接管道有无振动、磨损等现象；③安全装置方面，主要检查安全装置以及与安全有关的计量器具（如温度计、投料或液化气体充装计量用的磅秤等）是否保持完好状态，这些装置和器具是否在规定的允许使用期限内。

对运行中的容器进行巡回检查要定时、定点、定路线，操作人员在进行巡回检查时，应随身携带检查工具，沿着固定的检查线路和检查点认真检查。

3.5.3.3 压力容器的使用管理

为了确保压力容器的安全运行，必须加强对压力容器的安全管理，消除弊端，防患于未然，不断提高其安全可靠性。

（1）压力容器的安全技术管理

要做好压力容器的安全技术管理工作，首先要从组织上保证。这就要求企业要有专门的机构，并配备专业人员即具有压力容器专业知识的工程技术人员负责压力容器的技术管理及安全监察工作。

压力容器的技术管理工作内容主要有：贯彻执行有关压力容器的安全技术规程；编制压力容器的安全管理规章制度，依据工艺生产要求和容器的技术性能制定容器的安全操作规程；参与压力容器的入厂检验、竣工验收及试车；检查压力容器的运行、维修及压力附件校划，并负责组织实施；向主管部门和当地劳动部门报送当年的压力容器的数量和变动情况统计报表、压力容器定期检验的实施情况及存在的主要问题；压力容器的事故调查分析和报告、检验、焊接和操作人员的安全技术培训管理和压力容器使用登记及技术资料管理。

（2）建立压力容器的安全技术档案

压力容器的技术档案是我们正确使用容器的主要依据，它可以使我们全面掌握容器的情况，摸清容器的使用规律，防止事故发生。容器调入或调出时，其技术档案必须随同容器一起调入或调出。对技术资料不齐全的容器，使用单位应对其所缺项目进行补充。

压力容器的技术档案包括：压力容器的产品合格证，质量证明书，登记卡片，设计、制造、安装技术等原始的技术文件和资料，检查鉴定记录，验收单，检修方案及实际检修情况记录，运行累计时间表，年运行记录，理化检验报告，竣工图以及中高压反应容器和储运容器的主要受压元器件强度计算书等。

（3）压力容器的维护保养

压力容器的维护保养工作一般包括防腐蚀，消除"跑、冒、滴、漏"和做好停运期间的保养。

压力容器内部受工作介质的腐蚀，外部受大气、水或土壤的腐蚀。目前大多数容器采用防腐来防止腐蚀，如金属涂层、无机涂层、有机涂层、金属内衬和搪瓷玻璃等。检查和维护防腐层的完好，是防止容器腐蚀的关键。如果容器的防腐层自行脱落或受碰撞而损坏，腐蚀介质和材料直接接触，则会很快发生腐蚀。因此，在巡检时应及时清除积附在容器、管道及阀门上面的灰尘、油污、潮湿和有腐蚀性的物资，经常保持容器外表面的洁净和干燥。

生产设备的"跑、冒、滴、漏"不仅浪费化工原料和能源，污染环境，而且往往造成容器、管道、阀门和安全附件的腐蚀。因此要做好日常的维护保养和检修工作，正确选用连接方式、垫片材料、填料等，及时消除"跑、冒、滴、漏"现象，消除振动和摩擦，维护保养好压力容器和安全附件。

另外，还要注意压力容器在停运期间保养。容器停用时，要将内部的介质排空放净。尤其是腐蚀性介质，要经排放、置换或中和、清洗等技术处理。根据停运时间的长短以及设备和环境的具体情况，有的在容器内、外表面涂刷油漆等保护层；有的在容器内专用器皿盛放吸潮剂。对停运容器定期检查，及时更换失效吸潮剂。发现油漆等保护层脱落时，应及时补上，使保护层保持完好无损。

思考题

1. GMP 对制药设备设计选型有哪些要求？
2. 设备材料有哪些基本性能？制药生产中设备对材料有哪些基本要求？
3. 压力容器的常规设计方法和分析设计方法有何主要区别？
4. 压力容器有哪些安全附件？有何作用？
5. 设备无损探伤技术有哪些？各技术检测的原理及适用对象分别是什么？
6. 金属防腐的措施有哪些？
7. 什么叫压力容器？如何分类？

8.《固定式压力容器安全技术监察规程》在确定压力容器类别时，为什么不仅要根据压力高低还要考虑容积、介质组别进行分类？

9. 为保证安全，压力容器设计时应综合考虑哪些因素？

10. 如何进行压力容器的安全管理？

参考文献

［1］ 宋航编.制药工程导论.北京：化学工业出版社，2014.

［2］ 朱宏吉，等编.制药设备与工程设计.北京：化学工业出版社，2015.

［3］ 张爱萍，孙咸泽编.药品 GMP 指南：厂房设施与设备.北京：中国医药科技出版社，2011.

［4］ 王文和编.化工设备安全.北京：国防工业出版社，2014.

［5］ 郑津洋，等编.过程设备设计.北京：化学工业出版社，2015.

［6］ 温路新，等编.化工安全与环保.北京：科学出版社，2014.

［7］ 王德堂，等编.化工安全与环境保护.北京：化学工业出版社，2015.

［8］ 张宝宏，等编.金属电化学腐蚀与防护.北京：化学工业出版社，2016.

［9］ 王志文，等编.化工设备失效原理与案例分析.上海：华东理工大学出版社，2010.

［10］ 叶明生，等编.化工设备安全技术.北京：化学工业出版社，2015.

［11］ 刘景良.化工安全技术与环境保护.北京：化学工业出版社，2012.

［12］ TSG 21—2016 固定式压力容器安全技术监察规程.北京：新华出版社，2016.

［13］ GB 567—2012 爆破片安全装置.北京：中国标准出版社，2012.

［14］ TSG R7001—2013 压力容器定期检验规则.北京：新华出版社，2013.

［15］ 刘超明.石油化工装置本质安全设计.石油规划设计，2011，22（1）：15.

［16］ 白珍龙，耿继宏，段煜洲.化工自动化及仪表，2015，（12）：1367-1368.

［17］ 张越.药厂结晶罐的点蚀初探.医药工程设计，2006，27（2）：10-12.

第4章
药物合成反应过程的安全与环保

本章学习目的与要求

★了解药物合成反应工艺安全的分析方法

★熟悉药物合成反应的风险评估方法

★熟悉药品洁净生产过程中的主要安全技术

★了解氢化、氧化、氯化反应过程中的主要危险及预防

★了解工艺放大过程中的风险与防范

药物合成反应是制药过程的一个重要环节，药物合成反应根据其反应物质的特性、反应热动力学的不同而呈现出不同特征。反应的剧烈程度取决于很多因素，如反应物本身的性质、反应的起始温度、反应热、反应速率等因素。凡是涉及硝化、氧化、磺化、氯化、氟化、重氮化、加氢反应等危险工艺的单元生产和过程，要在实现自动化控制的基础上装备紧急停车系统（ESD）或安全仪表系统（SIS）。无论是小型化工的反应装置还是大型石化的反应装置，对化学物质本身及化学反应必须要有深入的研究，这些数据应该作为工艺安全信息（process safety information）的一个重要内容被记录保存。数十年来，世界各国发生了很多因化学物质处置不当或化学反应失控而导致工艺安全事故，这充分表明研究、分析化学物质及化学反应的重要现实意义。

4.1 药物合成反应工艺的安全分析方法

4.1.1 药物合成反应的热分析法

首先，我们必须要了解化学物质自身的能量，这些数据主要来源于文献、热力学计算以及一些必要的测试。考察一个反应的热危险性，可以从表 4-1 所列的方面来考虑。其次是要清楚化学反应的速率（r）、升温速度（dT/dt）、气体的产生等动力学数据，这包含了正常和异常甚至是最坏场景（worst credible case）的分析。最后，利用已知的数据来进行工厂的设计，包括换热量的设计、反应偏离产生的超压的泄放等。

某些参考书提供了反应性物质的基本反应危害特性，如：Bretherick's Handbook of Reactive Chemical Hazards（7th edition），该书提供了近 5000 种反应性物质的主要反应危害，是一本大而全的工具书。如果不能获取相关信息或者是一个全新的反应，则需要进行化学物质和化学反应的试验研究。一些医药化工行业经常会做这样的化学物质及化学反应性的评估和分析，因为他们要不断研制新产品新工艺。表 4-1 介绍了一些常用的化学物质及化学反应评估的手段。

试验的手段很多，各有优缺点，不在此赘述。下面举例说明几个分析的例子。

图 4-1 的四张曲线表分别来自于不同的测试方法。图 4-1（a）采用恒定加热速率测试，图 4-1（b）采用绝热测试，图 4-1（c）采用差热分析法，图 4-1（d）采用绝热量热法。每种不同的方法都能得到特定的热力学性质。

化学物质的稳定性可由热力学的数据分析获知，可以按照美国 CHETAH（Chemical Thermodynamic and Heat Release Program）的四大准则来判定其危害等级，表 4-2（a）、表 4-2（b）、表 4-2（c）比分别为分解反应焓变、氧平衡值、γ 值计算法等。

表 4-1　反应热危险性分析

项目	测试性质	典型测试仪表信息
放热反应的识别	热稳定性	DSC/DTA
单个物质爆炸性质	爆轰 爆炸	化学结构分析、隔板试验、落锤试验、氧平衡（OB） 爆炸试验
化学兼容性	和常见污染物的反应（如水等）	特定的试验
正常反应	反应性 变化的影响 气体的产生	实验室小试试验（如 RC1）
最低放热偏离温度	建立最低温度	绝热杜瓦瓶、绝热量热仪、ARC
反应后偏离后果的研究	升温速率	绝热杜瓦瓶、绝热量热仪、带压 ARC、VSP/RSST、 RC1 压力容器

注：ARC＝Accelerating Rate Calorimeter（Columbia Scientific Instrument Corp.），加速量热仪；DSC＝Differential Scanning Calorimeter，差示扫描量热仪；DTA＝Differential Thermal Analysis，差热分析；RC1＝Reactor Calorimeter（Mettler-Toledo Inc.），反应量热仪；RSST＝Reactive System Screening Tool（Fauske and Associates），反应系统筛选工具；VSP＝Vent Size Package（Fauske and Associates），孔尺寸封装。

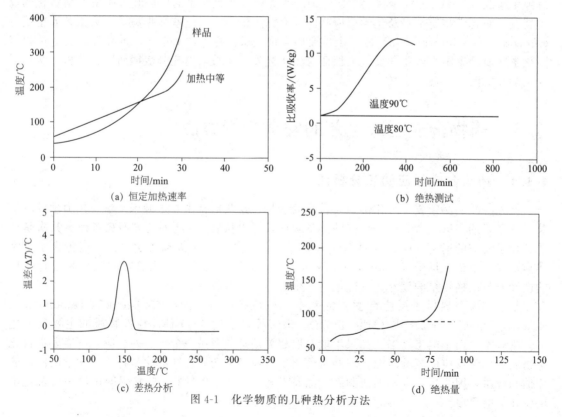

图 4-1　化学物质的几种热分析方法

表 4-2(a)　分解焓(ΔH_d)或反应焓(ΔH_r)的绝对值

级别	危害度	最大的分解或反应焓值/(kcal/g)	可能的定性判定
A	高	>0.7	强烈放热;很可能爆轰
B	中	0.3~0.7	放热;可能爆轰;很可能爆燃
C	低	0.1~0.3	可能爆燃
D	非常低	<0.1	不可能传播

表 4-2(b)　氧平衡(oxygen balance)

潜在危害	氧平衡值
低	OB<-240 或 160<OB
中	-240<OB<0 或 80<OB<160
高	-120<OB<80

表 4-2(c)　$\gamma_{criterion}=10(Q)^2 MW/N$

潜在危害	γ 值
低	γ<30
中	30<γ<110
高	γ>110

还有第四个准则是基于 ΔH_d 和 $|\Delta H_c-\Delta H_d|$ 来确定的一个二维的风险等级,不在此介绍。国内也有学者提出了一种基于初始放热温度、反应热功率、绝热温升、热自燃温度、(初)沸点的反应危险性指数定量分级方法,这是一种综合考虑诸多参数的一种分级方法。无论采用什么方法,都必须对数据进行专业的解读。

对文献和试验得到的数据进行分析,最终形成一个化学物质及化学反应危害性的评估报告。该报告包括物质的危害性等级、化学反应热力学和动力学数据以及最终的评估综述,这份报告将作为中试和实际生产的重要参考。这里要特别强调的是:试验得出的数据有时和中试或实际生产的实际情况会有一定偏差,不能完全照搬。某试验数据显示:在 200mL 杜瓦瓶测试得到的临界温度 T_c(反应放热等于热量移除时的平衡温度)50℃,然而在 200L 容器内测试得到的临界温度是 60℃。临界温度降低意味着反应会更早失控。很多试验得到的热力学数据都是在绝热环境下测量的,而实际生产中又不可能维持一个绝热的环境,所以出现了一个热量修正因子 φ(thermal inertia)。反应的起始温度(T_0)也会随着容器体积的扩大而降低,反应会更早地发生。美国 MFG 公司在实验室完成了两次 114L 的小试后,决定在生产中放大到 15140L,由于移除热量的能力不够而产生了超压爆炸,换热面积并不是和生产量成正比例关系的。

在中试或实际生产中除了要考虑换热量外,安全泄放装置也是必须要关注的。如前所述,通过 PCAC 等试验得到的压力上升速度(dp/dt)、最大压力 p_{max} 等参数可以计算出压力泄放面积,因反应偏离而产生的压力释放装置的计算主要参考 DIERS(the design institute for emergency relief systems)标准。

对于反应性装置的设计,在获得相关反应性物质的热力学和动力学数据后,必须对反应进行工艺危害分析。在工艺危害分析中,对于反应性物质的反应偏离的各种场景必须要被考虑,以下的几个场景至少应该被考虑:

① 不足够的冷却或异常加温;

② 失去搅拌;

③ 错误的加料顺序或超量加料；

④ 阻聚剂的异常消耗；

⑤ 污染。

化学物质及化学反应的基础数据非常重要，可以作为本质安全设计的重要参考，如寻找更加温和的反应方案、控制反应温度在失控反应发生温度之下、设计足够的冷却能力等。在对反应性物质进行工艺安全分析之后，必须采取预防性和减缓型的措施来降低风险，而这些措施的制定中也需要利用一些基础数据，如反应泄压面积的计算、紧急抑制系统的设计等。本节只是简要介绍了几种主要的研究化学物质及化学反应热力学和动力学的常用方法，工厂可以根据特定的情况进行特定的试验研究。

4.1.2 药物合成反应失控危险分析方法

药物合成反应过程的主要安全风险来自于工艺反应的放热风险。开展药物合成反应安全风险评估，需要对反应中涉及的原料、中间物料、产品等化学品进行热稳定测试，对化学反应过程开展热力学和动力学分析。根据反应热、绝热温升 ΔT_{ad} 等参数评估反应的危险等级，根据最大反应速率到达时间 TMR_{ad} 等参数评估反应失控的可能性，结合相关反应温度参数进行多因素危险度评估，确定反应工艺危险度等级。根据反应工艺危险度等级，明确安全操作条件，从工艺设计、仪表控制、报警与紧急干预（安全仪表系统）、物料释放后的收集与保护，厂区和周边区域的应急响应等方面提出有关安全风险防控建议。

（1）失控反应最大反应速率到达时间 TMR_{ad}

失控反应体系的最坏情形为绝热条件。在绝热条件下，失控反应到达最大反应速率所需要的时间，称为失控反应最大反应速率到达时间，可以通俗地理解为致爆时间。TMR_{ad} 是温度的函数，是一个时间衡量尺度，用于评估失控反应最坏情形发生的可能性，是人为控制最坏情形发生所拥有的时间长短。

（2）绝热温升 ΔT_{ad}

在冷却失效等失控条件下，体系不能进行能量交换，放热反应放出的热量，全部用来升高反应体系的温度，是反应失控可能达到的最坏情形。

对于失控体系，反应物完全转化时所放出的热量导致物料温度的升高，称为绝热温升。绝热温升与反应的放热量成正比，对于放热反应来说，反应的放热量越大，绝热温升越高，导致的后果越严重。绝热温升是反应安全风险评估的重要参数，是评估体系失控的极限情况，可以评估失控体系可能导致的严重程度。

（3）工艺温度 T_p

目标工艺操作温度，也是反应过程中冷却失效时的初始温度。

冷却失效时，如果反应体系同时存在物料最大量累积和物料具有最差稳定性的情况，在考虑控制措施和解决方案时，必须充分考虑反应过程中冷却失效时的初始温度，安全地确定工艺操作温度。

（4）技术最高温度 MTT

技术最高温度可以按照常压体系和密闭体系两种方式考虑。

对于常压反应体系来说，技术最高温度为反应体系溶剂或混合物料的沸点；对于密封体系而言，技术最高温度为反应容器达到最大允许压力时所对应的温度。

（5）失控体系能达到的最高温度 MTSR

当放热化学反应处于冷却失效、热交换失控的情况下，由于反应体系存在热量累积，整个体系在一个近似绝热的情况下发生温度升高。在物料累积最大时，体系能够达到的最高温度称为失控体系能达到的最高温度。MTSR 与反应物料的累积程度相关，反应物料的累积程度越大，反应发生失控后，体系能达到的最高温度 MTSR 越高。

4.1.3 药物合成反应安全风险评估

4.1.3.1 评估前准备
（1）工艺信息

工艺信息包括特定工艺路线的工艺技术信息。例如：物料特性、物料配比、反应温度控制范围、压力控制范围、反应时间、加料方式与加料速度等工艺操作条件，并包含必要的定性和定量控制分析方法。

（2）实验测试仪器

反应安全风险评估需要的设备种类较多，除了闪点测试仪、爆炸极限测试仪等常规测试仪以外，必要的设备还包括差示扫描量热仪、热稳定性筛选量热仪、绝热加速度量热仪、高性能绝热加速度量热仪、微量热仪、常压反应量热仪、高压反应量热仪、最小点火能测试仪等；配备水分测试仪、液相色谱仪、气相色谱仪等分析仪器设备；具备动力学研究手段和技术能力。反应安全风险评估包括但不局限于上述设备。

（3）实验能力

反应安全风险评估单位需要具备必要的工艺技术、工程技术、热安全和热动力学技术团队和实验能力，具备中国合格评定国家认可实验室（CNAS认可实验室）资质，保证相关设备和测试方法及时得到校验和比对，保证测试数据的准确性。

4.1.3.2 评估方法
（1）单因素反应安全风险评估法

依据反应热、失控体系绝热温升、最大反应速率到达时间进行单因素反应安全风险评估。

（2）混合叠加因素反应安全风险评估法

以最大反应速率到达时间作为风险发生的可能性，失控体系绝热温升作为风险导致的严重程度，进行混合叠加因素反应安全风险评估。

（3）反应工艺危险度评估法

依据四个温度参数（即工艺温度、技术最高温度、最大反应速率到达时间为24h对应的温度，以及失控体系能达到的最高温度）进行反应工艺危险度评估。

对药物合成反应安全风险进行定性或半定量的评估，针对存在的风险，要建立相应的控制措施。反应安全风险评估具有多目标、多属性的特点，单一的评估方法不能全面反映化学工艺的特征和危险程度，因此，应根据不同的评估对象，进行多样化的评估。

4.1.3.3 评估流程
（1）物料热稳定性风险评估

对所需评估的物料进行热稳定性测试，获取热稳定性评估所需要的技术数据。主要数据包括物料热分解起始分解温度、分解热、绝热条件下最大反应速率到达时间为24h对应的温度。对比工艺温度和物料稳定性温度，如果工艺温度大于绝热条件下最大反应速率到达时间为24h对应的温度，物料在工艺条件下不稳定，需要优化已有工艺条件，或者采取一定的技术控制措施，保证物料在工艺过程中的安全和稳定。根据物质分解放出的热量大小，对物料潜在的燃爆危险性进行评估，分析分解导致的危险性情况，对物料在使用过程中需要避免受热或超温，引发危险事故的发生提出要求。

（2）目标反应安全风险发生可能性和导致的严重程度评估

实验测试获取反应过程绝热温升、体系热失控情况下工艺反应可能达到的最高温度，以及失控体系达到最高温度对应的最大反应速率到达时间等数据。考虑工艺过程的热累积度为100%，利用失控体系绝热温升，按照分级标准，对失控反应可能导致的严重程度进行反应安全风险评估。利用最大反应速率到达时间,对失控反应触发二次分解反应的可能性进行反应安全风险评估。综合失控体系绝热温升和最大反应速率到达时间,对失控反应进行复合叠加因素的矩阵评估,判定失控过程风险可接受程度。①如果为可接受风险,说明工艺潜在的热危险性是可以接受的;②如果为有条件接受风险,则需要采取一定的技术控制措施,降低反应安全风险等级;③如果为不可接受风险,说明常规的技术控制措施不能奏效,已有工艺不具备工程放大条件,需要重新进行工艺研究、工艺优化或工艺设计,保障化工过程的安全。

（3）目标反应工艺危险度评估

实验测试获取包括目标工艺温度、失控后体系能够达到的最高温度、失控体系最大反应速率到达时间为24h对应的温度、技术最高温度等数据。在反应冷却失效后,四个温度数值大小排序不同,根据分级原则,对失控反应进行反应工艺危险度评估,形成不同的危险度等级。根据危险度等级,有针对性地采取控制措施。应急冷却、减压等安全措施均可以作为系统安全的有效保护措施。对于反应工艺危险度较高的反应,需要对工艺进行优化或者采取有效的控制措施,降低危险度等级。常规控制措施不能奏效时,需要重新进行工艺研究或工艺优化,改变工艺路线或优化反应条件,减少反应失控后物料的累积程度,实现制药过程安全。

4.1.3.4 关于评估标准

（1）物质分解热评估

对物质进行测试,获得物质的分解放热情况,开展风险评估,评估准则参见表4-3。

表4-3 分解热评估

等级	分解热/（J/g）	说明
1	分解热＜400	潜在爆炸危险性
2	400≤分解热≤1200	分解放热量较大,潜在爆炸危险性较高
3	1200＜分解热＜3000	分解放热量大,潜在爆炸危险性高
4	分解热≥3000	分解放热量很大,潜在爆炸危险性很高

分解放热量是物质分解释放的能量,分解放热量大的物质,绝热温升高,潜在较高的燃爆危险性。实际应用过程中,要通过风险研究和风险评估,界定物料的安全操作温度,避免超过规定温度,引发爆炸事故的发生。

（2）严重度评估

严重度是指失控反应在不受控的情况下能量释放可能造成破坏的程度。由于精细化工行业的大多数反应是放热反应,反应失控的后果与释放的能量有关。反应释放出的热量越大,失控后反应体系温度的升高情况越显著,容易导致反应体系中温度超过某些组分的热分解温度,发生分解反应以及二次分解反应,产生气体或者造成某些物料本身的气化,而导致体系压力的增加。在体系压力增大的情况下,可能致使反应容器的破裂以及爆炸事故的发生,造成企业财产人员损失、伤害。失控反应体系温度的升高情况越显著,造成后果的严重程度越高。反应的绝热温升是一个非常重要的指标,绝热温升不仅仅是影响温度水平的重要因素,同时还是失控反应动力学的重要影响因素。

绝热温升与反应热成正比,可以利用绝热温升来评估放热反应失控后的严重度。当绝热温升达到200K或200K以上时,反应物料的多少对反应速率的影响不是主要因素,温升导致反应速率的升高占据主导地位,一旦反应失控,体系温度会在短时间内发生剧烈的变化,并导致严重的后果。而当绝热温升为50K或50K以下时,温度随时间的变化曲线比较平缓,体现的是一种体系自加热现象,反应物料的增加或减少对反应速率产生主要影响,在没有溶解气体导致压力增长带来的危险时，这种情况的严重度低。

利用严重度评估失控反应的危险性，可以将危险性分为四个等级，评估准则参见表4-4。

绝热温升为200K或以上时，将会导致剧烈的反应和严重的后果；绝热温升为50K或以下时，如果没有压力增长带来的危险，将会造成单批次的物料损失，危险等级较低。

表 4-4　失控反应严重度评估

等级	$\Delta T_{ad}/K$	后果
1	≤50 且无压力影响	单批次的物料损失
2	$50<\Delta T_{ad}<200$	工厂短期破坏
3	$200\leq\Delta T_{ad}<400$	工厂严重损失
4	≥400	工厂毁灭性的损失

（3）可能性评估

可能性是指由于工艺反应本身导致危险事故发生的可能概率大小。利用时间尺度可以对事故发生的可能性进行反应安全风险评估，可以设定最危险情况的报警时间，便于在失控情况发生时，在一定的时间限度内，及时采取相应的补救措施，降低风险或者强制疏散，最大限度地避免爆炸等恶性事故发生，保证制药过程生产安全。

对于工业生产规模的化学反应来说，如果在绝热条件下失控反应最大反应速率到达时间≥24h，人为处置失控反应有足够的时间，导致事故发生的概率较低。如果最大反应速率到达时间≤8h，人为处置失控反应的时间不足，导致事故发生的概率升高。采用上述的时间尺度进行评估，还取决于其他许多因素，例如化工生产自动化程度的高低、操作人员的操作水平和培训情况、生产保障系统的故障频率等，工艺安全管理也非常重要。

利用失控反应最大反应速率到达时间 TMR_{ad} 为时间尺度，对反应失控发生的可能性进行评估，评估准则参见表4-5。

表 4-5　失控反应发生可能性评估

等级	TMR_{ad}/h	后果
1	$TMR_{ad}\geq24$	很少发生
2	$8<TMR_{ad}<24$	偶尔发生
3	$1<TMR_{ad}\leq8$	很可能发生
4	$TMR_{ad}\leq1$	频繁发生

（4）矩阵评估

风险矩阵是以失控反应发生后果的严重度和相应的发生概率进行组合，得到不同的风险类型，从而对失控反应的反应安全风险进行评估，并按照可接受风险、有条件接受风险和不可接受风险，分别用不同的区域表示，具有良好的辨识性。

以最大反应速率到达时间作为风险发生的可能性，失控体系绝热温升作为风险导致的严重程度，通过组合不同的严重度和可能性等级，对化工反应失控风险进行评估。风险评估矩阵参见图4-2。

失控反应安全风险的危险程度由风险发生的可能性和风险带来后果的严重度两个方面决定，风险分级原则如下。

① Ⅰ级风险为可接受风险　可以采取常规的控制措施，并适当提高安全管理和装备水平。

② Ⅱ级风险为有条件接受风险　在控制措施落实的条件下，可以通过工艺优化、工程、管理上的控制措施，降低风险等级。

Ⅰ级风险为可接受风险：可以采取常规的控制措施，并适当提高安全管理和装备水平。

Ⅱ级风险为有条件接受风险：在控制措施落实的条件下，可以通过工艺优化、工程、管理上的控制措施，降低风险等级。

Ⅲ级风险为不可接受风险：应当通过工艺优化、技术路线的改变，工程、管理上的控制措施，降低风险等级，或者采取必要的隔离方式，全面实现自动控制。

图 4-2　风险评估矩阵

③ Ⅲ级风险为不可接受风险　应当通过工艺优化、技术路线的改变，工程、管理上的控制措施，降低风险等级，或者采取必要的隔离方式，全面实现自动控制。

4.1.3.5　反应工艺危险度评估

反应工艺危险度评估是精细化工反应安全风险评估的重要评估内容。反应工艺危险度指的是工艺反应本身的危险程度，危险度越大的反应，反应失控后造成事故的严重程度就越大。

温度作为评价基准是工艺危险度评估的重要原则。考虑四个重要的温度参数，分别是工艺操作温度 T_p、技术最高温度 MTT、失控体系最大反应速率到达时间 TMR$_{ad}$ 为 24h 对应的温度 T_{D24}，以及失控体系可能达到的最高温度 MTSR，评估准则参见表4-6。

表 4-6　反应工艺危险度等级评估

等级	温度	后果
1	$T_p < MTSR < MTT < T_{D24}$	反应危险性较低
2	$T_p < MTSR < T_{D24} < MTT$	潜在分解风险
3	$T_p \leqslant MTT < MTSR < T_{D24}$	存在冲料和分解风险
4	$T_p \leqslant MTT < T_{D24} < MTSR$	冲料和分解风险较高，潜在爆炸风险
5	$T_p < T_{D24} < MTSR < MTT$	爆炸风险较高

针对不同的反应工艺危险度等级，需要建立不同的风险控制措施。对于危险度等级在3级及以上的工艺，需要进一步获取失控反应温度、失控反应体系温度与压力的关系、失控过程最高温度、最大压力、最大温度升高速率、最大压力升高速率及绝热温升等参数，确定相应的风险控制措施。

4.1.3.6　反应安全风险评估过程示例

（1）工艺描述

标准大气压下，向反应釜中加入物料 A 和 B，升温至 60℃，滴加物料 C，体系在 75℃时沸腾。滴完后 60℃保温反应 1h。此反应对水敏感，要求体系含水量不超过 0.2%。

（2）研究及评估内容

根据工艺描述，采用联合测试技术进行热特性和热动力学研究，获得安全性数据，开展反应安全风险评估，同时还考虑了反应体系水分偏离为1%时的安全性研究。

（3）研究结果

① 反应放热，最大放热速率为 89.9W/kg，物料 C 滴加完毕后，反应热转化率为 75.2%，摩尔反应热为 -58.7kJ/mol，反应物料的比热容为 2.5kJ/(kg·K)，绝热温升为 78.2K。

② 目标反应料液起始放热分解温度为 118℃，分解放热量为 130J/g。放热分解过程中，最大温升速率为 5.1℃/min，最大压升速率为 6.7 bar/min（1bar=10^5Pa，下同）。

③ 含水达到 1% 时，目标反应料液起始放热分解温度为 105℃，分解放热量为 206J/g。放热分解过程最大温升速率为 9.8℃/min，最大压升速率为 12.6bar/min。

④ 目标反应料液自分解反应初期活化能为 75kJ/mol，中期活化能为 50kJ/mol。

⑤ 目标反应料液热分解最大反应速率到达时间为 2h 对应的温度 T_{D2} 为 126.6℃，T_{D4} 为 109.1℃，T_{D8} 为 93.6℃，T_{D24} 为 75.6℃，T_{D168} 为 48.5℃。

（4）反应安全风险评估

根据研究结果，目标反应安全风险评估结果如下。

① 此反应的绝热温升 ΔT_{ad} 为 78.2K，该反应失控的严重度为"2级"。

② 最大反应速率到达时间为 1.1h 对应的温度为 138.2℃，失控反应发生的可能性等级为 3级，一旦发生热失控，人为处置时间不足，极易引发事故。

③ 风险矩阵评估的结果，风险等级为 Ⅱ级，属于有条件接受风险，需要建立相应的控制措施。

④ 反应工艺危险度等级为 4级（T_p<MTT<T_{D24}<MTSR）。合成反应失控后体系最高温度高于体系沸点和反应物料的 T_{D24}，意味着体系失控后将可能爆沸并引发二次分解反应，导致体系发生进一步的温升。需要从工程措施上考虑风险控制方法。

⑤ 自分解反应初期活化能大于反应中期活化能，样品一旦发生分解反应，很难被终止，分解反应的危险性较高。

该工艺需要配置自动控制系统，对主要反应参数进行集中监控及自动调节，主反应设备设计安装爆破片和安全阀，设计安装加料紧急切断、温控与加料联锁自控系统，并按要求配置独立的安全仪表保护系统。

建议：进一步开展风险控制措施研究，为紧急终止反应和泄爆口尺寸设计提供技术参数。

4.1.3.7 药物合成反应风险控制

综合反应安全风险评估结果，考虑不同的工艺危险程度，建立相应的控制措施，在设计中体现，并同时考虑厂区和周边区域的应急响应。

对于反应工艺危险度为 1级的工艺过程，应配置常规的自动控制系统，对主要反应参数进行集中监控及自动调节（DCS 或 PLC）。

对于反应工艺危险度为 2级的工艺过程，在配置常规自动控制系统，对主要反应参数进行集中监控及自动调节（DCS 或 PLC）的基础上，要设置偏离正常值的报警和联锁控制，在非正常条件下有可能超压的反应系统，应设置爆破片和安全阀等泄放设施。根据评估建议，设置相应的安全仪表系统。

对于反应工艺危险度为 3级的工艺过程，在配置常规自动控制系统，对主要反应参数进行集中监控及自动调节，设置偏离正常值的报警和联锁控制，以及设置爆破片和安全阀等泄放设施的基础上，还要设置紧急切断、紧急终止反应、紧急冷却降温等控制设施。根据评估建议，设置相应的安全仪表系统。

对于反应工艺危险度为 4级和 5级的工艺过程，尤其是风险高但必须实施产业化的项目，要努力优先开展工艺优化或改变工艺方法降低风险，例如通过微反应、连续流完成反应；要配置常规自动控制系统，对主要反应参数进行集中监控及自动调节；要设置偏离正常值的报警和联锁控制，设置爆破片和安全阀等泄放设施，设置紧急切断、紧急终止反应、紧急冷却等控制设施；还需要进行保护层分析，配置独立的安全仪表系统。

对于反应工艺危险度达到5级并必须实施产业化的项目，在设计时，应设置在防爆墙隔离的独立空间中，并设置完善的超压泄爆设施，实现全面自控，除装置安全技术规程和岗位操作规程中对于进入隔离区有明确规定的，反应过程中操作人员不应进入所限制的空间内。

4.2 制药过程中氢化反应的安全与环保

近年来，环境污染越来越严重，国家也大大提高对环境保护的重视，绿色化学已成为当今科研和生产的热门话题，我国一些重大科研项目研究的立项指南已经向这个方向倾斜。理想的催化加氢一般只生成目标产物和水，除此之外不会生成其它副产物，而且催化加氧反应还具有产品收率高、质量好、反应条件温和、设备具有通用性等优点。

制药生产过程中经常涉及氢化反应，而催化氢化反应是指在催化剂的作用下氢分子加成到有机化合物的不饱和基团上的反应。在制药生产过程中氢化反应非常普遍，主要包括芳环加氢、氢解脱氮、氢解脱氧、烯烃加氢等几大反应类型。然而，在氢化反应过程中，氢气泄漏，压力过大，温度过高等都会导致发生危险。在近十年来，制药生产过程中常有爆炸失火的事故发生。事故造成的人员伤亡、环境污染和财产损失对整个社会的发展造成了非常恶劣的影响。因此，加强对制药企业氢化生产的安全监督，提高员工的安全意识，普及制药过程中的相关化学知识，减少制药过程中的安全隐患对保障安全生产具有极其重要的意义。

4.2.1 氢化反应过程

4.2.1.1 芳环加氢反应

芳环加氢反应主要包括单环加氢和多环加氢，其基本反应过程都为苯环的加氢，其加氢反应过程被广泛用作医药、农药的重要中间体的制备。例如：4-异丙基苯甲酸在二氧化铂催化下，加氢生成治疗糖尿病药物的那格列奈（nateglinide）中间体——4-异丙基环己甲烷。

4.2.1.2 氢解脱氮反应

氢解脱氮反应主要应用于石油馏分中的含氮化合物，它们主要是吡咯类和吡啶类的氮杂环化合物及含有很少量的胺类和腈类，它们经加氢脱氮后生成烃类和氨。石油产品中脱氮，对环境保护有很大的意义。

（1）吡啶的氢解脱氮反应

（2）胺类的氢解脱氮反应

$$R—NH_2 + H_2 \longrightarrow RH + NH_3$$

4.2.1.3　氢解脱氧反应

Clemmensen 反应是典型的氢解脱氧反应，反应在酸性条件下用锌汞齐或锌粉把醛基、酮基还原成甲基和亚甲基。Wolff-Kishner-黄鸣龙反应也是制药过程中常见的氢解脱氧反应，该反应在碱性条件下和水合肼加热反应还原成烃，当底物分子中同时有羧酸、酯、酰胺等羰基存在时，可选择性还原不受影响。氢解脱氧反应易于进行且产率较高。例如：在合成抗凝血药吲哚布芬（indobufen）过程中用无水有机溶剂（醚、四氢呋喃、乙酸酐）中，用干燥氯化氢与锌，于 0℃ 左右反应，可还原羰基，扩大了该反应的应用范围。

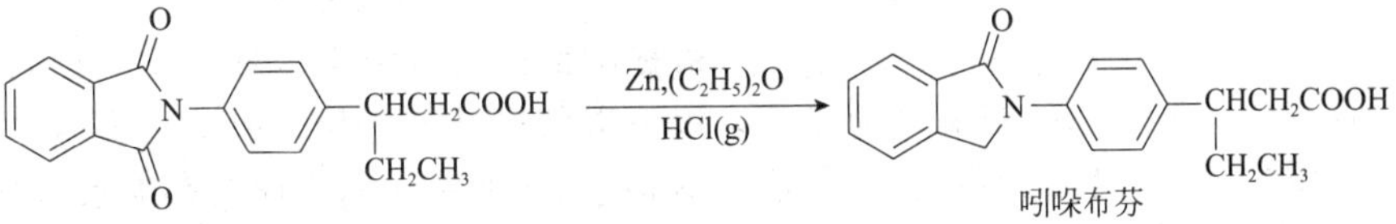

吲哚布芬

4.2.1.4　烯烃加氢饱和

烯键和炔键都为易于氢化的官能团，常在钯、铂、Raney 镍等催化剂的条件下进行反应，产物容易纯化，转化率接近 100% 且具有较好的官能团选择性。例如：心血管系统药物艾司洛尔（esmolol）的中间体的制备，用催化氢化法选择性地还原炔键和烯键，得到产物。

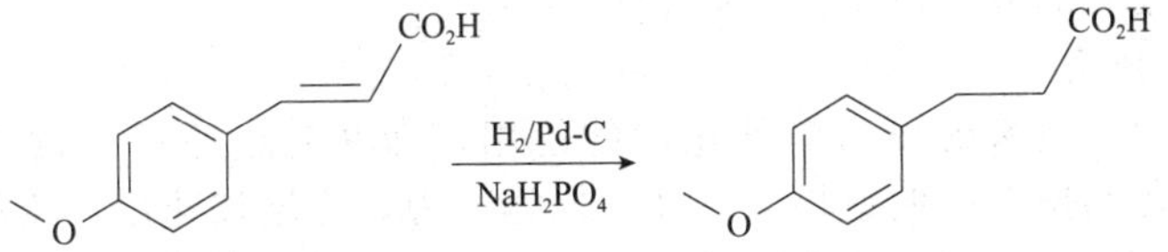

4.2.2　氢化反应过程安全分析

氢化反应在制药过程应用非常广泛，本文以邻羟基苯乙酸合成农药嘧菌酯的重要中间体邻羟基苯乙酸的合成工艺为例，对氢化过程进行安全分析。邻羟基苯乙酸常用的还原方法有以下几种。

（1）亚磷酸还原

亚磷酸可将邻羟基扁桃酸钠还原为邻羟基苯乙酸，反应式如图所示：

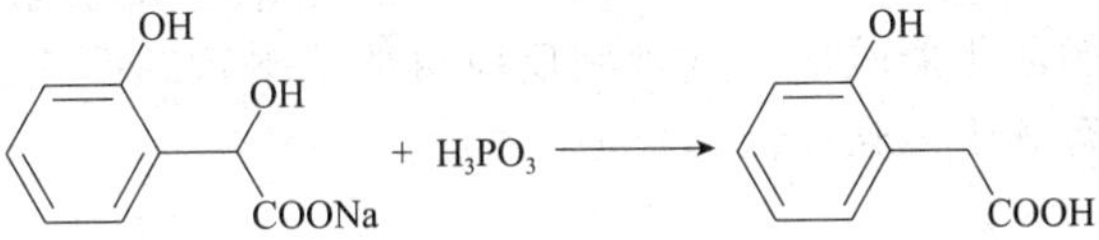

（2）氯化亚锡还原

氯化亚锡将原料还原为邻羟基苯乙酸的过程中，本身被氧化为四氯化锡，反应式如图所示。但是金属锡化合物容易造成环境污染，后处理过程较复杂，且工业品的价格较高。

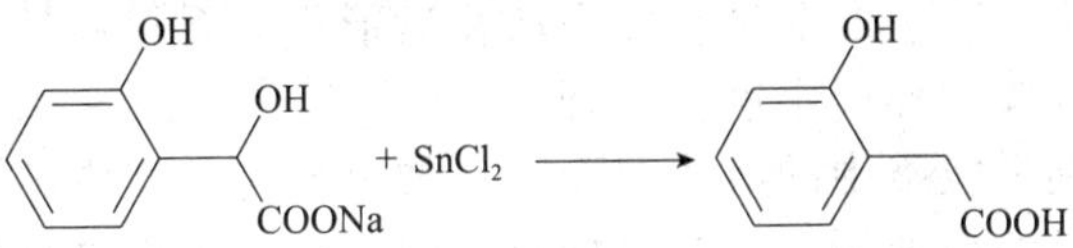

（3）钯碳（Pd/C）加氢还原

邻羟基扁桃酸或其钠盐加入钯碳催化加氢还原制得邻羟基苯乙酸，反应式如图所示。

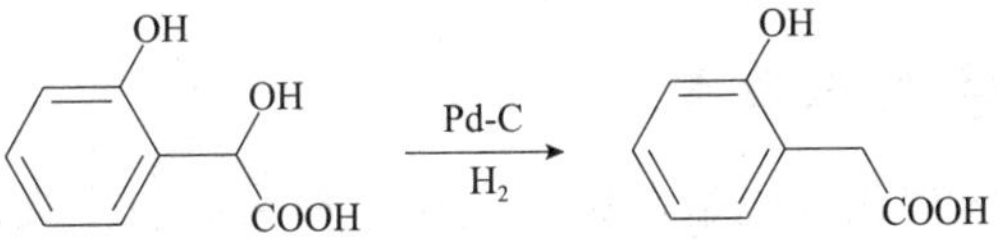

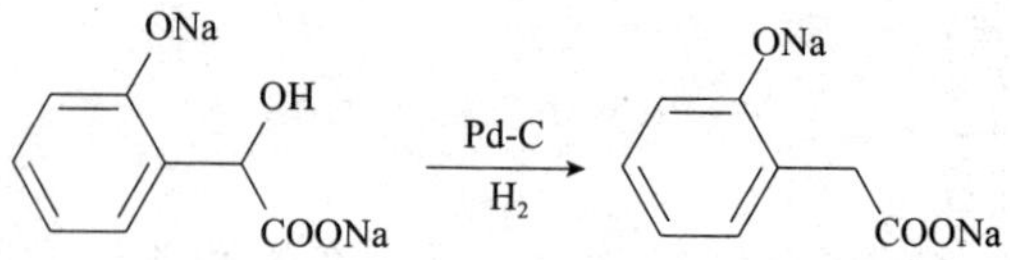

（4）Raney Ni 加氢还原

Raney Ni 作为催化剂，使得邻羟基扁桃酸钠在常压或高压条件下被顺利加氢还原为邻羟基苯乙酸，反应式如图所示。

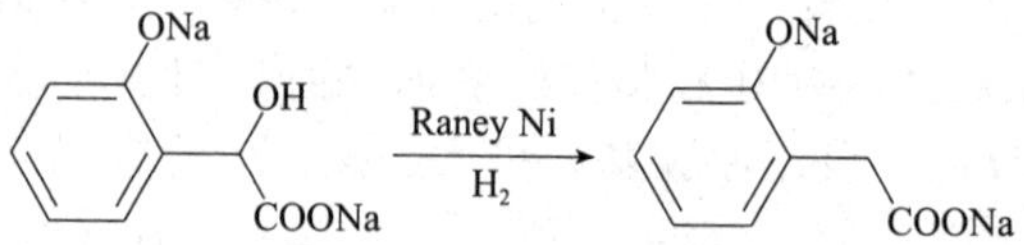

在制药生产过程中，对氢化生产的安全造成影响的因素有很多，其中反应物的性质、反应压力、反应温度、催化剂的影响较为显著。以下以邻羟基苯乙酸合成工艺为例，分别从反应物的性质、反应压力、反应温度、催化剂对 Raney Ni 加氢还原反应的影响展开研究。

4.2.2.1　反应物的性质

Raney Ni 加氢还原反应用到的反应物是邻羟基扁桃酸单钠盐与氢气发生反应，邻羟基扁桃酸单钠盐比较稳定，但氢气化学性质很活泼具有易扩散、易燃烧、易爆炸的特点。在空气中，只要遇到微小的明火或者猛烈撞击就会发生爆炸。其空气爆炸极限为 4.0%～75%。所以在氢化反应中用到的氢气极易发生危险。

4.2.2.2　反应压力

氢化反应过程中主要考虑压力对催化剂的使用寿命和对还原反应过程的影响。一般而言，压力愈高，催化剂操作周期愈长，过高的操作压力，将增加建设投资和操作费用。反应压力实际是指氢气分压，它是反应总压和氢油比的函数。提高压力将促进加氢反应速率，缩短了反应时间，但是由于提高了氢气的浓度，导致了副产物的生成。另外，压力过低时，产物也能转化为副产物，原因可能是副产物的活化能比产物的活化能低，低压条件下，产物比原料更容易反应。

4.2.2.3　反应温度

反应温度通常指催化剂床层平均温度。邻羟基扁桃酸钠加氢反应是一种放热反应。提高反应温度虽不利于化学平衡，但可以明显地提高反应速率。过高的反应温度，会促进副反应的发生，导致催化剂上积炭速率加快，产生副产物。而在邻羟基扁桃酸钠加氢反应中主反应的活化能较高，副反应的活化能较低，这种副反应可能是平行副反应。升高温度有利于活化能高的反应，降低温度有利于活化能低的反应。

4.2.2.4　催化剂

在氢化反应过程中所用到的催化剂是雷尼镍，其使用的原料镍是一种国际癌症研究机构（Internation Agency for Research on Cancer）认为的致癌物和致畸物，而吸入微细的氧化铝粒子会导致铝矾土尘肺症，因此制备雷尼镍时一定要小心。在活化过程中，其表面积在逐渐增大且不断吸附浸出反应所产生的氢气，使得活化后形成的雷尼镍具备中等易燃性，故雷尼镍参加的反应须在惰性气体的环境中进行处理。

雷尼镍要快速加入到反应釜中的溶液液面下。加氢反应釜反应结束后冷却、放氢气、充氮气、排气，然后加压过滤掉钯炭。如若热抽滤需将氢气排净再进行压滤。所用催化剂用溶剂冲洗，密封保存。氢化反应需检查好装置的密封性，阀门开关和安全阀，确保不漏气，不漏液，还要检查釜上的压力表和温度计，并定期矫正。

4.2.3　氢化反应安全与环保技术

在药物合成过程中加氢催化反应是常见的反应类型，一般说来，低压氢化适用于双键、三键的加氢和硝基、羰基等基团的还原。高压氢化适用于苯环、杂环等的加氢和羧酸衍生物的还原。实验室中的氢化反应相对来说还比较好控制，工业中的氢化反应存在各种安全隐患。

4.2.3.1　事故案例

（1）飞温

加氢反应为放热反应，如果反应热不能及时从反应器移走，将引起反应器床层温度的骤升，即飞温。飞温可能使催化剂活性受到损坏，寿命缩短，还可能对反应系统的设备造成危害，导致高压法兰泄漏。某炼厂加氢裂化装置因加氢反应器超温，未能及时、果断处理，导致床层温度失控，超出正常操作温度 400℃ 的恶性事故。类似地，国外的炼油厂曾经发生反应器飞温后，造成反应器堆焊层大面积剥离，以及堆焊层熔敷金属裂纹和破坏现象。高压加氢处理装置的催化剂温度控制非常重要，不论升温还是发生事故，都要严格控制好催化剂的温度。当温度超过控制指标时，可及时投入急冷氢注入反应床层降低催化剂温度，如果加大冷氢仍不能控制反应床层温度时，应迅速启动 7bar/min 紧急卸压系统降低反应系统压力，防止床层温度失控。

（2）氢气泄漏

1969 年，大庆石化总厂加氢车间高压油泵房发生氢气爆炸重大事故。事故造成 45 人死亡，58 人受伤住院。厂房及设备遭到严重破坏，炸毁厂房 4000 多平方米，油泵、氢气压缩机、配电间、仪表等设备均被破坏，损坏极其严重。因此除了加强设备制造和安装过程中的本质安全，还要加强日常生产中检查和监测，及时发现设备隐患，防止氢气泄漏。特别是要加强仪表维护，保证现场可燃气检测仪的灵敏可靠，一旦发生氢气泄漏，可以及时检测并向中心控制室发送报警信号，操作人员可以及时发现并采取应急措施。

（3）高温、高压设备缺陷

国外某厂加氢处理循环氢压缩机出口管线材质错用，导致生产中弯曲部分管段炸裂，大量氢气泄漏遇到火花产生爆炸，造成操作室和机械室 9 人死亡。设备质量涉及设计、制造、安装和运行维护过程，按照设备寿命周期做好各个环节的管理，才能提高装置的本质安全。

此外，如果反应器和加热炉管部分有奥式体不锈钢材质，在整个催化剂再生期间，切记避免液相水和氧进入与奥式体不锈钢接触，以防止由于连多硫酸盐造成应力破坏，即所谓的"露点腐蚀"。

氢气的燃烧速度比一般碳氢化合物快得多。任何情况下都不得用铁器敲击盛有氢气的钢瓶，高压储氢钢瓶内压力高达 13.73～14.71MPa，在进行氢化反应时、在灌氢过程中都有可能因某种原因而漏气，导致危险发生。

4.2.3.2　加氢催化剂的安全控制

催化氢化的关键是催化剂。它们大致分为两类：①低压氢化催化剂，主要是高活性的雷尼镍、铂、钯和铑，低压氢化可在 0.1～0.4 MPa 和较低的温度下进行；②高压氢化催化剂，主要是一般活性的雷尼镍和铬酸亚铜等。高压氢化通常在 10～30MPa 和较高的温度下进行。镍催化剂应用最广泛，有雷尼镍、硼化镍等各种类型。贵金属铂和钯催化剂的特点是催化活性高，其用量可比镍催化剂少得多。用铂作催化剂时，大多数烯键可在低于 100℃ 和常压的条件下还原。

（1）催化剂的燃烧危险性

金属催化剂等与有有机溶剂蒸气的空气摩擦时极容易引起火星，进而引发有机溶剂燃烧，所以在氢化反应时催化剂的使用要注意以下问题。

① 当容器内已盛有醇、醚、烃等有机溶剂时，这些有机溶剂的蒸气就弥漫在液面上方，当加入的催化剂下落时，在空中同含有有机蒸气的空气摩擦，就会产生火星，开始在瓶口闪烁，如再不小心会引燃下面的有机溶剂或反应液，造成发生火灾的危险。

② 雷尼镍具有很多微孔，有很大的比表面积，在催化剂的表面吸附有大量的活化氢，并且 Ni 本身的活性也很强，容易氧化，因此该类催化剂非常容易引起燃烧。一般在使用之前均放在有机溶剂中，如乙醇等。也可以采用钝化的方法，降低催化剂活性和形成一层保护膜等，如使用 NaOH 稀溶液，使骨架镍表面形成很薄的氧化膜，钝化后的骨架镍催化剂可以与空气接触，在使用前需先用氢气将其还原。

③ 加氢反应使用的钯碳，要快速加入到反应釜中的溶液液面下。反应结束对催化剂钯炭的处理也要特别小心。加氢反应釜反应结束后先冷却、放氢气、充氮气、排气，然后加压过滤掉钯炭。如若热抽滤需将氢气排净再进行压滤。所用催化剂用溶剂冲洗，密封保存。氢化反应需检查好装置的密封性，阀门开关和安全阀，确保不漏气，不漏液，还要检查釜上的压力表和温度计，需要定期矫正。

此外，在催化剂使用上避免干催化剂同有机溶剂蒸气的空气摩擦，还可从工艺操作方面注意以下几种解决方法。

① 先加催化剂，再加溶剂和反应底物。

② 如果已加了有机溶剂，要是反应不忌水，可用水拌湿催化剂再加入，比较安全。也可以用相应的溶剂拌湿催化剂后再加入。

③ 如果已加了溶剂，可以向容器放入氮气或氩气等惰性气体后马上加入。

④ 用橡皮管或玻璃管从高压釜内抽取反应液，在快要抽干时，提前解除真空，否则，含有有机蒸气的空气同管壁上的遗留催化剂摩擦，也会起火星，引起燃烧。也可以在快要抽干时，立即加入相应溶剂冲洗釜内壁，把釜内壁和管内壁的遗留催化剂全部抽到接收器中。

（2）催化剂失活

催化剂中毒是影响催化加氢反应的主要问题之一，加氢催化剂的失活分为暂时性失活和永久性失活两类。造成催化剂失活的主要因素，有积炭失活、中毒失活和老化失活。积炭失活为暂时性失活，可通过氧化烧炭方法恢复其活性。金属活性中毒和催化剂老化属永久性中毒，无法恢复其活性，严重时只能更换新催化剂。

① 催化剂积炭失活 在加氢精制过程中，焦炭的生成可能有以下两条途径：a. 通过顺序反应导致原料烃类聚合并脱氢直至生成固态的高度富碳物质；b. 烃类直接分解成碳和烃或通过原料与催化剂之间的相互作用生成碳和更轻的烃类。

② 催化剂中毒失活 金属杂质，如铅、铜、铁、钠、锌和砷等元素沉积在催化剂上，易造成催化剂中毒失活，这类失活是永久性的。

③ 催化剂老化失活 通常情况下，催化剂老化是不可避免的缓慢渐变过程，它与操作状态，包括催化剂再生状态，尤其是高温和高水环境有密切关系。催化剂在长期使用过程中，由于其活性金属组分的微晶逐渐长大、活性组分和助剂的损失、载体晶体变性和分子结构萎缩，特别是在不正常的超温情况下，易造成催化剂的烧结包括载体烧结和金属组分聚焦，从而造成催化剂的严重失活。此类催化剂的老化失活也是一种不可逆的永久性失活。在催化剂氧化烧炭过程中，催化剂老化更为明显。因此催化剂再生方法的选择和再生操作十分重要。

4.2.3.3 加氢工艺设备安全控制

（1）阀门

在氢化反应釜上安装一体化防爆温度阀和压力阀，在通氢管道、蒸汽管道和冷却水管道上安装防爆电动阀，若在反应过程中氢化釜超温报警，值班人员会迅速关闭蒸汽阀打开冷却水阀。

（2）传感器

氢化反应釜内应安装温度、压力传感器。一旦反应发生异常，如：反应釜内的温度、压力超过了设定值的上限，温度、压力传感器将信号反馈给自动控制系统，系统可即时关闭加热介质的气动阀门，停止加热，同时打开冷却介质的气动阀门，进行冷却，控制住反应釜内的温度和压力。在以上动作的同时，氢气通气阀门自动关闭，暂停通气。

（3）报警器

在车间内安装氢气浓度报警器，与控制系统配合，一旦检测到氢气浓度超标，启动声光报警，同时，自动打开强制排风系统，稀释室内氢气浓度，使之降至安全浓度之内。

（4）防爆膜

氢化反应釜上应安装防爆膜，当釜内压力骤升时，采用优先爆破泄压，同时安装事故罐与之配套，事故罐的容积不小于氢化反应釜的容积，当防爆膜破裂，釜内的气、液混合体有可能瞬间喷出时，可由连接防爆膜的管道连接到事故罐中，避免造成二次危险源。

4.2.3.4 加氢工艺操作安全控制

① 投料前，对高压釜包括各管道、阀门进行气压检漏操作。将加氢釜密闭，打开釜上相关连通管道阀门（氢气进管道必须打开），按工艺要求釜内充入氮气到一定压力，在搅拌开启情况下试压 1h，如果压力下降，必须使用肥皂水进行查漏，直至确认反应釜密封性良好方可投料。投料前准备半桶水及干净的抹布，催化剂散落在地面或釜上时能及时清理。若催化剂溅到釜壁或桨叶时使用溶剂漂洗干净。

② 投入溶剂和原料后，不开搅拌，氮气置换三次后，在氮气保护下快速投入催化剂。

③ 催化剂的投料方式，催化剂投料前应事先按投料量称量好，采用投料漏斗（不锈钢），或塑料袋子（袋口翻边至投料口处），漏斗（或塑料袋）下方尽可能接触到反应液面，快速从漏斗口（或袋口）投入催化剂，然后拿出漏斗（或塑料袋），并将漏斗（或塑料袋）放入事先盛放水的容器中（要浸没水中），切不可随意乱扔。然后盖紧釜盖，抽真空，氮气置换，搅拌停放位。

④ 氮气置换三次，经测定体系内氧气含量（0.5%）合格后，氢气置换两次，开搅拌反应。

⑤ 反应过程中，每 15～30min 记录一次反应的压力和温度。

⑥ 反应结束后，氮气置换掉釜内的氢气，氮气压滤。

⑦ 压滤缸中的滤饼经溶剂洗涤后，先向滤缸内加水，在保持压滤缸水体系中，转移到室外空矿处，拆卸滤饼（Pd-C/R-Ni），同时将滤饼放入 PE 袋中，赶尽袋内空气，袋口扎紧，放 PP 桶内，水封，并盖紧盖子。根据滤缸的型式选择具体的拆卸方法，总之要保持在水体系环境，空旷处拆卸，且回收的催化剂封闭保存，专门地方放置，并通知三废当班人员。

⑧ 设备长期停用前必须清洁干净。此外，还要注意以下问题：加氢反应过程中，严禁开启釜盖或更换反应釜上的零部件；加氢时注意加氢气要缓慢，严禁将氢气阀突然开启；加氢反应在保温保压时，必须将钢瓶组氢气总阀关闭；加氢反应结束后，要用氮气彻底将氢气置换，避免在压滤过程中产生危险；压滤时，严禁直接使用精密过滤器抽滤或过滤；压滤时，压滤缸要有良好的静电接地装置；压滤完毕，用水置换压滤缸半小时，使水充分浸透催化剂后，将压滤缸转移至清洗专用区域；拆洗压滤缸后，滤渣必须收集，严禁随意置放，收集桶用水封闭后放到指定区域。

总之，加氢处理装置为高温、高压含氢装置，工艺比较先进，加氢处理装置工艺运行条件苛刻，控制复杂，危险点多，如何保证装置的安全开停工和长周期运行，因素有很多，关键有以下几点。

① 保证设备的制造质量和安装质量。装置的大部分设备在临氢、高压下，容易发生氢腐蚀氢脆，因此高压换热器、转化炉、反应器、加热炉炉管对材质有特殊要求，须使用高温

抗氢类型的奥氏体钢，高压原料油泵、高压注水泵、循环氢压缩机等是重要的动设备，设备的制造质量和安装质量将影响装置的长周期安全运行。正常生产中应加强设备和管线的在线状态检测，检查设备的腐蚀和磨损情况，及时发现设备隐患。

② 保证原料性质达到要求。

③ 严格按照开停工的安全规程和事故应急预案进行操作是保证装置和人员安全的重点。应严格执行"先提量后提温、先降温后降量"，"先升温后升压、先降压后降温"的原则。

④ 严格按照设计要求，保证消防和安全装备符合标准，尽量达到本质安全。

⑤ 保证紧急状态下泄压系统的启动和联锁　0.7MPa/min 泄压系统是加氢处理装置的生命线，开工时高压系统应进行慢速紧急泄压试验，调整泄压孔径，检查联锁系统的安全可靠性，保证循环机故障或反应器"飞温"等事故状态下的正常启动和联锁停运关键设备。日常生产中，应加强仪表的维护，保证各种报警、联锁正常投用，能够正确反应工艺运行状况，在事故发生时联锁及时动作。

4.3　制药过程中氧化反应的安全与环保

氧化反应是有电子转移的化学反应中失去电子的过程，即氧化数升高的过程。多数有机化合物的氧化反应表现为反应原料得到氧或者失去氢。涉及氧化反应的化学工艺称为氧化工艺，常用的氧化剂有：空气、氧气、双氧水、氯酸钾、高锰酸钾等。氧化反应过程中，主要存在火灾、爆炸等危险。氧化反应的原料及产品一般具有燃爆危险性，反应气体组成容易达到爆炸极限，产物中易生成过氧化物，过氧化物化学稳定性差，受撞击易分解燃烧或爆炸。

4.3.1　氧化反应过程

氧化反应对药物合成至关重要，本文主要从芳香烃的氧化、烃基的氧化、醇的氧化、烯烃的氧化四个方面介绍制药过程中的氧化反应。

4.3.1.1　芳香烃的氧化

芳香烃的氧化即含有苯环结构的一类化合物在氧化剂的作用下生成醇，醛，羧酸或酯的一类反应。这类反应在药物合成中经常涉及，是制药过程中重要的化学反应。该类型的化合反应产物比较特殊，复杂性较高，成分包括氧化偶联、烃基化等系列混合物。

在合成治疗结核病的药物吡嗪酰胺过程中，在稠环和稠杂环化合物被氧化时，稠环中的一个苯环可以被氧化开环成芳酸，带有给电子基的苯环，电子云密度较高，容易氧化开环，可用此反应来合成吡嗪酰胺的中间体。

合成路线：

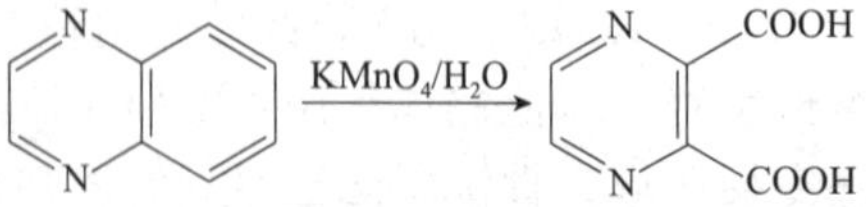

4.3.1.2　烃基的氧化

饱和脂肪烃中叔碳原子上的 C—H 键比其他饱和 C—H 键易于氧化，苄位和烯丙位 C—H 键及羰基 α-活性氢的氧化较为常见，此类反应反应条件激烈、产物复杂、不易控制。在当前制药过程中，烃基化合物的氧化反应具有非常重要的意义。为此，针对烃基化合物的氧化反应进行研究，可进一步了解如何更好地应用氧化反应，提高化工生产效率的同时，不影响药物产品的质量。

邻甲基苯甲酸是杀菌剂灭锈胺、苯氧菌酯、肟菌酯及除草剂苄嘧磺隆的中间体，邻甲基苯甲醛也是常用的有机合成中间体。用硝酸铈铵为氧化剂，同样的苄位甲基，在不同的反应温度下，可得到不同的氧化产物。较低的温度对苄位甲基氧化成相应醛的反应有利。而在高温条件下，则主要生成相应的羧酸。

合成路线：

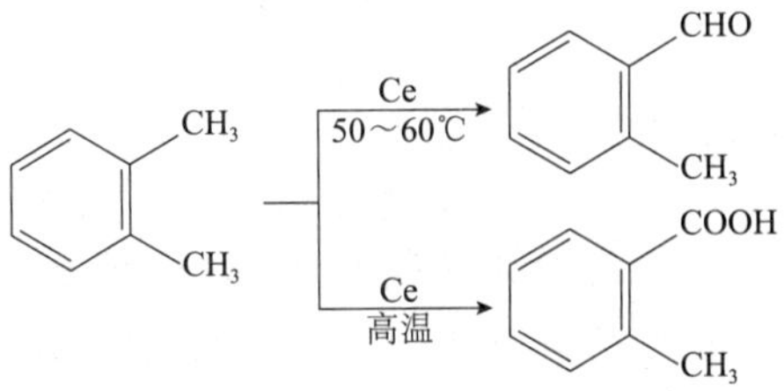

4.3.1.3 醇的氧化

醇类化合物的氧化反应一定要 α-碳原子上有氢，在高温和催化剂的条件下才能进行。醇类的氧化反应比较常见，根据氧化剂的不同，醇的氧化程度也不同，生成的产物也不同，可能是醛，酮或羧酸。基本所有的氧化剂都可以用于醇类的氧化。使用催化剂过氧化氢对醇进行氧化是有机合成中的重要反应。

4-苯甲酰基吡啶是制药过程中常用的医药中间体，可用高锰酸盐做氧化剂，高锰酸盐的强氧化性使伯醇氧化成酸，仲醇氧化成酮。氧化所生成酮的羰基 α-碳原子上有氢时，遇碱可被烯醇化，进而被氧化断裂，从而降低酮的收率。当羰基 α-碳原子上没有氢时，用高锰酸钾氧化才可得到较高收率的酮。

合成路线：

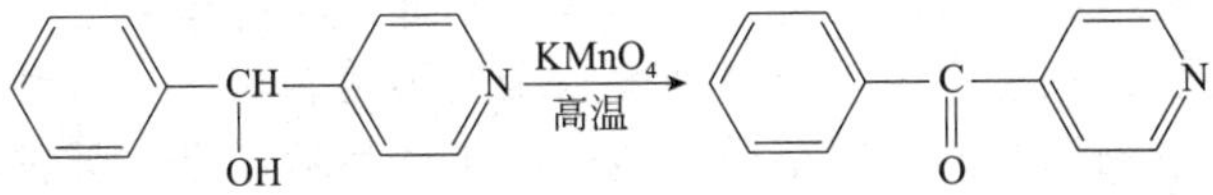

4.3.1.4 烯烃的氧化

含有烯烃键的化合物可被氧化成环氧物。随着烯烃键邻近结构不同，选用的氧化剂也不同。对于一些分子量较大的烯烃而言，需要与钨酸盐、磷酸盐、以及转移催化剂按照 1：2：1 的比例进行分配和反应。在钨酸的作用下，过氧化氢可以首先对链烯进行氧化，随即开环得到邻二醇，并在催化剂的作用下，过氧化氢可以立体选择性地使烯烃羟基化转变成为顺式邻二醇，这种顺式邻二醇可以对植物的生长进行合理的调节。在足够的条件下，邻二醇可以进一步被氧化从而得到酮、醛式酸。这类反应目前已经被用于药物合成的过程中。

碱性过氧化氢在腈存在时可使富电子烯键发生环氧化。该试剂不和酮发生反应，常用来使非共轭不饱和酮中的烯键环氧化。在非共轭不饱和酮中，烯键富电子，碱性过氧化氢选择性作用于烯键，而不影响酮羰基。

合成路线：

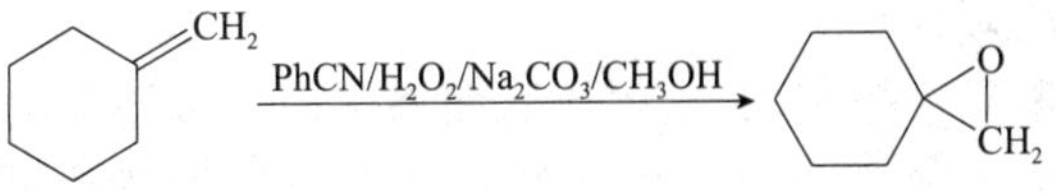

4.3.2 氧化反应过程安全分析

制药过程中环氧化物是重要的医药及农药中间体。以环氧乙烷的生产工艺为例，整个工艺由 6 个子系统组成：乙烯氧化、环氧乙烷吸收、二氧化碳脱除、环氧乙烷汽提、环氧乙烷再吸收和环氧乙烷精制。该工艺是目前制备环氧乙烷的主流技术，工艺成熟可靠。乙烯（99.95%）和氧气（99.95%）按一定比例，在 260℃，2MPa，Ag 催化剂作用下，以气相状态反应生成环氧乙烷；环氧乙烷经水吸收塔吸收与气相分离；未被吸收的气相经二氧化碳吸收塔除去反应生成的二氧化碳后，再经循环压缩机重新返回乙烯氧化反应器再反应。分别从温度、物料和产品的性质、生产过程安全分析以及氧化剂等方面阐述此氧化工艺的危险性。

4.3.2.1 原料和产品的性质

环氧乙烷的沸点只有 10.4℃，在常温下为无色气体。操作人员在日常操作中便可能处于环氧乙烷气体环境，由于它对人的嗅觉有麻痹作用，长期接触，哪怕是长期少量接触，都会造成神经衰弱综合征和植物神经功能紊乱。环氧乙烷的蒸气密度比空气重，能在较低处扩散到相当远的地方，污染周围环境。

原料气中杂质能使催化剂中毒，例如杂质乙炔能与 Ag 催化剂形成乙炔银与催化剂溶液中的 Cu 离子作用生成乙炔铜，乙炔铜受热会发生爆炸性分解。在合成环氧乙烷的过程中，乙烯在银催化剂上用空气或纯氧进行氧化，除得到产物环氧乙烷外，主要副产物是二氧化碳和水，并有少量甲醛和乙醛生成。环氧乙烷常温时为无色气体，沸点 10.4℃，可与水、醇、醚及大多数有机溶剂以任意比例混合，其蒸气易燃易爆，爆炸浓度范围为 3%～100%。环氧乙烷有毒，如停留于环氧乙烷蒸气的环境中 10min，会引起剧烈的头痛、眩晕、呼吸困难、心脏活动障碍等。接触液体环氧乙烷会被灼伤，尤其是浓度为 40%～80% 的环氧乙烷水溶液，能较快地引起严重灼伤。美国职业防护与健康局（OSHA）1984 年规定工作环境的空气中环氧乙烷的 8h 平均允许浓度为 $1mL/m^3$，废除了以前工作环境中最大允许浓度为 $50mL/m^3$ 的规定。环氧乙烷液体及其溶液属于会伤害眼睛的最危险的物质之一，如果眼睛不慎接触到环氧乙烷液体或其溶液，应马上用大量水冲洗 15min 以上，并及时就医。

另外，还有一些氧化工艺中由于原料纯度与杂质不符合要求，或预处理不到位等可能造成各类事故发生。反应物料中的某些杂质可能引起工艺参数波动与异常，最明显的影响是造成催化剂活性降低，可通过间接作用而引起各类事故。如采用空气作为氧化剂，应对空气进行除尘、除有机物等预处理，以防止催化剂中毒。因此，应结合具体工艺、装置等分析这方面可能带来的具体危险。

4.3.2.2 生产过程安全分析

环氧乙烷生产工艺过程的主要物料是乙烯和空气（或纯氧），反应控制条件十分严格，在操作过程中，乙烯，氧气易形成爆炸混合物。反应器的火灾爆炸危险起因于乙烯氧化反应是强放热反应，所以在生产过程中，对反应温度的控制要求非常严格。工业上氧化反应的换热方式，一般是利用有机热载体在反应器壳程和废热锅炉之间进行循环，使热量及时移出。但采用导热油换热的环氧乙烷反应器径向温差大，导热油流动均布要求高。如果采用加压饱和水作为热载体，其传热方式为汽化潜热传热过程，传热系数大大提高，径向温度分布更易均匀；同时由于强化了传热，可以采用较粗的反应管以增加产量，所以近年来环氧乙烷反应器均采用加压饱和水换热。如果反应条件控制不当，反应过于激烈，产生的高压蒸汽压力过高，也可能使反应器发生爆炸。

系统缺水（突发性断电、控制阀）、超压、超温等因素可导致反应器爆炸。

以下因素可能诱发火灾爆炸事故：可能残存于反应器内的压缩机油；环氧乙烷吸收系统、空气管线的阀门内漏或未关严；乙烯空气比失调；开、停车后乙烯氧化系统吹扫不彻底，导致在容器内残存乙烯等有机物和杂质；开、停车程序存在偏差等。

有电点火源、反应器系统水热循环热源、系统旋转构件松动或变形时碰撞产生火花、物料输送过程中产生静电和检修设备过程中使用明火等，也是可能诱发火灾爆炸事故的原因。

4.3.2.3 催化剂

氧化反应属于强烈放热反应，反应温度高，传热情况复杂。非均相氧化系统中存在催化剂颗粒与气体间的传热，以及床层与管壁间传热。目前，银催化剂是环氧乙烷和乙二醇生产不可缺少的催化剂，也是工业上乙烯直接氧化生产环氧乙烷的唯一工业催化剂，具有较高的工业应用价值。催化剂的载体往往是导热欠佳的物质，因此，如采用固定床反应器，床层温度分布受到传热效率的限制，可能产生较大温差，甚至引起飞温，导致火灾爆炸事故；如采用流化床反应器，反应热若不能及时移出，反应器内稀相段上就极易发生燃烧，因为原料在浓相段尚有一部分未转化，进入稀相段后会进一步反应放热，当温度达到物料的自燃点就可能发生燃烧。乙烯环氧化反应器是环氧乙烷/乙二醇装置中的重要设备，经常发生飞温，烧毁催化剂，导致反应管和壳体损坏，造成装置停工，严重时引起火灾、爆炸事故。给国家、社会和企业造成重大的损失。

除了环氧乙烷工艺中用到的银催化剂以外，在氧化反应过程中经常会因为催化剂的不当使用产生各种危险。

（1）催化剂含量不足引起爆炸

液相催化氧化工艺中，催化剂用量不足，将使氧化深度不足，如乙醛液相氧化法制乙酸，若氧化液中的乙酸锰催化剂含量低于0.08%或更低，逸入塔顶的氧将大量增加，导致塔顶气相中的氧含量升高，容易导致火灾、爆炸。

（2）催化剂性能降低或停留时间过短引发火灾、爆炸

若催化剂未及时更换、填充不当或中毒等原因可能造成催化剂性能降低，或物料停留时间过短，可造成被氧化物质、氧化剂等未被完全消耗，或使副反应增强，生成不稳定的副产物并在系统中累积，可能造成反应器与后续工段的火灾、爆炸等危险。如：氨氧化制硝酸工艺，若催化剂活性降低、停留时间过短，造成氨的转化率下降（一般应保持在98%以上），因此未反应的氨与氧化氮发生反应，生成硝酸铵与亚硝酸铵，可能引起强烈爆炸。氧化炉刚开车时，温度低、转化率低，最易生成硝酸铵和亚硝酸铵。当反应温度达315℃时，一氧化氮又会使硝酸铵分解成亚硝酸铵，也容易发生爆炸。因此，在尚未升至正常反应温度（800～900℃）时，反应后的气体应放空吸收处理。

除了环氧乙烷的生产工艺中涉及这些安全问题以外，在制药工程中，氧化反应由于压力、氧化剂、反应抑制剂以及设备的选型或设计不当都可能造成一定的危险。

4.3.2.4 温度

（1）高温

工艺温度的升高可能超过反应物的燃点从而引起燃烧并引发火灾，同时高温可引起爆炸使混合物的爆炸极限范围变大，导致生产装置的危险性显著增大，可能引起物料爆炸。尤其是采用空气或氧气作为氧化剂的气-固相氧化工艺，其反应温度一般在300℃以上，若反应温度升高，此种危险性后果则更为严重。如：在对二甲苯氧化制粗对苯二甲酸工艺中，在反应温度达到200℃、反应压力高于1.6MPa的情况下，氧化反应器尾气中的对二甲苯（自燃点529℃）蒸气和乙酸（自燃点565℃）蒸气都能自燃，发生剧烈燃烧，并有可能导致反应器爆炸。

温度升高可能引起设备内部压力增大，增加设备泄漏与破裂的危险。对于密闭式设备温度升高导致设备或系统的压力升高，高温还会引起设备设施的密封性与强度的降低，以上两方面的作用最终可导致设备内物料泄漏与设备破裂甚至爆炸等危险。

温度升高将引起物料分解、燃烧与爆炸。反应温度升高会引起物料分解与催化剂活性降低，从而造成副反应的增强，并可能超过易燃物的自燃点而引起火灾、爆炸事故。如：在丙

烯氨氧化制丙烯腈工艺中，若反应温度超过 500℃时，氨的分解和氧化反应将明显加剧，会产生大量的 N_2、NO 和 NO_2 气体；对于使用双氧水作催化剂，或生成物中存在着过氧化物的氧化工艺，温度升高将明显促进此类物质的分解，甚至爆炸。

另外由于氧化反应的温度普遍较高，反应设备不完善，可能造成安全事故。如天然气部分氧化制乙炔工艺，其反应温度甚至达到 1500℃，有的反应装置可产生高温蒸汽等，此类装置一旦发生高温物料泄漏极易造成人员烫伤，高温设备设施若缺少保温措施，也可能引起烫伤。

（2）低温

对大部分氧化工艺而言，反应温度过低可能引起停车等，一般不会直接造成危险。但是如下情形仍可能引起安全事故：①反应温度过低，会引起反应速度减慢或停滞。根据阿伦尼乌斯（Arrhenius）经验式，通常反应温度升高 10℃，反应速率则增加约 2～4 倍。若操作人员误判，过量投料，待反应温度恢复至正常时，则往往会由于反应物浓度过高而致反应速率大大升高，造成反应温度急剧升高，反应过程失控，甚至爆炸。②反应温度过低可能造成中间产物积累而引起爆炸。如：对于乙醛液相氧化法制乙酸，反应温度过低是危险的，会造成反应速度变慢，从而易造成反应液中过氧乙酸的积累，一旦温度回升，过氧乙酸就会剧烈分解，引起爆炸。③反应温度过低时，还会使某些物料冻结使管路堵塞或破裂。

4.3.2.5　氧化剂

过氧化氢是目前常用的化工原料，在氧化反应方面的作用相对突出。但是，由于过氧化氢本身的性质和氧化反应的特性，建议在今后的有机化工合成中，过氧化氢使用时应注意以下几点安全问题：①过氧化氢浓度越高，就越易分解，其稳定性差，风险程度高。有文献报道，含量 65% 以上的过氧化氢自身就可以发生爆炸。所以在化工生产中使用的过氧化氢浓度尽可能要低。可以使用含量 30% 的就不要使 50% 的。②使用到过氧化氢的反应一般都是过氧化或氧化反应，这些反应往往都易分解易放热，具有相当风险。所以在使用过程特别需要先注意温度的控制和气体的释放风险，在进行后处理时需要使用还原剂除去反应体系的氧化剂，再进行物料转移、升温等操作。③过氧化氢在应用过程中，因氧气的释放，很难进行有效的惰性保护。所以在进行此类反应中尽可能少使用有机溶剂，持水的适当比例，以降低有机溶剂的爆炸极限。④过氧化氢的使用过程中，要尽可能避免与重金属进行接触。因重金属的存在使得过氧化物极不稳定，很容易使化学反应过程变得不可控。所以除非有特殊情况，在过氧化氢的应用过程中，应尽量避免使用到重金属。最后，还需要注意其他的安全措施，如过氧化氢的转移中存在的风险，整个化学反应过程中的紧急释放系统设置，搅拌的转速，静电问题等等，这些若不加注意均可能引发安全事故。

当氧化剂与被氧化物配比不当时，也可形成爆炸性混合物。对于在爆炸极限浓度之上操作的氧化工艺，若被氧化物的浓度降低，或对于在爆炸极限下限之下操作的，若被氧化物的浓度升高，使系统的气体混合物进入爆炸极限之内，由于高温、或其他各种可能的点火源作用，就会发生火灾、爆炸。此外，气-液相氧化工艺而言，若进料配比不当，或操作错误，可能在气相中发生爆炸。如：乙醛液相氧化法制乙酸，应严格控制进气中的氧气含量，主要原因是在氧化液中参与反应的氧气是有限的，若进气中的氧含量增加，反应后逸出的氧气也随之增加，在塔顶氧气浓度可能达到 5%，而与乙醛气体形成爆炸性气体，极易引起爆炸。对二甲苯氧化制粗对苯二甲酸工艺也存在同样的危险。

1976 年 11 月 30 日清晨 4 时 30 分，比利时吉尔工厂氧化装置的第 3 反应器发生了爆炸，当时操作人员立即把反应器停下，没有造成人员伤亡。导致这次事故的原因，主要是操作工人违反操作规程采用错误的开车程序，使反应器气体尾气含氧量达到 14%～16%（体积分数），与对二甲苯和乙酸的蒸气形成了爆炸性混合气体。

4.3.2.6 压力控制

（1）加压

压力对氧化反应过程的安全影响也十分重要，因此，加压反应必须严格管理。药物合成过程中经常会发生高压造成车间爆炸的事故，压力与爆炸有关的主要有以下 4 个方面。

① 加压进料　压差<0.1MPa。当压差为 0.4MPa 的水蒸气向罐内喷射，可能引起罐内氢气爆炸。氧化性较强的物料（如氧气、环氧乙烷、三氧化硫等），加压进料时只需稍有压差，能进料为宜，忌贪快。尽量在液面下缓缓进料，避免在气相中喷射。

② 压力反应　设备耐压是正常反应最高压力的 3 倍，爆破泄压片为 1.25 倍，防止钢材爆裂产生火花而造成继发性的化学爆炸。

③ 反应容器泄漏　如为气液相加压反应，其爆炸危险性更大。泄漏、配比失调、反应异常、压力猛升而发生爆炸。易燃易爆物料从压力釜内喷出、与空气高速摩擦，产生静电火花引起爆炸。高压设备不得泄漏、可设置嗅敏仪等气体检测警报仪。

④ 其他　诸如配比不当、杂质太多、品种搞错、升温过快、温度过高、搅拌不良、仪表失灵、设备失修，金属疲劳、耐压下降、猛烈撞击等，都易引起爆炸。

（2）减压

减压反应爆炸危险性较小，但有 3 点应注意。

① 妥善控制真空度，高真空条件下，系统内含氧量极低，工艺条件下（如高温）无爆炸危险。但设备漏气、阀门忘开、停泵、或者其他原因使空气进入，造成氧含量升高，可能引起物料自燃而发生爆炸。真空度骤降会发生爆炸的场合，应备有氮气，真空失控时输入氮气，减少空气串入。

② 解除真空，若料温高、接触空气有自燃危险的，应输入氮气后缓缓放进空气至常压。

③ 要保证设备的机械强度，以免高真空时抽瘪容器而发生继发性爆炸。

4.3.2.7 设备的选型和设计

设备设施选型、设计不当，或擅自更换配件，或缺少安全附件，无法满足物料、工艺条件与安全保护的要求，都可能引起危险。氧化工艺除氧化反应器之外，还有各类与之配套的设备设施，如换热器、塔器、储罐、槽、泵、压缩机、搅拌器、管道、阀门、密封材料等。氧化反应器等需承受反应温度与压力的作用，局部还得承受高温差的热胀冷缩影响，同时与物料直接接触的设备材质与密封件还得承受物料的腐蚀作用。为了防止反应器超压而发生容器破裂，需要设置安全阀、爆破片等安全保护装置。与反应器配套的管件等在耐温、耐压以及耐腐蚀等方面如果无法满足要求，在使用中很可能造成设备设施变形、破裂与强度降低等，均可能引起危险。如：在气-固催化氧化装置中，在操作中有可能发生设备内火灾，如氧化反应器与易燃介质的进料装置之间，尾气锅炉与氧化反应器之间，若缺少阻火器、水封等阻火隔断措施或此类设施本身失效，一旦引起火灾，极有可能造成火灾，在整个工艺系统中蔓延，甚至导致爆炸。

4.3.3　氧化反应安全与环保技术

4.3.3.1　氧化反应系统的安全措施

由于乙烯是生产环氧乙烷的原料，而乙烯与空气接触易形成爆炸气体，且爆炸极限很宽。因此在生产过程中为了防止爆炸，必须严格控制乙烯与空气的比例，或者采取特殊的混合器，使乙烯与空气能够快速混合均匀。避免乙烯局部浓度过高，在生产中对反应后气体要经常分析，或者采用惰性气体将气体组成调节在爆炸范围以外。

需要定期对氧化系统的流量、温度、压力及报警系统进行检查，在系统的开启、关闭过程进行清洗和检查。防止系统中残存乙烯和环氧乙烷，尽量消除所有可能爆炸的风险。在设备检修过程中，对系统进行彻底清洗，把与系统相连的物料管线彻底断开，利用空气或氮气进行系统置换，增加对流。

建立并严格执行反应器循环水系统的开、停车程序。开车之前必须对系统进行预热，建立热循环。严格控制循环给水水质标准，避免劣质水对反应器的腐蚀，对系统进行定期排污。反应器水循环系统的循环水泵实行双电源供电。设置备用蒸汽透平循环泵。定期对给水系统的商低液位仪，高压开关报警联锁系统、水质电导仪进行校验和检查；对系统设置的静电接地装置连接定期检测。

4.3.3.2 中毒的预防与处理

如果工作人员操作不慎使环氧乙烷沾染到身上，应立刻脱去污染衣物，如果沾染皮肤，应立即用大量清水或 3% 硼酸溶液反复冲洗。如果感觉皮肤受伤严重，应立即就诊。如果不小心溅入眼睛里，立即用大量清水冲洗，15min 后滴入四环素可的松眼膏。除此之外，工作人员工作时还应佩戴防毒面具防止将环氧乙烷吸入肺中，如果已经发现呼吸道不适，应及时去医院检查治疗。

4.3.3.3 废水的处理和利用

随着现代工业的发展，工业废水的治理越来越成为人们关注的问题，水资源危机及水污染问题早已引起各国的高度重视。在我国，强调节约用水，减少废水排放量，治理污水已列入城建重点。就目前而言，水环境问题主要是有机废水的污染问题。制药工业废水主要包括抗生素生产废水、合成药物生产废水、中成药生产废水以及各类制剂生产过程的洗涤水和冲洗废水四大类。制药废水因其具有组成复杂、有机污染物种类多、浓度高、毒性大、色度深和含盐量高等特点，而成为国内外难处理的高浓度有机废水，也是我国污染最严重、最难处理的工业废水之一，如何处理该类废水是当今环境保护面临的一个难题。因此，有机废水的治理是环保工作的重点。对于有机废水的处理，工业中主要采用空气催化氧化、絮凝等物理化学等预处理的方法，可提高药物合成废水的可生化性，具有运行、管理方便和成本低廉等优点。采用厌氧、好氧细菌的同步驯化法，可使 SBR 池中活性污泥对酚类、吡啶、丙酮、二氯甲烷和氯仿等污染物有很强的降解能力。流离水解、厌氧/好氧相结合的生化处理技术具有较强抗冲击能力，并在前端设置了水解流离调节池，即可对废水水质水量进行调节，又起到预处理生化的处理作用以保证后续系统正常稳定的运行。

对于有机物成分简单、有机成分含量较低的工业废水，可采用一种传统工艺或多种传统工艺的组合进行治理。但现在许多工业废水中存在着有机物含量高、成分复杂、有毒有害、难生物降解等特性，传统的处理方法达不到出水要求。催化氧化法是近二十几年来，应用于废水领域的一种新型高效的处理方法，是对传统化学氧化法的改进和加强。它利用催化剂的催化作用，加快氧化反应速度，提高氧化反应效率。利用此法处理高浓度难降解废水，可得到较好的处理效果，因此引起了国内外环保工作者的广泛重视，尤其是近几年对这方面的研究十分活跃，产生了大量的新工艺和专利技术。

制药工业废水常用的处理方法大多有物化法、化学法、生化法、其他组合工艺等。物化法主要有混凝沉淀法、气浮法、吸附法、电解法和膜分离法；化学法主要有光催化氧化法、臭氧氧化法及其联用技术和 Fenton 试剂及其联用技术、超声波及其联用技术；生化法主要有序批式活性污泥法（SBR 法）、普通活性污泥法、生物接触氧化法、上流式厌氧污泥床（UASB 法）；其他组合工艺主要有电解＋水解酸化＋CASS 工艺、微电解＋厌氧水解酸化＋序批式活性污泥法（SBR）、UASB＋兼氧＋接触氧化＋气浮工艺等。尽管废水处理技术经过一百多年的发展，至今已经比较成熟，但是在制药废水处理这一领域上，仍存在着诸多问题，仅靠单一的处理工艺很难使出水稳定达标排放，必须对现有的工艺进行集成，采用多种工艺联合处理的方法，才能做到稳定达标排放，实现资源综合利用。

4.3.4 事故实例

1991~1993年，河南省曾发生过两起过氧化苯甲酰爆炸事故，一次在许昌制药厂，一次在郑州高新区的一家食品添加剂厂。生产过氧化苯甲酰的原料是苯甲酰氯和双氧水，都是危险化学品或易燃易爆化学品。

（1）事故经过

许昌制药厂的爆炸发生在1991年12月6日下午2时15分，该厂一分厂干燥器内的过氧化苯甲酰发生化学分解引起强力爆炸，死亡4人，重伤1人，轻伤2人。

出事前两天，也就是1991年12月4日8时，精制车间用干燥器烘干第五批过氧化苯甲酰105kg。按工艺要求，需干燥8h，至下午停机。取样分析后认为，含量不合格，需再次干燥。次日9时，将不合格的过氧化苯甲酰装入干燥器再次烘干。不料全天停电，没法启动干燥器。6日上午8时，工人对干燥器进行检查后，即开通蒸汽加热，并打开真空抽气。下午2时停止真空抽气，此后约15min，干燥器内的过氧化苯甲酰发生化学爆炸，共炸毁车间上下两层房屋5间、粉碎机1台、干燥器1台，固定干燥器内蒸汽排管在屋内向南移动约3米，外壳撞到北墙飞出8.5m左右，楼房倒塌。

一年半以后，郑州市高新技术开发区一家食品添加剂厂的7t多过氧化苯甲酰发生同样爆炸，导致27人死亡，33人受伤，死亡人数是前一次许昌制药厂爆炸的近7倍。爆炸发生在1993年6月26日16时15分左右，随着一声巨响，一股黑烟夹着火球腾空而起，在空中形成一团黑色的蘑菇云，猛烈的气浪和冲击波，冲倒了厂房和院墙，3700多平方米的建筑被夷为平地，并危及相邻企业。

（2）事故原因

许昌制药厂过氧化苯甲酰爆炸前，第一分蒸汽阀门没关，第二分蒸汽阀门差一圈没关严，显示第二分蒸汽阀门进汽量的压力是0.1MPa。据此判断，干燥工人没有按照《干燥器安全操作法》要求"在停机抽真空之前，应提前一个小时关闭蒸汽"的规定执行。在没有关严两道蒸汽阀门的情况下，下午两点停止抽真空，造成干燥器内温度急剧上升致使过氧化苯甲酰因过热引起剧烈分解而发生爆炸。另外，该干燥器为自制，无压力容器设计资质，不适用于过氧化苯甲酰的真空烘干处理。再次，同一事故相继发生在同一省份，也表明当时安全生产管理和安全培训存在问题。

4.4　卤化反应过程安全

4.4.1　卤化反应过程

卤化是化合物的分子中引入卤原子的反应，包含卤化反应的工艺过程称为卤化工艺，卤化反应有氯化、溴化、氟化和碘化，本节以氯化、氟化为例来介绍卤化反应安全技术。

氯化在制药、化工生产中具有重要地位，广泛应用于制备有机合成中间体、有机溶剂、原药等，如应用最多的氯乙烯，就是通过氯化工艺制备的。常用的氯化剂有液态或气态的氯、气态氯化氢、各种浓度的盐酸、磷酰氯、三氯化磷、硫酰氯、次氯酸钙等。在被氯化的物质中，比较重要的有甲烷、乙烷、戊烷、天然气、苯、甲苯及萘等。

在氯化过程中，不仅原料与氯化剂发生作用，而且所生成的氯化衍生物与氯化剂同时也发生作用，因此在反应物中除一氯取代物之外，总是含二氯及三氯取代物，所以氯化的反应物是各种不同浓度的氯化产物的混合物，氯化过程往往伴有氯化氢气体的生成，典型的氯化工艺主要有以下四种。

（1）取代氯化

氯与烷烃、苯、醇和酸等发生的取代反应，得到氯化产品，例如，氯取代烷烃中的氢原子制备氯代烷烃，氯取代苯中的氢原子生产六氯化苯，氯取代萘中的氢原子生产多氯化萘，甲醇与氯反应生成氯甲烷，乙醇和氯生成氯乙烷，乙酸与氯反应生成氯乙酸，氯取代甲苯的氢原子产生苄基氯等。

（2）加成氯化

氯与烯烃或炔烃等不饱和烃进行加成反应，得到氯化产物的过程。例如，与氯气加成生产 1,2-二氯乙烷，乙炔与氯气加成生产 1,2-二氯乙烯，乙炔和氯化氢加成生成氯乙烯等。

（3）氧氯化

介于加成氯化和取代氯化之间，即在有催化剂，氧气和氯化氢存在的条件下，进行氯化反应或者氯化产物的工艺过程，例如，乙烯氧氯化生产二氯乙烷，丙烯氧氯化生产 1,2-二氯丙烷，甲烷氧氯化生成甲烷氯化物，丙烷氧氯化生产丙烷氯化物等。

（4）其他氯化工艺

硫与氯反应生成一氯化硫；次氯酸、次氯酸钠或 N-氯代丁二酰亚胺与胺反应生成 N-氯化物；氯化亚砜作为氯化剂生产氯化物；黄磷与氯气反应生成三氯化磷、五氯化磷等。

在化工和制药生产过程中，氯化工艺易发生火灾、爆炸、中毒等事故，造成人身伤亡和财产损失的同时，也造成严重的环境污染，这些都与氯化工艺独特的工艺危险性有关。

4.4.2　卤化反应危险性分析

（1）物料的危险性分析

① 火灾和爆炸　氯化工艺所用的原料大多具有燃爆危险性，氯化反应本身为放热反应，尤其在较高温度下进行的氯化反应，放热剧烈，极易造成温度失控而发生爆炸；氯气中的杂质，如水、氢气、氧气和三氯化氮等，使用过程中极易发生危险，三氯化氮对热、振动、撞击和摩擦相当敏感，极易分解发生爆炸，若氯气缓冲罐不能定期排放三氯化氮，可能会因三氯化氮积聚而引发爆炸事故。

② 中毒　氯化工艺常用的氯化剂，氯气本身为剧毒化学品，空气中氯气最高允许浓度为 $1mg/m^3$。浓度达 $90mg/m^3$，可引起剧烈咳嗽，$3000mg/m^3$ 深吸少量即可致死。反应产物大多具有毒性，一旦发生泄漏，可发生中毒事故。例如，氯乙烯气体对人体有麻醉性和致癌性，在 20％～40％浓度下，会使人立即死亡，在 10％浓度下，1h 内人的呼吸器官由激动逐渐变得缓慢，最后可以导致呼吸停止。

③ 腐蚀　氯气氧化性强，储存压力较高，多数氯化工艺采用液氯生产，需先将液氯气化，再进行氯化，因而一旦泄漏危险性较大，氯化氢气体遇水后腐蚀性极强，所有设备必须具有防腐蚀性，且设备应保证严密，无漏点。

（2）反应过程的危险性分析

氯化反应是放热反应，温度越高，氯化反应速度越快，放出的热量越多，极易造成温度失控而爆炸。如环氧氯丙烷生产中，丙烯预热至 300℃左右氯化，反应温度可升至 500℃，因此，一般氯化反应设备必须有良好的冷却系统，以便及时移除反应热量，并严格控制氯气的流量，以免因流量过快，温度剧升而引起事故。

在氯化反应中，原料不纯，易发生火灾、爆炸事故。例如，在乙炔与氯化氢氯化生产氯乙烯过程中，如果原料中含有氧，乙炔有很宽的爆炸极限，氧气和乙炔气混合后，可能形成爆炸性混合物。三氯化磷、三氯氧磷等氯化剂遇水猛烈分解，会引起冲料或爆炸事故，在此类反应过程中，冷却剂最好不要使用水，以免氯化氢气体溶于水生成盐酸，腐蚀设备，造成泄漏。

氯化反应诸多的液氯储罐、气化器、缓冲罐和管路如不及时排污清洗，可造成三氯化氮积聚。三氯化氮是一种爆炸性物质，与许多有机物接触或加热至 90℃ 以上以及被撞击，可发生剧烈的分解爆炸。

4.4.3 卤化反应过程安全技术

以氯气作为氯化剂进行氯化反应时，其工艺流程布置如下所示。

原料储存──→气化──→通氯──→尾气处理

4.4.3.1 原料储存岗位

原料储存场所的检查，重点是氯气的存放，氯气储存要严格遵守《氯气安全规程》。

① 气瓶应储存在专用库房内，不露天存放，不使用易燃、可燃材料搭设的棚架存放。

② 空瓶和重装后的中瓶应分开放置，不与其他气瓶混放，不同室存放其他危险物品。

③ 重瓶存放期，不超过三个月。

④ 充装量为 500kg 和 1000kg 的重瓶，应横向卧放，防止滚动，并留出吊运间距和通道，存放高度不应超过两层。

⑤ 储罐区 20m 范围内不堆放易燃和可燃物品。

⑥ 大储量液氯储罐，其液氯出口管道，应装设柔性连接或者弹簧支吊架，防止因基础下沉引起安装应力。

⑦ 储罐库区范围内应设有安全标志，配备相应的抢修器材，有效防护用具及消防器材。

⑧ 地上液氯储罐区地面低于周围地面 0.3～0.5m，或在储存区周边 0.3～0.5m 设事故围堰，防止一旦发生液氯泄漏事故，液氯汽化面积扩大。

4.4.3.2 气化岗位

储罐中的液氯在进入氯化器使用之前，必须先进入蒸发器使其气化，液氯的蒸发气化装置，严禁使用明火、蒸汽直接加热，一般采用汽水混合办法进行升温，热水温度小于 45℃；对于一般氯化器应设置氯气缓冲罐，防止氯气断流或压力减小时形成倒流；液氯气化器、蒸发器安装压力表、液位计、温度计；气化压力不得超过 1MPa；液氯钢瓶设置在楼梯、人行道口和通风系统吸气口等场所；钢瓶配有称重器、膜片压力表、调节阀；钢瓶附近无棉纱、油类等易燃物品；钢瓶与氯化釜之间有止逆阀和足够容积的缓冲罐，并定期进行检查；采用退火的紫铜管连接钢瓶，输氯管线采用耐腐蚀的材料；采用专用开瓶扳手，钢瓶调节流量采用针型阀，不允许直接调节。

从钢瓶中放出氯气时可以采用阀门来调节流量，如果阀门开得太大，一次放出大量气体时，由于气化吸热的缘故，液氯被冷却了，瓶口处压力因而降低，放出速度则趋于缓慢，其流量往往不能满足需要，因此若需要气体氯流量较大时，可并联几个钢瓶，分别由各个钢瓶供气，就可避免上述的问题，如果用此法氯气量仍不足时，可将钢瓶的一端置于温水中加温。

4.4.3.3 通氯岗位

氯化反应是剧烈的放热反应，要有良好的冷却和搅拌，不允许中途停水、断电及搅拌系统发生故障，要有严格的温度控制系统及报警系统，遇有超温或搅拌故障，可自动报警并自动停止加料。氯化反应的关键是控制投料配比、温度、压力和投入氯化剂的速度。需要强调的是，当液氯蒸发时，三氯化氮大部分残留于未蒸发液氯残液中，随着蒸发时间增加，三氯化氮在容器底部富集，达到 5% 即发生爆炸，因此应定期排放三氯化氮。

类似地，氟化反应操作中，要严格控制氟化物浓度、投料配比、进料速度和反应温度等，必要时，应设置自动比例调节装置、自动联锁控制装置以及在氟化反应釜处设立紧急停车系统。

将氟化反应釜内温度、压力与釜内搅拌、氟化物流量、氟化反应釜夹套冷却水进水阀形成联锁控制，当氟化反应釜内温度或压力超标或搅拌系统发生故障时，自动停止加料并紧急停车，开启安全泄放系统。

4.4.3.4　尾气氯化氢的处理

设备类型及材质选择：由于氯化反应几乎都有氯化氢气体生成，因此所有的设备必须防腐，设备应严密不漏。氯化氢气体可回收，这是较为经济的方法，因为氯化氢气体极易溶于水中，通过增设吸收和冷却装置就可除去尾气中绝大部分氯化氢，也可以采用活性炭吸附和化学处理方法。采用吸收法时，必须用蒸馏方法将被氯化原料分离出来，再处理有害物质。一般采用分段碱液吸收器将有毒气体吸收，与大气相通的管子上应安装自动信号分析器，借以检查吸收处理进行的是否完全。

同样的，氟化反应中，所有的设备也必须防腐。

4.4.3.5　具体 EHS 措施

氯化反应所用装置不但在材质和设计上应符合安全生产要求，还要配备相应的防护设施，以确保生产安全进行及在事故发生时能将人员伤亡或经济损失降到最低，具体措施如下。

① 配备常用的防护用品，如防毒面罩、防护服、防护手套防护鞋等，并在有效期内使用。

② 生产、使用、储藏岗位配备自给式呼吸器等应急救护器材。

③ 室内电气设备完整达到防爆要求。

④ 消防器材配置符合法规要求。

⑤ 准备充足的碱液。

⑥ 职工的操作控制台设置在方便疏散的地方。

4.4.4　实例

2013 年 10 月 18 日 4 时 26 分，位于广饶县陈官乡政府驻地的广饶县润恒化工有限公司医药中间体生产车间，发生物料泄漏事故。事故共造成 3 人中毒死亡，直接经济损失约270.6 万元。该公司医药中间体项目主产品为 2-氯-5-三氟甲基吡啶（产能 150t/a），副产品盐酸、氢氟酸、次氯酸钠，原料为 2-氯-5-甲基吡啶、液碱、氯气、氟化氢。该项目原装置2008 年 8 月建成后，因工艺调整、资金短缺及内部股权调整等各方面原因，该项目一直无法正常开工生产。

2013 年 3 月至 10 月，润恒公司对项目部分设备进行了改造，更换了氯化釜、氯气缓冲罐，氯化釜的容量由 1m³ 扩大到 2m³。扩建了精馏和尾气吸收装置，精馏装置增加了蒸发罐和接收罐，尾气吸收装置更换为降膜吸收塔，处理能力由 45m³ 扩大到 120m³。润恒公司在改扩建期间，分别于 2013 年 4 月、6 月、8 月、9 月进行过生产，每次生产 5～14 天不等。2013 年 10 月 10 日，设备改造全部完成，13 日投料开工生产。

（1）事故经过

10 月 13 日，该公司完成工艺设备改造后，开始投料进行氯化、蒸馏工序生产，准备下一步氟化工序反应物料。10 月 15 日~10 月 17 日，进行第一次氟化工序生产。10 月 17 日 9时 45 分，开始投料进行第二次氟化工序生产。10 月 18 日 4 时 22 分，氯化岗位操作工于某某发现与 1#氟化釜连接的截止阀出现异常，发生轻微渗漏现象，并通知氟化岗位操作工张某某进行现场查看和确认。4 时 25 分，张某某携带维修工具对截止阀进行维修，于某某在氯化釜处旁观。张某某将工具固定好，两手握住氟化釜上方管道，用脚踩踏工具，整个人站在工具上面加力。4 时 26 分，张某某又使用管钳，卡住截止阀阀盖六角，进行紧固。此时，截止阀阀芯突然与阀体分离并在压力作用下弹出，氟化釜内物料瞬间从截止阀阀体与阀盖螺栓接口处大量喷出，将刚来到二层平台查看的武某某（处于截止阀阀杆正前方）由二层平台防护栏缺口处冲击到车间地面，同时氟化釜内物料在车间内迅速大面积扩散。

事故发生后，同班操作工李某某、李某某、李某某等随即将在车间内靠近正门南门口躺着的武某某救出。于某某、张某某随即由车间南侧斜梯疏散到车间外。李某某等人把三人架到水管处对三人采取了冲洗措施。李某某立即拨打 120 急救电话。于 5 时左右医院救护人员赶到现场将受害者运往广饶县人民医院并在车上及医院内进行了急救处理。3 人经抢救无效死亡，经广饶县人民医院诊断为"氟化氢中毒，死亡"。

车间主任于 5 时 20 分赶到现场，指挥工人对其他反应釜及系统内的物料进行了排空，并采取了停炉、停电、停水等紧急停车措施，于 6 时 30 分左右处置完毕。事故未对周边环境造成明显影响。

（2）事故原因

① 直接原因　氟化岗位操作工张某某违章操作，未佩戴必要的劳动防护用品，在氟化釜处于带压状态下，使用管钳对已关闭到位的截止阀进行压紧阀盖作业，致使截止阀连接螺纹受力过大引起结构失稳（滑丝），造成含有氟化氢的有毒物料喷出。

② 间接原因

a. 非法生产　未依法履行安全生产、环保、消防等许可手续，非法生产危险化学品、非法购买剧毒危化品氯气、非法使用未经登记注册的压力容器；拒不执行相关部门停产指令，擅自生产。

b. 安全生产管理制度缺失　安全生产责任制、安全管理规章制度不符合公司实际并未行文公布，安全操作规程不完善。

c. 不具备基本安全生产条件　安全教育培训不到位，从业人员安全素质差，安全意识淡薄，主要负责人及特种作业人员未取证上岗；设备管理不到位，维护保养不及时；车间内未设置有毒气体检测报警仪，未设置危险化学品安全警示标志，安全生产条件不符合标准。

4.5　药品洁净生产过程中的安全

安全生产是保证药品生产质量的基础，没有安全生产就没有药品质量的安全。药品生产企业一定要像重视药品质量一样重视安全生产，严格按照 GMP 的要求组织药品生产。按照《危险化学品从业单位安全生产标准化通用规范》和《危险化学品从业单位安全生产标准化评审标准》进行安全生产管理。药品的洁净区域由于其对无菌、无尘、无杂质等要求较高，因此其生产场所与外界的隔离程度较高，具备新风较少，隔断与走廊较多的特点。为保证其洁净程度，控制尘埃粒和微生物数量，需定期或在生产前进行灭菌消毒处理。为保证正压及洁净梯度，还有闸间互锁要求。其风险不仅仅在于工艺及产品本身，还涉及洁净区域的一些活动。因此，一旦发生事故，应急处置、消防逃离、医疗救治都有一定的难度。

4.5.1　药品 GMP 生产环境简介

洁净区域是指能将一定空间范围内的空气中的悬浮微粒、微生物等污染物进行有效控制，并将室内温度、湿度、洁净度、压力、气流速度及静电等影响产品生产的外部因素控制在需求范围之内的空间。洁净区域是不受区域外部空气条件的变化而影响的相对独立空间。

（1）压力

洁净室必须维持一定的相对正压，不同等级的洁净室之间的压差不小于5Pa；洁净区与非洁净区之间的压差不小于10Pa，以防止低级洁净室空气逆流到高级洁净室。

（2）温湿度

温度宜保持18~26℃，相对湿度45%~65%，特殊产品还有特殊要求。

（3）尘埃粒及微生物

根据尘埃粒子及微生物数量的不同，洁净区域一般分为A级、B级、C级、D级四个洁净度级别。比如A级洁净区尘粒最大允许数（每立方米）：大于或等于$0.5\mu m$的粒子数不得超过3520个，大于或等于$5\mu m$的粒子数20个；微生物最大允许数：浮游菌菌数不得超过1个$/m^3$，每碟（$\phi90mm$）沉降菌菌数不得超过1个/4h。因为A级的要求较高，一般需在B级或C级的区域中做局部处理。详细标准见表4-7。

表 4-7 洁净区域空气洁净度级别

洁净度级别	每立方米尘粒最大允许数（≥$0.5\mu m$尘粒数）/个	每立方米尘粒最大允许数（≥$5.0\mu m$尘粒数）/个	微生物最大允许数（浮游菌）/（个/m^3）	沉降菌（$\phi90mm$）/（个/4h）
A 级	3520	20	<1	<1
B 级	3520	29	10	5
C 级	352000	2900	100	50
D 级	3520000	29000	200	100

4.5.2 洁净生产过程的安全分析

（1）建筑耐火等级分析

因为其空间较为封闭及其电器设施较多的特点，国家对洁净间的耐火等级及建筑规模都有明确的规定。比如甲、乙类生产的洁净厂房宜为单层，其防火分区最大允许建筑面积，单层厂房宜为3000m²，多层厂房宜为2000m²。洁净室的顶棚和壁板（包括夹芯材料）应为不燃烧体，且不得采用有机复合材料。顶棚的耐火极限不应低于0.4h，疏散走道顶棚的耐火极限不应低于1h。在一个防火分区内的综合性厂房，其洁净生产与一般生产区域之间应设置不燃烧体隔断措施。隔墙及其相应顶棚的耐火极限不应低于1h，隔墙上的门窗耐火极限不应低于0.6h。穿隔墙或顶棚的管线周围空隙应采用防火或耐火材料紧密填堵。技术竖井井壁应为不燃烧体，其耐火极限不应低于1h。井壁上检查门的耐火极限不应低于0.6h；竖井内在各层或间隔一层楼板处，应采用相当于楼板耐火极限的不燃烧体作水平防火分隔；穿过水平防火分隔的管线周围空隙，应采用防火或耐火材料紧密填堵。

（2）安全疏散设施分析

安全出口应当分散布置，从生产地点至安全出口不应经过曲折的人员净化路线，并应设有明显的疏散标志，安全疏散距离应符合现行国家标准《建筑设计防火规范》的规定。洁净区与非洁净区、洁净区与室外相通的安全疏散门应向疏散方向开启，并加闭门器。安全疏散门不应采用吊门、转门、侧拉门、卷帘门以及电控自动门。洁净厂房与洁净区同层外墙应设可供消防人员通往厂房洁净区的门窗，其洞口间距大于80m时，应在该段外墙的适当部位设置专用消防口。专用消防口的宽度应不小于750mm，高度应不小于1800mm，并应有明显标志。楼层的专用消防口应设置阳台，并从二层开始向上层架设钢梯。洁净厂房外墙上的吊门、电控自动门以及宽度小于750mm、高度小于1800mm或装有栅栏的窗，均不应作为火灾发生时提供消防人员进入厂房的入口。

（3）消防灭火系统分析

洁净厂房必须设置消防给水系统，其设计应根据生产的火灾危险性、建筑物耐火等级以及建筑物的体积等因素确定。洁净厂房的消防给水和固定灭火设备的设置应符合现行国家标准《建筑设计防火规范》的要求。洁净室的生产层及上下技术夹层（不含不通行的技术夹层），应设置室内消火栓。消火栓的用水量不小于 10L/s，同时使用水枪数不少于 2 支，水枪充实水柱长度不小于 10m，每只水枪的出水量应按不小于 5L/s 计算。洁净厂房内各场所必须配置灭火器，其设计应满足现行国家标准《建筑灭火器配置规范》的要求。当设置气体灭火系统时，不应采用卤代烷 1211 以及能导致人员窒息和对保护对象产生二次损害的灭火剂。

（4）生产工艺安全分析

医药生产因需要广泛频繁使用易燃、易爆和具备腐蚀性的危险化学品，其火灾、爆炸的危险性大。且因其建筑布局复杂、逃离困难，其生产安全须特别重视。

（5）间接风险分析

① 注意聚苯乙烯和聚氨酯夹芯彩钢板的火灾危险性，这两类彩钢板虽然有阻燃性，但会在高温下分解产生有毒气体。

② 因为在器具、设备、人员的除菌消毒的过程中广泛大量使用乙醇，因此要特别重视乙醇的火灾危险性，且其爆炸浓度范围为 3.3%～19.0%，如在使用过程中浓度过高，未能及时收集残留乙醇，极其容易造成爆炸的危险。

4.5.3 洁净生产过程的安全技术

① 甲类火灾危险生产的气体入口室，管廊，上、下技术夹层或技术夹道内有可燃气体管道的易积聚处，洁净室内使用可燃气体处设可燃气体报警装置和事故排风装置，报警装置应与相应的事故排风机联锁。

② 可燃气体管道应设阻火器接至用气设备的支管和放散管；应设防雷保护设施引至室外的放散管；应设导除静电的接地设施。氧气管道及其阀门、附件应经严格脱脂处理；氧气管道也应设导除静电的接地设施。气体管道应按不同介质设明显的标识。

③ 各种气瓶库应集中设置在洁净厂房外。当日用气量不超过 1 瓶时，气瓶可设置在洁净室内，但必须采取不积尘和易于清洁的措施。洁净厂房的生产区（包括技术夹层）、机房、站房等均应设置火灾探测器。洁净厂房生产区及走廊应设置手动火灾报警按钮。

④ 洁净厂房应设置消防值班室或控制室，其位置应设在洁净区内。消防控制室应设置消防专用电话总机。

⑤ 洁净厂房的消防控制设备及线路连接应可靠。控制设备的控制及显示功能，应符合现行国家标准《建筑设计防火规范》及《火灾自动报警系统设计规范》的规定。洁净区内火灾报警应进行核实，并应进行如下消防联动控制。

a. 启动室内消防水泵，接收其反馈信号。除自动控制外，还应在消防控制室设置手动控制装置。

b. 关闭有关部位的电动防火阀，停止相应的空调循环风机、排风机及新风机，并接收其反馈信号。

c. 关闭有关部位的电动防火门、防火卷帘门。

d. 控制备用应急照明灯和疏散标志灯燃亮。

e. 在消防控制室或低压配电室，应手动切断有关部位的非消防电源。

f. 启动火灾应急扩音机，进行人工或自动播音。

g. 控制电梯降至首层，并接收其反馈信号。

⑥ 洁净厂房中易燃、易爆气体的储存、使用场所，管道入口室及管道阀门等易泄漏的地方，应设可燃气体探测器。有毒气体的储存、使用场所应设气体检测器。报警信号应联动启动或手动启动相应的事故排风机，并应将报警信号送至消防控制室。

⑦ 加强逃生、窒息的应急演练。如产品为青霉素类，还要进行青霉素过敏处置的应急演练。

⑧ 按法规和设备说明书要求对压力容器进行定期检验，在设备启用前应核实压力表、安全阀等安全设施是否在检验有效期内，并确认其功能完好。

⑨ 加强易燃易爆与腐蚀性物品的管理，确保其用量、储存量符合该区域设计要求。在使用乙醇消毒过程中不要开关电器，插拔插头。消毒中也不要太大面积的浸洗，少量、擦拭、及时收集多余乙醇。每次领取的乙醇不宜太多，容器应牢固可靠，倾倒缓慢用力。不要溅出和溢出。

⑩ 建立工艺安全审批制度与安全监督，确保药品按照批准的工艺规程生产、储存，确保严格执行与生产操作相关的各种操作规程，确保厂房和设备的维护保养以保持其良好的运行状态。确保生产相关人员经过必要的上岗前培训和继续培训，并根据实际需要调整培训内容。

⑪ 仓储区的设计和建造应当确保良好的仓储条件，并有通风和照明设施。仓储区应当能够满足物料或产品的储存条件，如温湿度、避光和安全储存的要求并进行检查和监控。

⑫ 麻醉药品、精神药品、医疗用毒性药品包括药材、放射性药品、药品类易制毒化学品及易燃、易爆和其他危险品的验收、储存、管理应当执行国家有关的规定。

⑬ 定期对员工进行健康体检，实施员工区域审批管理，对有突发疾病隐患的员工，及时调离。

4.6 工艺放大过程中的安全与环保

工艺放大是小试到工业化生产必不可少的环节，是根据小试实验研究的结果，按其经验及相关数据进行 10～100 倍的放大，以进一步研究在一定规模的装置中各步工序的变化规律，并解决在小试工艺中所不能解决或发现的问题，为工业化生产提供依据。虽然放大工艺的本质不会因规模的不同而改变，但各步剂工艺的最佳工艺条件，则可能随实验规模和设备等外部条件的不同而改变。一般来说，中试放大是快速、高水平工业化生产的重要过渡阶段，其安全水平代表工业化的水平。所以，中试放大的目的是验证、复审和完善实验室工艺所研究确定的工艺路线是否成熟、合理，主要安全指标是否接近生产要求；研究选定的工业化生产设备结构、材质、安装和人员环境等，为正式生产提供安全、稳定、可控的生产工艺，以确保工艺放大安全与生产安全。

4.6.1 工艺放大过程风险分析

（1）处方、原料及工艺的风险分析

在放大中试研究过程中，进一步考核和完善工艺路线，对处方或原料及每一工艺步骤，均应取得基本稳定的数据。考核小试提供的处方及工艺，在工艺条件、设备、原材料等方面是否有特殊要求，是否可以对其进行有效的风险控制与应急处理。特别当原来选定的处方及工艺在小试阶段暴露出的不稳定及难以控制的环节，应重新对其风险进行评价与分析。

（2）设备材质和型号的风险分析

由于在小试阶段物料数量少，所以设备体积小，其压力、导热等问题不明显。但在工艺放大时必须根据物料性质和反应特点，注意设备材质的耐压、防腐、导热等性能参数以及变化规律，以避免遗漏新的风险源及风险不可控事件。

（3）工艺流程和操作方法的风险分析

对整个工艺流程，各个单元操作的工艺规程，安全操作要求及制度进行风险分析。全面考虑工艺放大过程和后处理操作方法适用于工艺放大的要求。

（4）操作人员的风险分析

在工艺放大过程中，无论参与工艺放大的是原来小试人员还是新确定的中试人员，由于他们都没有相应工艺放大操作经验与风险应对经验，在操作前需对其进行培训教育、工艺掌握及风险处置等方面的风险分析。

（5）危险化学品风险分析

危险化学品具有易燃易爆、有毒有害和腐蚀性等特性，其事故可分为火灾、爆炸、泄漏、中毒和窒息等。其风险程度较高，且较难控制，因此要特别重视，对每一种化学危险品的安全技术说明书（MSDS）都要进行全面的了解与准确的解读。认真全面的分析其风险内容、性质与规模。

（6）工作场所风险分析

因工艺放大实验室无论实验规模，还是工艺设备，与小试实验均有较大差别，其工作场所的要求也有很大不同。因此需要对工作场所的防爆设施、通风设施、除静电设施、消防设施以及逃离通道等进行全面的风险评估。

（7）职业健康与环境保护风险分析

结合原材料、设备及环境特点，进行职业健康与污染物排放评估，确定操作岗位属性，准确判断风险源及其危害程度与特点。

4.6.2　放大过程中风险防范

（1）工艺方案风险识别及等级划分

依据小试实验报告及工艺放大方案，组织进行风险因素识别，确保其工艺合理与操作规程完备。并对识别出来的风险进行重要性评估，制定有效的风险防范措施与应急预案。

（2）工艺放大设备及工房的风险防范

对工艺放大所使用的设备、工房及工艺管路进行风险识别，并按放大工艺要求进行相关参数确认与有效性核实。比如压力表、温度表、安全阀年检情况以及设备、管路、通风等有效期及完好性进行核实合理处置，并随时关注周围环境的风险情况。

（3）人员培训、考核与应急演练

结合识别出来的风险因素对有关人员进行培训、考核与应急演练，做好演练记录及演练分析，对演练中出现的问题进行分析、评价，并对这些问题采取有效措施，确保在工作时做到有效防护与正确操作，在风险发生时能够积极正确的应对。

（4）共同操作

因为不具备工艺放大经验，此项工作须由小试人员与中试或生产人员共同参加，以避免工艺不熟悉、设备不熟悉以及工作环境不熟悉所带来的各类风险，并确保在风险发生时有经验的人员进行有效处置，以确保人身安全与设备安全。

（5）先分后合

为了避免事故的联锁反应，减少事故损失，须先采取分步放大的方式，待每一步工艺都能够熟练操作，且能准确判定风险情况，并能对其进行有效控制的时候，再进行整个工艺的放大操作。

（6）危险化学品风险防范

危险化学品风险防范首先是合规操作，比如劳动保护用品的佩戴，员工能否熟练操作。其次是检查隔离、警戒、疏散和撤离设施是否齐全有效，特别要能做到有序控制和科学救援，防止事故扩大与造成次生灾害。

（7）职业健康与环境保护的风险防范

结合工艺场所危险源评估报告与污染物排放评估报告，针对不同风险源，采取合规有效的措施。建立劳保用品台账，并要求操作人员按规定佩戴。对于职业危害较大的工艺环节，还要有有效的医疗设施及人员。对排放物有明确的处理措施及容器、场所。危险化学废弃物要有合法的销毁途径及有效合同。

4.6.3　实例

（1）事故描述

2013 年 8 月某制药公司灌封车间，突然响起报警，整条生产线停止运转，在监控室看到一名员工被卡在灌封机内，边上的其他员工乱作一团。车间负责人随即赶到现场，这时已经是满地鲜血。车间负责人一边让人打 120，一边采取措施将被卡员工从灌装机内移出，这时发现该员工已经停止了呼吸。

（2）事故处理

经调查认定，该事故是由于员工安全意识不强，违反操作规程所致，负事故主要责任。员工所在公司引入新技术、新工艺操作规程落实不力，安全管理不到位，负事故的次要责任。

（3）事故分析

该起事故看似是违反操作规程所致，但究其原因主要有以下三个方面。

① 风险识别不到位，对风险的认识不够清晰，此关键环节没有得到有效的防范与控制。此次事故我们至少可以说风险识别不充分，没有进行准确的风险等级的评估，否则没有一个员工会冒着生命危险去扶一只倒着的瓶子。

② 设备安全联锁装置未能正确启用，未能在开门取瓶时自动停机。

③ 培训工作不到位。工作现场虽有操作规程与安全提示，但一般来说很难实现有效操作与风险控制的目的。还应结合新产品、新工艺的特点进行全面有效的员工培训与考核、演练。特别是关键环节，要将其风险后果及应对措施说清楚。

（4）事故整改

① 高度树立人本意识，不得以生命为代价获取经济收益。在此前提下加强员工安全培训的落实与监督，确保员工了解风险，并有能力防范风险与控制风险。

② 加强设备本质安全的落实，设备安全装置须有专人负责，不得随意改动，且保证其功能有效。

③ 加强安全行为观察，对出现的不合规行为进行制止，并对违规人员及其领导进行善意的教育，确保同类不安全行为的不重复发生。

━━━━━━　**思考题**　━━━━━━

1. 药物合成反应工艺的安全分析方法有哪些？

2. 如何对药物合成反应进行风险评估？

3. 制药过程中影响氢化反应安全的影响因素有哪些？

4. 催化剂对氢化反应中的安全有哪些影响？

5. 制药过程中影响氧化反应安全的影响因素有哪些?

6. 氧化反应对绿色环保还有哪些作用?

7. 洁净生产过程中的安全技术措施有哪些?

参考文献

[1] 楚彦方，赵鸿宾，丁松阳编. 内蒙古石油化工，2006，32 (8)：64-65.

[2] 陈雅. 邻羟基苯乙酸工艺研究. 河北：河北科技大学，2013.

[3] 李秀清. 石化技术，2015，(9)：18-19.

[4] 闻韧主编. 药物合成反应. 第3版. 北京：化学工业出版社，2010.

[5] 王宇. 环氧化反应在医药、农药合成中的应用. 长沙：湖南大学，2003.

[6] 崔克清，陶刚编. 化工工艺及安全. 北京：化学工业出版社，2004.

[7] 薛盛雁，杨守难. 化工生产氧化工艺危险性分析. 化工管理，2014，(14)：84-85.

[8] 李宇庆. 工业水处理，2009，29 (12)：5-7.

[9] 陈卫航等主编. 化工安全概论. 北京：化学工业出版社，2016.

[10] 刘彦伟等编. 化工安全技术. 北京：化学工业出版社，2011.

[11] 程春生等编. 化工风险控制与安全生产. 北京：化学工业出版社，2014.

[12] 王凯全主编. 化工安全工程学. 北京：中国石化出版社，2007.

[13] 邵辉主编. 化工安全. 北京：冶金工业出版社，2012.

[14] 蒋军成主编. 化工安全. 北京：中国劳动社会保障出版社，2007.

第5章

制药过程"三废"防治技术

制药工程的"三废",一般指制药工业生产过程中产生的废水、废气、废渣,它们属于环境科学所定义的污水、大气污染物和固体废弃物范畴。

> **本章学习目的与要求**
> ★掌握制药废水及其处理方法,熟悉典型制药废水的防治
> ★掌握制药废气及其治理方法,熟悉典型制药废气的防治
> ★掌握制药废渣及其治理方法,熟悉典型制药废渣的防治
> ★熟悉制药三废综合治理原理及方法

5.1 制药废水防治

5.1.1 制药废水及其处理原则

5.1.1.1 制药废水来源、特点及分类

水污染也称之为水体污染,是指排入水体的污染物使该物质在水中的含量超过了水体的本底含量和水体的自净力。制药废水是严重的水污染源之一。我国已于 2008 年 8 月 1 日起,强制实施《制药工业水污染物排放标准》。根据该标准,制药废水分为以下六类。

(1)发酵类制药废水

发酵法生产的药物或药物中间体:①抗生素类,如 β-内酰胺类、大环内酯类等;②维生素类,如维生素 B_{12}、维生素 C 等;③氨基酸类;④其他类,如核酸类药物辅酶 A、甾体类药物氢化物可的松、酶类药物细胞色素 C 等。

发酵类制药废水,来源于发酵、过滤、萃取、结晶、提炼、精制等过程,如图 5-1 所示。根据其来源,发酵类制药废水分为四类。①直接工艺排水,包括:废滤液(从菌体中提取药物)、废母液(从滤液中提取药物)、其他母液,溶剂回收残液等。②辅助过程排水,包括工艺冷却水(如发酵罐、消毒设备冷却水)、动力设备冷却水(如空气压缩机冷却水、制冷机冷却水)、循环冷却水系统排污、水环真空设备排水、去离子水制备过程排水、蒸馏(加热)设备冷凝水等。③冲洗水,包括容器设备冲洗水(如发酵罐冲洗水等)、过滤设备冲洗水、树脂柱(罐)冲洗水、地面冲洗水等。④生活污水。

发酵类制药废水中,水量最大的是辅助过程排水,COD 贡献量最大的是直接工艺排水,表 5-1 列出了几种发酵类制药废水的水质情况。

特点:①排水点多,高、低浓度废水单独排放;②污染物浓度高,如废滤液、废母液等高浓度废液的 COD 一般在 10000mg/L 以上;③含氮量高,可生化性较差;④含有大量的

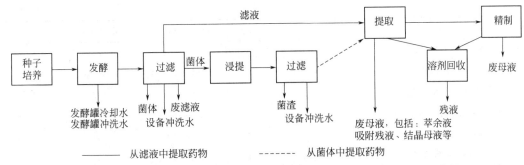

图 5-1 发酵类制药工艺流程及水污染物排放点

硫酸盐，给废水的厌氧处理带来困难；⑤废水中含有药物效价及微生物难以降解，甚至对微生物有抑制作用的物质。如当废水中青霉素、链霉素、四环素、氯霉素的浓度大于 10mg/L 时会抑制好氧污泥活性，降低处理效果；⑥色度较高。

表 5-1　几种发酵类制药废水的水质情况

废水种类	主要水质指标/(mg/L)				
	COD	BOD$_5$	总 N	悬浮物	SO$_4^{2-}$
青霉素废水	约 27800	约 14900	约 3898	约 3469	约 7000
维生素 C 废水	30000				
D-核糖废水	92000	30000	2028		
赖氨酸废水	25600	16800		5220	15000
维生素 B$_{12}$ 废水	68500～114000	44200～73500			2500～2900

（2）化学合成类制药废水

包括完全合成制药和半合成（主要原料为提取或生物制药方法生产的中间体）制药。

化学合成制药的化学反应过程千差万别，生产工艺各异且较为复杂，化学合成制药废水不好统一概括，可以笼统的分为 4 类：①母液类，如结晶母液，转相母液，吸附残液等；②冲洗废水，包括过滤机械、反应容器、催化剂载体、树脂、吸附剂等设备及材料的洗涤水；③回收残液，如回收溶剂残液、副产品回收残液等；④辅助过程排水及生活污水。

特点：①水质、水量变化大，pH 值变化大，含盐量有时高，见表 5-2；②污染物种类多，成分复杂；③可生化性差，一些原料或产物具有生物毒性，或难被生物降解，如酚类化合物、苯胺类化合物、重金属、苯系物、卤代烃溶剂等；④色度高。

表 5-2　部分化学制药废水的水量与水质

编号	废水来源名称	水量/(m³/d)	pH 值	COD$_{Cr}$/(mg/L)	BOD$_5$/(mg/L)	盐/(mg/L)
1	SMZ ASC 离心机废水	9.6	1	8000～23000		17～230
2	SMZ 提取废水	2.1	13	20000～35000	14000	250～310
3	SMZ 精制脱色罐水	2.4	11	9000～15000	0	5～12
4	TMP 酰肼化离心机洗水	0.8	9	10000～140000	2100	6～76
5	TMP 甲酯化离心机二机洗水	4	3	110000～120000	2100	250～380
6	TMP 酰甲苯废水	2	3	5000～15000	138	14～21
7	TMP 精制过滤水	3.6	10	38000～48000	30000	3.3～10

续表

编号	废水来源名称	水量/(m³/d)	pH 值	COD$_{Cr}$/(mg/L)	BOD$_5$/(mg/L)	盐/(mg/L)
8	PAS-N 离心机洗涤水	14	5	2300~2500	26	0.6~1.2
9	PAS-N 母液回收整出水	3	6	17000~34000	26000	1.4~10
10	PAS-N 熔精罐冷凝水	2	5	3000~9000	1877	1.0~1.6
11	PAS-Na 碱雾收集器排水	150	7	1000~6000	71.5	1.9
12	PAS-Na 减压蒸发冷凝水	14	7	1000~1800	1000	0.5~5
13	医药小产品综合废水	60	1	23000~34000		97

（3）提取类制药废水

指应用物理、化学、生物化学的方法，将生物体（人体、动物、植物，不包括微生物）中起重要生理作用的各种基本物质经过提取、分离、纯化等手段制造药物的过程。根据《提取类制药工业水污染物排放标准》，适用于不经过化学修饰或人工合成提取的生化药物，以动植物提取为主的天然药物和海洋生物提取药物。提取类制药不含中药，不适用于利用化学合成、半合成等方法制得的生化基本物质的衍生物或类似物、菌体及其提取物、动物器官或组织及小动物制剂类药物。

提取类制药废水，包括从母液中提取药物后残留的废滤液、废母液和溶剂回收残液等。废水成分复杂，水质、水量变化大，pH 值波动范围较大，见图 5-2。

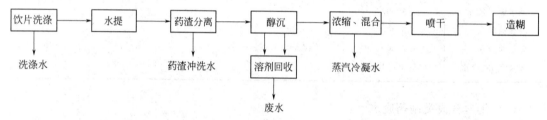

图 5-2 典型植物提取制药工艺流程

（4）中药类制药废水

中药分为中药材、中成药和中药饮片。对于不同产品，中药制药都有其特殊的产生工段，但大多包含洗药、煮提与制剂、洗瓶等工段。中药废水主要含有各种天然有机污染物，如有机酸、苷类、蒽酯、木质素、生物碱、单宁、鞣质、蛋白质、淀粉及它们的降解产物等。该类废水有机污染物含量高，成分复杂，难于沉淀，色度高，可生化性好，水质、水量变化大。

（5）生物工程类制药废水

生物工程类制药，是利用微生物、寄生虫、动物毒素、生物组织等，采用现代生物技术方法（主要是基因工程技术等），生产用于治疗、诊断等的多肽和蛋白质类药物、疫苗等的过程。包括基因工程药物、基因工程疫苗、克隆工程制备药物等。

生物工程类制药废水，是以动物脏器为原料培养或提取菌苗、血浆、血清抗生素、胰岛素、胃酶等产生的废水。成分复杂，COD、SS 含量高，水质变化大并且存在难生物降解且有抑菌作用的抗生素。

（6）混装制剂类制药废水

指用药物活性成分和辅料通过混合、加工和配制，形成各种剂型药物的过程。按照《混装制剂类制药工业水污染排放标准》，混装制剂类制药不适用于中成药制药。

这类制药废水主要是原料和生产器具洗涤水，设备、地面冲洗水，污染程度不高，水质较简单，属于中低含量有机废水，这类生产企业的废水排放标准相对严格，一般所含污染物较少，但也需进行适当的处理。

需要指出的是，以上分类在制药生产过程中存在一定的交叉和联系，例如，发酵类制药生产的药物常需化学合成；而在制药生产的提纯和精制阶段，则可能综合采用生物、物理和化学等诸多工艺，所以制药工艺过程较为复杂，制药废水的组成应视具体情况而定。

5.1.1.2 污染指标及处理原则

制药废水处理涉及常用的名词术语主要有以下几种。

① 化学需氧量或化学耗氧量（chemical oxygen demand，COD） 指在一定的条件下采用一定的强氧化剂处理水样时所消耗的氧化剂量，是表示废水中还原性物质如各种有机物、亚硝酸盐、硫化物、亚铁盐等含量的一个指标。COD 越大，说明水体污染越严重。

② 测定 COD_{Cr} 的重铬酸钾法 表示在强酸性条件下重铬酸钾氧化 1L 废水中有机物所需要的氧量，可大致表示废水中的有机物含量。

③ 生化需氧量或生化耗氧量（biochemical oxygen demand，BOD） 指废水中所含有机物与空气接触时因需氧微生物的作用而分解，使之无机化或气体化时所需消耗的氧量，以 mg/L 表示，BOD 越大，说明水体受有机物的污染越严重。

④ BOD/COD 反映废水的可生化性指标，比值越大，越容易被生物处理。

⑤ 五日生化需氧量（BOD_5） 采用五天时间在一定温度下，用水样培养微生物，并测定水样中溶解氧消耗情况，称为五日生化需氧量。数值越大，说明水中有机物污染越严重。

⑥ 悬浮固体（suspended substance，SS） 即水质中的悬浮物。

⑦ 总氮（total nitrogen，TN） 即一切含氮化合物以氮计的总称。

⑧ 总有机碳（total organic carbon，TOC） 即废水中溶解、悬浮有机物中的全部碳。

⑨ 排水量 指生产设施或企业排放到企业法定边界外的废水量，包括与生产有直接或间接关系的各种外排废水。

⑩ 单位产品基准排水量 指用于核定水污染物排放浓度而规定的生产单位产品的废水排放量上限值。

制药废水排放标准的控制指标，包括：a. 常规污染物控制指标，如 TOC、COD、BOD_5、SS、pH 值、氨氮、色度、急性毒性；b. 特征污染物，如总汞、总砷、氰化物、挥发酚、二氯甲烷等；c. 总量控制指标，如单位产品基准排水量。

制药废水的处理及排放标准的制定，要遵循以下原则：a. 科学性、先进性和可操作性原则；b. 清洁生产和循环经济原则；c. 浓度控制与总量控制相结合的原则；d. 分类指导原则；e. 国家排放标准和地方排放标准相结合；f. 定量与定性相结合原则。

5.1.2 制药废水处理方法

制药废水可简要地归结为高浓度难降解的有机废水，即 COD 浓度一般大于 2000mg/L、可生化性指标 BOD_5/COD 值一般小于 0.3 的有机废水。制药废水处理的目的是净化制药废水以降低污染而达标排放，基本方法包括物理法、化学法、物化法和生化法。

5.1.2.1 物理处理法

应用物理作用分离、回收废水中不易溶解的呈悬浮或漂浮状态的污染物而不改变污染物化学本质的处理方法称为物理处理法，以热交换原理为基础的处理法也属于物理法。物理法包括：重力分离法（如沉降和上浮）、离心分离法（如水旋和离心机）、筛滤截留法（如格栅、筛网、布滤、砂滤）等。处理单元操作包括：调节、离心分离、除油、过滤等。物理法设备简单，操作方便，分离效果良好，广泛用于制药废水的预处理和一级处理，见表 5-3。

表 5-3 废水物理处理的基本方法与适用范围

处理方法	处理对象	适用范围
调节	使水质、水量均衡	预处理
重力分离法		
沉淀	可沉固体	预处理
隔油	颗粒较大的油珠	预处理
气浮(浮选)	乳状油、相对密度近于1的悬浮物	中间处理
离心分离法		
水力旋流器	相对密度比水大或小的悬浮物,如铁皮、砂、油类等	预处理
离心机	乳状油、纤维、纸浆、晶体、泥沙等	预处理或中间处理
筛滤截留法		
格栅	粗大悬浮物	预处理
筛网	较小悬浮物	预处理
砂滤	细小悬浮物厚油状	中间或最终处理
布滤	细小悬浮物、浮渣、沉渣脱水	中间或最终处理
微孔管	极细小的悬浮物	最终处理
微滤机	细小悬浮物	最终处理
热处理		
蒸发	高浓度酸、碱废液	中间处理
结晶	可结晶物质如硫酸亚铁、黄血盐等	最终处理
磁分离	可磁化物质如钢铁、选矿、机械工业废水中磁性悬浮物	中间或最终处理

5.1.2.2 化学处理法

利用化学原理、化学反应改变废水中的污染物成分的化学本质,使之从溶解、胶体、悬浮状态转变为沉淀、漂浮状态或从固态转变为气态而除去的处理方法称之为化学处理法。

(1) 中和法

在废水中加入酸或碱进行中和反应,调节废水的 pH 值,使其呈中性或接近中性或适于下步处理的 pH 值范围。

(2) 化学沉淀法

向废水中投加沉淀剂,使其和水中的某些溶解性污染物质发生反应,生成溶度积小的难溶于水的化合物,分离出去,降低溶解性污染物质的浓度。

(3) 氧化还原法

废水中某些有毒、有害的溶解性污染物质,可以在氧化还原反应过程中转化成无毒、无害的新物质,或转化成可从水中分离出来的气体或固体,达到净化目的。

(4) 铁炭法

在酸性介质(pH 值 3~6)的作用下,铁屑和炭粒形成无数个微小原电池,释放出活性极强的 [H],并与溶液中的许多组分发生氧化还原反应。同时,还产生新生态的 Fe^{2+},新生态的 Fe^{2+} 继续被氧化生成 Fe^{3+},随后被水解并形成以 Fe^{3+} 为中心的胶凝体,从而使有机废水降解。

铁炭法作为制药废水的预处理步骤,其出水的可生化性大大提高。例如,冯雅丽等采用铁炭微电解法预处理高含盐制药废水,其 COD 为 10.08g/L,pH 为 8.3,盐质量分数为 3.5%,BOD_5 约为 1400mg/L。以 pH 为 4.5,铁投加量为 40g/L,铁炭质量比 1:1,反应时间 4h,COD 去除率可达 40% 以上,并提高废水出水的可生化性。

(5) Fenton 试剂处理法

Fenton 试剂的基本组成是 H_2O_2 和 Fe^{2+},其实质是 Fe^{2+} 和 H_2O_2 之间的链式反应催化生成高活性的羟基自由基(·OH),链反应如图 5-3 所示,羟基自由基与难

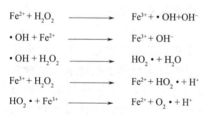

$$Fe^{2+} + H_2O_2 \longrightarrow Fe^{3+} + \cdot OH + OH^-$$
$$\cdot OH + Fe^{2+} \longrightarrow Fe^{3+} + OH^-$$
$$\cdot OH + H_2O_2 \longrightarrow HO_2 \cdot + H_2O$$
$$Fe^{3+} + H_2O_2 \longrightarrow Fe^{2+} + HO_2 \cdot + H^+$$
$$HO_2 \cdot + Fe^{3+} \longrightarrow Fe^{2+} + O_2 \cdot + H^+$$

图 5-3 Fenton 反应式

降解有机物反应发生部分氧化、耦合或氧化，形成分子量不太大的中间产物，从而改变它们的可生化性、溶解性和混凝沉淀性。

Fenton 试剂能有效地去除传统废水处理技术无法去除的难降解有机物。西咪替丁制药废水 COD 浓度高，成分复杂，小试采用 Fenton 试剂预处理，最佳反应条件为：H_2O_2 质量浓度为 3000mg/L，$FeSO_4$ 质量浓度为 750mg/L，氧化时间为 3h，pH 值为 3，COD 去除率达 50% 以上，工程调试结果与小试结果具有良好的相关性。

将紫外线、草酸盐等引入 Fenton 试剂中，更使其氧化能力大大加强。程沧沧等以 TiO_2 为催化剂、9W 低压汞灯为光源，用 Fenton 试剂对制药废水进行处理，取得了脱色率 100%，COD 去除率 92.3% 的效果，而且硝基苯类化合物浓度从 8.05mg/L 降至 0.41mg/L。

（6）高级氧化技术

是利用活性极强的自由基氧化分解水中有机污染物的新型氧化技术，汇集了现代光、电、声、磁、材料等各相近学科的最新研究成果，主要包括化学氧化法、电化学氧化法、湿式氧化法、超临界水氧化法、光催化氧化法和超声降解法等。

① 化学氧化法　是通过 O_3、ClO_2、H_2O_2、$KMnO_4$ 等氧化剂产生的 HO· 等强氧化自由基将无机物和有机物转化成为微毒、无毒物质或易于分解的形态的方法。

O_3、$KMnO_4$ 等氧化剂除有强氧化性之外，兼具脱色、除臭、杀菌、良好的絮凝和助凝功能，氧化分解废水中有机大分子物质的同时能将它们部分絮凝沉淀除去。通过选择氧化剂、控制投加量和接触时间，化学氧化法几乎可以处理所有的污染物。例如 Balcioglu 等对三种抗生素废水臭氧氧化处理，不仅 BOD_5/COD 有所提高，COD 去除率均达 75% 以上。

② 电化学氧化　污染物在电极上发生直接电化学反应，转化为无害物质；或通过间接电化学转化，利用电极表面产生的强氧化活性物种 HO·、HO_2·、O_2· 等使污染物发生氧化还原转变，称为电化学氧化。

利用铁电极间接氧化技术处理甲红霉素废水，COD_{Cr} 去除率达 46.1%。铸铁填料的电化学反应柱处理 COD_{Cr} 为 6000~8000mg/L 的病毒唑类生物制药废水 30min，BOD_5/COD_{Cr} 由 0.2 升至 0.3，对后续生物处理非常有利。

③ 湿式氧化　是在高温、高压下利用空气或氧气或其他氧化剂（如 O_3、H_2O_2），氧化水中溶解态或悬浮态的有机物，或还原态的无机物的一种处理方法。

④ 超临界水氧化　它是以水为介质，利用在超临界条件下（温度>374℃，压力>22.1MPa），水即呈现出超临界状态，有机物和气体完全溶解，消除了传质阻力，当氧加入到有机污染物中，在上述条件下，经过 30~60s 短时间快速反应，生成 CO_2 和水。采用超临界水氧化处理有机氯废水是一种非常可靠的方法，而且环境友好。

⑤ 光催化氧化法　用光和氧化剂产生很强的氧化作用来氧化分解废水中的有机物或无机物。氧化剂有臭氧、氯、次氯酸盐、过氧化氢及空气加催化剂等，其中常用的为氯气，光对污染物的氧化分解起催化剂的作用。在一般情况下，光源多为紫外线，有时某些特定波长的光对某些物质比较有效。

如以氯为氧化剂的光催化氧化法处理有机废水的原理如下。氯氧化剂投入水中后产生次氯酸，在无光照条件下它游离成次氯酸根，吸收紫外光后被分解产生初生态氧，这种初生态氧非常活泼，氧化能力很强。初生态氧在光的照射下，能把含碳有机物氧化成二氧化碳和水。

⑥ 超声降解法　利用超声波降解水中的化学污染物，尤其是难降解的有机污染物，是近年来发展起来的一项新型水处理技术，它基于超声波工作原理，条件温和、速度快，适用范围广，可以单独或与其他水处理技术联合使用，是一种很有发展潜力和应用前景的技术。

超声波-好氧生物接触法处理含庆大霉素、链霉素等抗生素的废水，200W 输出功率超声波单独处理 COD_{Cr} 为 6000～8000mg/L 的水样 60s，COD_{Cr} 去除率为 13%～16%，若经超声波预处理后续以好氧生物处理，COD_{Cr} 总去除率达 96% 以上，出水达标排放。

（7）电解法

电解质溶液在电流作用下进行电化学反应，把电能转化为化学能的过程称之为电解，利用电解的原理，来处理废水中有毒有害物质的方法称为电解法。

电解可以产生氧化还原、絮凝和气浮三种效应，分别去除废水中的不同污染物。李颖采用电解法预处理核黄素上清液，COD、SS 和色度的去除率分别达到 71%、83% 和 67%。赵敏采用三维电极法对河南郑州某制药厂维生素制药废水深度处理进行实验研究，优化工艺参数：电解电压为 10V，极板间距 8cm，电解时间 20min，初始 pH 值为 4，此时 COD 和色度的最大去除率分别为 59.5% 和 93.57%。

5.1.2.3 物理化学处理法

应用物理化学原理，去除废水中的污染物质的方法称为物理化学处理法。污染物在物化过程中可以不参与化学变化和化学反应，直接从一相转移到另一相，也可经化学反应后再转移。例如，为去除悬浮的和溶解的污染物而采用的混凝-沉淀和活性炭吸附的两级处理，即是一种比较典型的物理化学处理系统。

（1）混凝法

通过向废水中投加混凝剂，使其中的胶体微粒发生凝聚或絮凝（合称混凝）而相互聚结形成较大颗粒或絮凝体，进而从水中分离出来以净化废水的方法。混凝处理可以去除废水中的细分散固体颗粒、乳状油及胶体物质等，广泛用于制药废水预处理及后续处理过程中。

在制药废水处理中使用的混凝剂，包括无机絮凝剂如硫酸亚铁、三氯化铁、硫酸铝、聚合硫酸铁、聚合磷酸铁、聚合硅酸铁、聚合硅酸硫酸铁、聚合氯化铁、聚合氯化铝、聚合硫酸铝、聚合硫酸铁铝、聚合硫酸氯化铁铝等和有机高分子絮凝剂如聚丙烯酰胺等，见表5-4。

混凝剂在制药工业废水处理中应用广泛。例如，聚合氯化硫酸铝和聚合氯化硫酸铁铝处理 COD_{Cr} 为 1000～4000mg/L 的制药废水，其最佳工艺条件为：pH 值为 6.0～7.5，搅拌速度 160r/min，搅拌时间 15min，一次混凝剂投加量 300mg/L，沉降时间 150min，COD_{Cr} 去除率在 80% 以上。

表 5-4　制药工业废水处理常用的凝聚剂

制药工业废水	常用凝聚剂	制药工业废水	常用凝聚剂
吡喹酮	聚铝	麦迪霉素	聚合硫酸铁
红霉素	锌盐	维生素 B_6	聚合硫酸铁
洁霉素	氯化铁/硫酸亚铁/聚合硫酸铁	利福平	聚合硫酸铁、阳离子型聚丙烯酰胺
土霉素	聚合硫酸铁	叶酸	铬剂

（2）氧化絮凝法

通过电解催化氧化或 H_2O_2 与铁盐等催化氧化反应机制，产生具有极强氧化性的羟基自由基，使大部分微生物难降解的有机物迅速变为易分解的小分子有机物，甚至会被彻底氧化为二氧化碳和水。进一步通过投加絮凝剂，将形成的絮状有机物分离去除。

（3）吸附法

指利用多孔性固体吸附废水中某种或几种污染物，以回收或去除污染物，从而使废水得到净化的方法。常用的吸附剂有粉末活性炭、煤质柱状活性炭、人造浮石、腐殖酸钠、高岭土、漂白土、硅藻土、皂土、煤渣、粉煤灰、大孔吸附树脂等。吸附法按接触、分离的方式可分为：静态间歇吸附法和动态连续吸附法。

武汉健民制药厂采用煤灰吸附-两级好氧生物工艺处理其废水，结果显示，吸附对 COD 去除率达到 41.1%，并提高了 BOD_5/COD 值。

（4）气浮法

是利用高度分散的微小气泡作为载体去黏附废水中的污染物，使其因密度小于水而上浮到水面实现固-液或液-液分离的过程，也称浮选法、气泡浮上法。

气浮法包括布气气浮、溶气气浮、电解气浮、生物及化学气浮等多种形式。在发酵及中药类制药废水处理中，常以气浮法作为预处理工序或后处理工序，主要用于含有高沸点溶剂或悬浮物废水的预处理，如庆大霉素、土霉素、麦迪霉素等废水的处理。庆大霉素废水经化学气浮处理后，COD 去除率可达 50% 以上，固体悬浮物去除率可达 70% 以上。

（5）氨吹脱

吹脱法的基本原理是气液相平衡及传质速率理论，当空气通入水中，空气可以与溶解性气体产生吹脱作用及化学氧化作用。在采用生物处理过程中，当氨氮浓度大大超过微生物允许的浓度时，微生物受到 NH_3-N 的抑制作用，难以取得良好的处理效果，去氨脱氮往往是废水处理效果好坏的关键。

在制药工业废水处理中，常用吹脱法来降低氨氮含量，吹脱法即是在一定条件下，将铵盐较充分地转化为游离氨，并采用空气迅速将其吹脱去除，如乙胺碘呋酮废水的赶氨脱氮。低温催化氧化-吹脱技术是在高效复合催化剂催化下，将废水中的铵盐最大限度地转化为游离氨，并加快游离氨的释出，再配合低风压吹脱，使游离氨能够快速地与废水分离。

（6）离子交换法

是一种借助于离子交换剂上的离子和污水中的离子进行交换反应而除去水中有害离子的方法。在工业废水处理中，主要用于回收和除去污水中的金、银、铜、镉、锌等重金属离子，也可用于放射性废水和有机废水的处理。

离子交换剂按母体材质不同可以分为无机和有机两大类。无机离子交换剂有天然沸石和人工合成沸石，是一类硅质的阳离子交换剂。有机离子交换剂有磺化煤和各种离子交换树脂。目前在水处理中广泛使用的是离子交换树脂。

离子交换树脂是一类具有离子交换特性的有机高分子聚合电解质，是一种疏松的具有多孔结构的固体球形颗粒，由树脂母体骨架和活性基团两部分组成，树脂母体为有机化合物和交联剂组成的高分子共聚物，活性基团由起交换作用的离子和与树脂母体连接的固定离子组成，比如，树脂 $R—COO^-H^+$，其中 R 为树脂母体，$—COO^-H^+$ 为活性基团，$—COO^-$ 为固定离子，H^+ 为可交换离子。

（7）膜分离法

膜分离法是利用特殊的半透膜而将废水分开进而使某些溶质或溶剂渗透出来的方法的统称。用隔膜分离溶液时，使溶质通过膜的方法称为渗析，使溶剂通过膜的方法称为渗透。

根据溶质或溶剂透过膜的推动力不同，膜分离法可分为三类：以浓度差为推动力的方法有渗析和自然渗透；以电动势为推动力的方法有电渗析和电渗透；以压力差为推动力的方法有压渗析和反渗透、超滤、微孔过滤。其中常用的是电渗析、反渗透和超滤，其次是渗析和微孔过滤。

近年来，膜分离技术在高浓度难降解制药废水处理中得到广泛应用。例如，浙江省东阳市某生物制药厂排放废水的 COD、NH_3-N、SS 的浓度分别为 6500～10000mg/L、90～300mg/L、60～400mg/L，pH 值为 5～6，属于高浓度难降解废水，采用中空纤维膜分离活性污泥法进行处理，效果稳定，处理后的水质能达到国家《污水综合排放标准》中的一级标准。

5.1.2.4　生物处理法

生物处理法即生化法，利用微生物的代谢作用使废水中的有机物及部分不溶性有机物转化为无害的稳定物质而使水得到净化的方法，称为生物处理法。是目前广泛采用的比较成熟、经济的制药废水处理方法，包括好氧生物处理法、厌氧生物处理（或称厌氧消化）法、厌氧-好氧生物组合、光合细菌处理法等。一般来说，对于中低浓度的有机废水，可采用好氧生物处理法；对于高浓度有机废水和有机污泥，则采用厌氧生物处理法。

（1）好氧生物处理法

在游离氧（分子氧）存在的条件下，利用好氧微生物（主要是好氧细菌）分解废水中以溶解状和胶体状为主的有机污染物，而使其稳定无害化的处理方法。

利用好氧微生物分解废水中的污染物质，一般是通过机械设备往曝气池中连续不断地充入压缩空气，亦可采用氧气发生设备提供纯氧，并使氧溶解于废水中，这种过程称为曝气，处理废水的构筑物称为曝气池。当废水与微生物接触后，水中的可溶性有机物透过细菌的细胞壁和细胞膜而被吸收进入菌体内；胶体和悬浮性有机物则被吸附在菌体表面，由细菌的外酶分解为溶解性的物质进入菌体内。

微生物以吸收到细胞内的物质作为营养源加以代谢，一为合成代谢，部分有机物被微生物所利用，合成新的细胞物质；另一为分解代谢，部分有机物被分解成二氧化碳和水等稳定物质，并产生能量，用于合成代谢。同时，微生物的细胞物质也进行自身的氧化分解，即内源代谢或内源呼吸。微生物降解污水中有机物过程如图5-4所示。

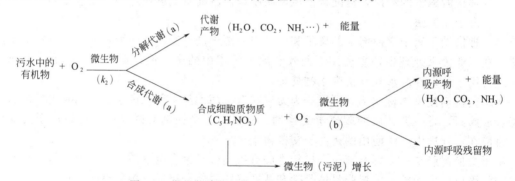

图 5-4　微生物降解污水中有机物过程的代谢示意图

通过好氧生物代谢活动，废水中的有机物约有 1/3 被分解、稳定，并提供其生理活动所需的能量；约有 2/3 的有机物被转化，合成为新的原生质即进行微生物自身生长繁殖，后者就是废水生物处理中的活性污泥或生物膜的增长部分，通常称其剩余活性污泥（生物污泥）或生物膜。

好氧生物处理工艺可分为两种主要类型，即悬浮生长工艺与附着生长工艺。悬浮生长工艺是使废水中有机物和其他组分转化为气体和细胞组织的微生物在液相中处于悬浮状态生长的生物处理工艺，也称活性污泥法；附着生长工艺使废水中有机物或其它组分转化为气体和细胞组织的微生物附着于某些惰性介质，例如碎石、炉渣及专门设计的陶瓷或塑料材料上生长的生物处理工艺，也称生物膜法。

近几十年来，出现了许多能够适应各种条件的工艺技术，各种好氧生物处理技术均是基于普通活性污泥法工艺的改型，主要有活性污泥法，如加压生化法、深井曝气法、氧化沟法、序批式活性污泥法（SBR法）及其改进工艺、吸附-生物降解法（AB法）、HCR工艺等；生物膜法如生物滤池、生物转盘、生物接触氧化法、生物流化床法、膜生物反应器（MBR法）。

① 普通活性污泥法　又称传统活性污泥法或推流式活性污泥法，是最早成功应用的运行方式，其基本流程见图 5-5。曝气池呈长方形，污水和回流污泥一起从曝气池的首端进入，在曝气和水力条件的推动下，污水和回流污泥的混合液在曝气池内以推流形式流动至池末端，流出池外进行二次沉池。在二次沉池中处理后的污水与活性污泥分离，部分污泥回流至曝气池，部分污泥作为剩余污泥排出系统。

② 加压生化法　加压的目的是为了提高溶解氧浓度，一般可使溶解氧浓度达 20mg/L 以上而充足供氧，既有利于加快好氧生物降解速度，也有利于增强好氧生物的耐冲击负荷能力。

③ 深井曝气法　是一种高速活性污泥系统。

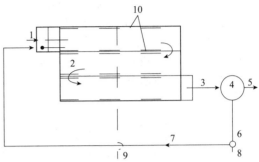

图 5-5　传统活性污泥法系统

1—经预处理后的污水；2—活性污泥反应器曝气池；3—从曝气池中流出的混合液；4—二次沉淀池；5—处理后污水；6—污泥泵站；7—回流污泥系统；8—剩余污泥；9—来自空压机站的空气；10—曝气系统与空气扩散装置

张彤炬等采用水解酸化预处理、深井曝气法为主体工艺处理华北某制药厂的激素类制药废水，当进水 COD 为 8～10g/L、BOD_5 为 4.8～6.0g/L、pH 值为 4～6、氨氮质量浓度约为 300mg/L 时，出水 COD≤500mg/L、BOD_5≤300mg/L，出水水质可达到 GB 8978—1996 的三级标准要求。

④ 氧化沟法　又称循环曝气池，氧化渠，它利用连续循环曝气池作生物反应池，是兼有连续循环、完全混合、延时曝气法处理废水的一种环形渠道，图 5-6 为以氧化沟为生物处理单元的污水处理流程。

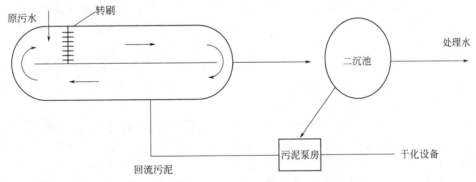

图 5-6　以氧化沟为生物处理单元的污水处理流程

氧化沟主要由三部分组成：格栅和曝气沉砂池组成的预处理部分、氧化沟生物处理部分和污泥脱水部分。一般呈环形沟渠状，平面多为椭圆形、圆形或马蹄形，总长可达几十米甚至百米以上。在沟渠内安装与渠宽等长的机械式表面曝气装置，常用的有转刷和叶轮等；曝气装置一方面对沟渠中的污水进行充氧，一方面推动污水和活性污泥混合在沟渠中做不停地循环流动。

⑤ 间歇式活性污泥法（SBR 法）　也称序批式活性污泥法，主要构筑物是 SBR 反应池，在这个池子中，依次完成进水、反应、沉淀、滗水、排除剩余污泥等过程。一般由一个或多个 SBR 池子组成。

与普通活性污泥法最大的不同之处在于：普通活性污泥法工艺中如曝气、沉淀等操作过程，分别在各自的构筑物进行，而 SBR 工艺中按时间改变各单元操作过程，且均在同一

SBR 池中完成。SBR 法的主要特征是反应池一批一批地处理污水，采用间歇式运行的方式，每一个反应池都兼有曝气池和二沉池的作用，因此，不再设置二沉池和污泥回流设备，而且一般也可以不建水质和水量调节池。

SBR 法是以好氧生化反应为主的污水处理方法，由进水、反应、沉淀、滗水和闲置五个基本操作程序组成，从进水开始到闲置结束叫做一个工作周期，都在同一个反应器中完成，周而复始，废水分批得到处理，其工作原理如图 5-7 所示。

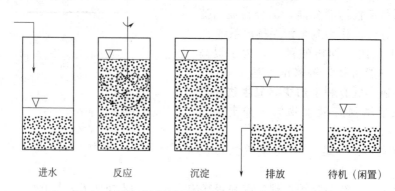

进水　　　　反应　　　　沉淀　　　　排放　　　　待机（闲置）

图 5-7　间歇式活性污泥法曝气池运行工序示意图

进水工序，是指从开始进水至到达反应器最大容积期间的所有操作，进水工序的主要任务是向反应器中注水，但通过改变进水期间的曝气方式，也能够实现其他功能。

反应工序，进水工序完成后，即污水注入达到预定高度后，就进入了反应工序，反应工序的主要任务是对有机物进行生物降解或除磷脱氮，这是本工艺最主要的一道工序。根据污水处理的目的，如 BOD 去除、硝化、磷的吸收以及反硝化等，采取相应的技术措施。

沉淀工序，反应工序完成后就进入了沉淀工序，沉淀工序的任务是完成活性污泥与水的分离。在这个工序，SBR 反应器相当于活性污泥法连续系统的二次沉淀池，进水停止，也不曝气、不搅拌、使混合液处于静止状态，从而达到泥水分离的目的。

排放工序（滗水），首先是排放经过沉淀后产生的上清液，然后排放系统产生的剩余污泥，并保证 SBR 反应器内残留一定数量的活性污泥作为种泥，一般而言，SBR 法反应器中的活性污泥数量一般为反应器容积的 50% 左右。

待机工序，也称闲置工序，即在处理水排放后，反应器处于停滞状态，等待下一个操作周期开始的阶段。闲置工序的功能是在静置无进水的条件下，使微生物通过内源呼吸作用恢复其活性，并起到一定的反硝化作用而进行脱氮，为下一个周期创造良好的初始条件。

SBR 法特别适合处理间歇排放和水量、水质波动大的制药废水，已经逐渐成为我国大型制药废水处理项目的主导工艺，如东北制药厂、华北制药厂、哈尔滨制药总厂、成都联邦制药有限公司等制药废水处理工程中，均广泛采用了此项技术。

目前 SBR 法的改进和发展工艺主要有：循环曝气活性污泥法（CASS）、循环式活性污泥法（CAST）、间歇循环延时曝气活性污泥法（ICEAS）、一体化活性污泥法（UNITANK，又称交替生物池）、改良型 SBR（MSBR）等。

⑥ 吸附-生物降解法（AB 法）　为两段活性污泥处理工艺，分为 A 段（吸附段）和 B 段（生物氧化段），A 段由吸附池和中间沉淀池组成，B 段则由曝气池及二次沉淀池组成。A 段与 B 段各自拥有独立的污泥回流系统，两段完全分开，每段能够培育出各自独特的、适于本段水质特征的微生物种群，从而使生物处理的功能发挥得更加充分，处理效果更好、效率更高，基本流程如图 5-8。

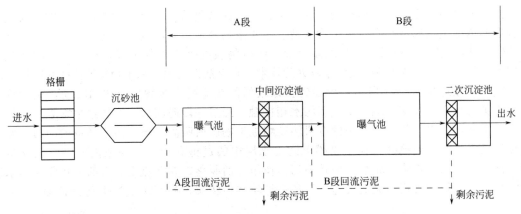

图 5-8　AB 法污水处理工艺流程

⑦ HCR（high performance compact reactor）法　是一种高效的好氧生物处理工艺，循环水泵提升高压水流经喷头射入反应器，由于负压作用同时吸入大量空气，污水被充氧，水流和气流的共同作用又使喷头下方形成高速紊流剪切区，把吸入的气体分散成细小的气泡，已充氧的混合物污水经导流筒达到反应器底部后，又向上返流形成环流，再经剪切向下射流，如此循环往复运行，于是污水被反复充氧，气泡和微生物菌团被不断剪切细化，并形成致密细小的絮凝体。如图 5-9 所示。

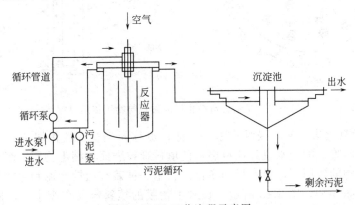

图 5-9 HCR 工艺流程示意图

⑧ 生物滤池　是生物膜反应器的最初形式，以土壤自净作用原理为依据，在废水灌溉的基础上发展起来的，命名为生物过滤法，构筑物被称为生物滤池。

普通生物滤池又名滴滤池，是生物滤池早期出现的类型，即第一代生物滤池。普通生物滤池由池体、滤料、布水装置和排水系统四部分组成，见图 5-10。

生物滤池净化污水的过程：污水长时间以滴状喷洒在块状滤料层的表面上，在污水流经的表面上就会形成生物膜，待生物膜成熟后，栖息在生物膜上的微生物即摄取流经污水中的有机物作为营养，从而使污水得到净化。

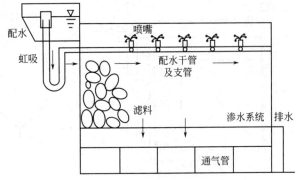

图 5-10　普通生物滤池的组成

由于填料的革新,工艺运行的改善,生物滤池由低负荷向高负荷发展,现有的主要类型为普通低负荷生物滤池与高负荷生物滤池、塔式生物滤池以及曝气生物滤池等。

⑨ 生物转盘 是利用在圆盘表面上生长的生物膜处理废水的装置,它是在生物滤池的基础上发展起来的一种新型的废水生物处理技术,具有活性污泥法和生物滤池法的共同特点。

其工艺原理如图 5-11 所示,生物转盘以较低的线速度在接触反应槽内转动,接触反应槽内充满污水,转盘交替地与空气和污水相接触,经过一段时间后,在转盘上附着一层栖息着大量微生物的生物膜。污水中的有机污染物被生物膜所吸附降解,由于转盘的回转,废水在接触反应槽时得到搅拌,在生物膜上附着水层中的过饱和溶解氧使池内的溶解氧含量增加。活性衰退的生物膜在转盘的回转剪切力作用下而脱落。在转盘上附着的生物膜与污水以及空气之间,除有机物与氧的传递外,还进行着其他物质,如 CO_2、NH_3 等的传递。

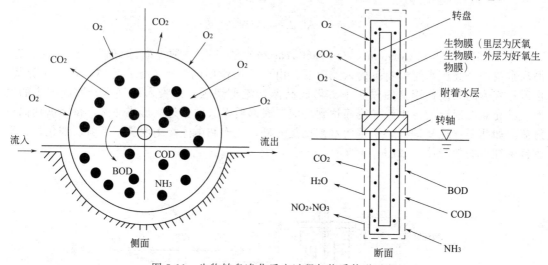

图 5-11 生物转盘净化反应过程与物质传递过程

⑩ 生物接触氧化法 又名浸没式曝气滤池,也称固定式活性污泥法,就是在曝气池中填充块状填料,经曝气的废水流经填料层,使填料颗粒表面长满生物膜,废水和生物膜相接触,在生物膜生物的作用下,废水得到净化。它是一种兼有活性污泥和生物膜法特点的废水处理构筑物,如图 5-12,图 5-13 所示,长满生物膜的填料淹没在废水中,同时,通过鼓风曝气从池底对池体内废水进行充氧,鼓入的空气,既能不断地补充失去的溶解氧,又能使废水处于流动状态而保证废水与填料充分接触,从而使废水中有机物被微生物吸附、氧化分解和转化为新的生物膜。

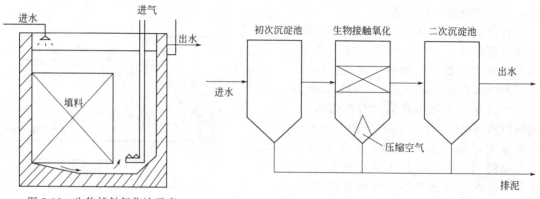

图 5-12 生物接触氧化池示意　　　　图 5-13 生物接触氧化法基本流程

有时生物接触氧化处理技术可采用二段（级）或多段（级）串联处理流程，如图 5-14。

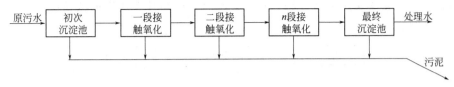

图 5-14　多段接触氧化处理流程

⑪ 生物流化床法　是以砂、活性炭、焦炭一类的较小的惰性颗粒为载体填充在床内，因载体表面被覆着生物膜而使其变轻，污水以一定流速从下向上流动，使载体处于流化状态，它利用流态化的概念进行传质或传热操作，是将生物、化工及水处理技术有机结合的一种废水处理装置。麦迪霉素、四环素、卡那霉素等制药废水已经采用生物流化床技术进行处理。

⑫ 膜生物反应器（membrane biological reactor，MBR）　也称膜分离活性污泥法，是由膜分离技术与污水处理工程中的生物反应器相结合组成的反应器系统，主要由膜分离组件及生物反应器两部分组成，它以超滤膜、微滤膜组件代替传统生物处理系统的二沉池以实现泥水分离，被超滤膜、微滤膜截留下来的活性污泥混合液中的微生物絮体和相对分子质量较大的有机物又重新回流至生物反应器内，这样增大了生物反应器生物量的浓度，延长了微生物平均停留时间，提高了微生物对有机物的氧化速率。

MBR 包括三类反应器：曝气膜-生物反应器、萃取膜-生物反应器、固液分离型膜-生物反应器，详细内容可参阅相关专著。白晓慧等采用厌氧膜-生物反应器工艺处理 COD 为 25000mg/L 的医药中间体酰氯废水，对 COD 的去除率保持在 90% 以上。

（2）厌氧生物处理法

在与空气隔绝（无游离氧存在）条件下，利用兼性厌氧菌和专性厌氧菌的生化作用对有机物进行生物降解，称为厌氧生化法或厌氧消化法。处理的最终产物是甲烷和二氧化碳等气体。

人们对厌氧消化的机理的认识，从最早的"两段论"到"三阶段"、"四类群"以至"四阶段"理论不断深入，可参阅相关专著，图 5-15 揭示了复杂有机物厌氧消化反应的过程。

目前国内外在制药废水处理中应用的主要有：上流式厌氧污泥床反应器（UASB）、上流式厌氧污泥床过滤反应器（UBF）、厌氧折流板反应器（ABR）、厌氧膨胀颗粒污泥床反应器（EGSB）和厌氧内循环反应器（IC）等。

① 上流式厌氧污泥床反应器（up-flow anaerobic sludge bed，UASB）　至今为制药废水厌氧生物处理的主流技术。UASB 反应器可分为三个主要区域：底部布水系统，反应区以及顶部的气液固三相分离区。下部是浓度很高并且有良好沉降性能和絮凝性能的颗粒污泥层，形成污泥床，污水通过布水系统被尽可能均匀的引入反应器底部，并向上流过污泥床，厌氧反应发生在废水与污泥颗粒的接触过程，污泥中的微生物把废水中的有机物转化为沼气，沼气以细小气泡形式不断放出，并在上升过程中逐渐形成较大气泡。因为水流和沼气气泡的搅动，污泥床之上形成一个污泥浓度差较小的稀薄固液悬浮层，并上升进入反应器上部设置的三相分离器，然后，沼气集中在气室导出，污泥絮凝成颗粒并在重力的作用下沉降至反应器下部的污泥床，处理出水则从三相分离器的沉淀区溢流堰上溢出，如图 5-16 所示。

② 上流式厌氧污泥床过滤反应器（up-flow blanket filter，UBF）　是一种复合式厌氧生物反应器，它在高浓度颗粒污泥床的上部增加了由填料及其表面附着生物膜组成的滤料层，改善了反应器的性能。

构造如图 5-17 所示，下部为厌氧污泥床，有很高的生物量浓度，床内的污泥可形成厌氧颗粒污泥,具有很高的产甲烷活性和良好的沉降性能,上部为与厌氧滤池相似的填料过滤层,填料表面可附着大量厌氧微生物,在反应器启动初期具有较大的截留厌氧污泥的能力,减少污泥的流失。

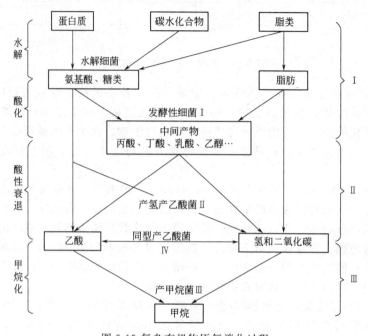

图 5-15 复杂有机物厌氧消化过程

注:右侧Ⅰ、Ⅱ、Ⅲ为 Bryant 三阶段理论;中部Ⅰ、Ⅱ、Ⅲ、Ⅳ为 Zeikus 四类群理论;
左侧为 Eckenfeldev 等四阶段理论

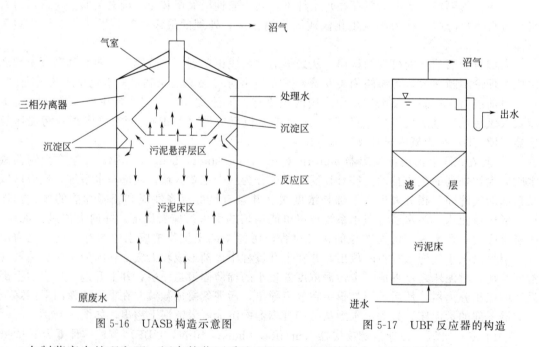

图 5-16 UASB 构造示意图 　　　　图 5-17 UBF 反应器的构造

在制药废水处理方面,河南某药厂采取 UBF 法处理其废水,反应器高 12m、直径 8m,处理废水 200m³/d,COD 去除率达 77% 以上,取得了较好的效果。此外,该复合式厌氧反应器已用来处理维生素 C、双黄连粉针剂等制药废水。

③ 厌氧折流板反应器　构造如图 5-18 所示，反应器内设置竖向导流板，将反应器分隔成串联的几个反应室，每一个反应室都是一个相对独立的上流式污泥床系统，水流由导流板引导上下折流前进，逐个通过反应室内的污泥床层，进水中的底物与微生物充分接触而得以降解去除。

虽然在构造上厌氧折流板反应器可以看作是多个 UASB 反应器的简单串联，但工艺上与单个 UASB 还是有显著不同，UASB 可以看作是一种完全混合式反应器，而厌氧折流板反应器整体近似于推流式，各反应室内基质与微生物呈较完全混合状态；它不需要设置三相分离器，不同反应室的微生物，易于形成独自的优势种群。例如，用厌氧折流板反应器处理葡萄糖为基质的废水时，经过一定的驯化后，在第一个反应室，会形成以酸化菌为主的高效酸化反应区，葡萄糖在此转化为低级脂肪酸，在后续反应室，将依次完成从各类低级脂肪酸到甲烷的转化。

邱波等研究了厌氧折流板反应器处理含有金霉素类抑制剂的高浓度制药废水，当温度在 $30 \sim 40 ℃$ 范围内变化，容积负荷为 $5625 g\ COD/(m^3 \cdot d)$，对 COD 的去除率为 75% 以上。

④ 厌氧膨胀颗粒污泥床反应器（expanded granular sludge bed，EGSB）　它实际上是改进的 UASB，其设计思想是通过部分出水回流和反应器更高的高径比，使颗粒污泥床在高流速下膨胀起来，使废水与颗粒污泥接触得更好，从而强化了混合和传质，消除死区，反应器的处理效率大大提高。EGSB 反应器的构造与 UASB 反应器有相似之处，分为进水配水系统、反应区、三相分离区和出水渠系统。与 UASB 反应器不同的是，EGSB 反应器设有专门的出水回流系统，其构造如图 5-19 所示。

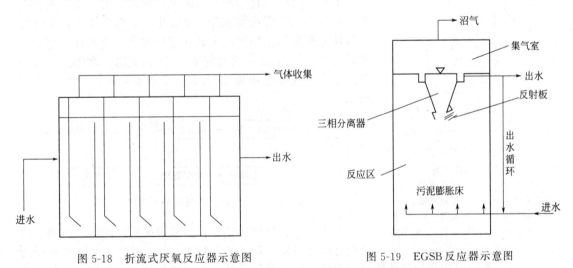

图 5-18　折流式厌氧反应器示意图　　　　图 5-19　EGSB 反应器示意图

EGSB 能在 $30 kg\ COD/(m^3 \cdot d)$ 的超高负荷下处理多种废水，在制药废水处理方面可用于抗生素废水，对青霉素等含高硫酸盐的制药废水效果更佳。

⑤ 厌氧内循环反应器（IC）　其特征是在反应器中设有两级三相分离器，污泥床在极高负荷的情况下，依靠厌氧过程本身所产生的大量沼气运行。它是由两个上下重叠的 UASB 反应器串联组成的，下面的 UASB 处于极端高负荷，上面的 UASB 处于低负荷，由下面的第一个反应器产生的沼气作为提升的内动力，使升流管与回流管的混合液产生密度差，实现下部混合液的内循环，使废水获得强化预处理，上面的第二个 UASB 反应器对废水继续进行后处理，使出水达到处理要求，如图 5-20 所示。

（3）厌氧-好氧组合处理工艺

直接采用好氧法处理高浓度有机废水，需要加入大量稀释水，同时增加了能耗，而厌氧处理虽然能够承受较高的有机物浓度、负荷和产能，但处理后的出水 COD 等难以达到排放要求，且操作管理相对复杂。因此厌氧-好氧组合处理工艺，可以取长补短，提高处理效率。

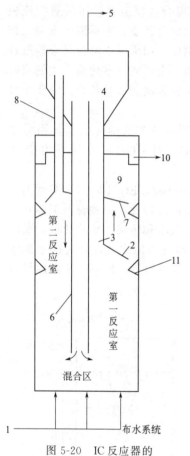

图 5-20 IC 反应器的
基本构造示意图

1—进水；2——级三相分离器；3—
沼气提升管；4—气液分离器；5—
沼气排出管；6—回流管；7—二级
三相分离器；8—集气管；9—沉淀
区；10—出水管；11—气封

厌氧-好氧生物组合目前已成为处理制药废水等高浓度有机废水的主流工艺，包括厌氧-好氧活性污泥法（简称 A/O 法）、厌氧-缺氧-好氧活性污泥法（简称 A^2/O 或 AAO 法）、厌氧-二级好氧活性污泥法（A/O^2 或 AOO 法）等。

周瑜等人采用 ABR-MBR 联合工艺，对生物制药废水进行处理，在进水 COD 为 2500mg/L 左右，NH_3-N 浓度 150mg/L 左右的条件下，单一的 ABR 工艺可去除 78% 的 COD，出水 COD 仍在 550mg/L 左右，不能满足新建厂的排放要求；ABR 出水再经 MBR 处理后，出水 COD 浓度小于 25mg/L，NH_3-N 小于 0.9mg/L，远低于排放要求。

5.1.3 典型制药废水处理

5.1.3.1 化学制药废水处理

（1）概述

工程实践中，化学制药类废水处理的主要方法是生化技术。但许多化学合成类制药废水在生化处理系统中，化合物对单位体积生物量的浓度太高或毒性太大，应进行物化预处理，再进行厌氧-好氧或水解酸化-好氧生化、物化法后续处理。化学合成类制药废水处理的普通工艺流程，如图 5-21 所示。

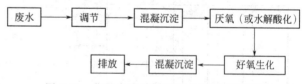

图 5-21 化学合成类制药废水处理工艺流程

在厌氧生化处理装置上，多采用厌氧污泥床反应器、厌氧复合床反应器（UASB＋AF）、厌氧颗粒污泥膨胀床反应器等形式。在好氧生化处理装置上，上世纪以活性污泥法、深井曝气法、生物接触氧化法为主，近年来则以水解-好氧生物接触氧化法以及不同类型的序批式活性污泥法居多。

（2）实例

某制药厂主要生产维生素 H，产生的废水量较小，但浓度高，水质波动大，COD 高，BOD/COD 仅为 0.11，可生化性很差。

① 水质、水量 生产废水为 95.869m³/d，其中维生素车间高浓度生产废水为 8.369 m³/d，主要污染物有四氢呋喃、乙酸乙酯、盐酸、甲醇、乙胺、硫代乙酰胺、甲苯等，占废水的 8.73%；低浓度生产废水占 91.27%。设计处理水量为 120 m³/d，要求处理后达标排放。废水水质见表 5-5。

表 5-5   废水水质

项目	高浓度废水变化范围	平均值	低浓度废水变化范围	平均值
COD_{Cr}/(mg/L)	56000~96628	62000	420~1808	942
BOD_5/(mg/L)	4200~6000	5630	82.3~500	236
pH 值	3.1~5.5	5.0	6.5~7.2	6.8

② 处理工艺为水解酸化-接触氧化-气浮-氧化工艺，工艺流程如图 5-22 所示。

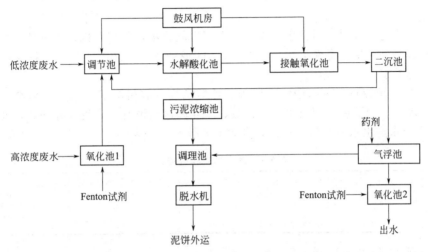

图 5-22   水解酸化-接触氧化-气浮-氧化处理工艺流程

③ 运行结果   环境检测部门对该废水处理工程设施进行了两个周期连续 24h 监测，主要监测项目为 pH、COD_{Cr}、BOD_5，监测结果见表 5-6。

表 5-6   废水各处理单元水质监测结果

项目	调节池	水解酸化池出水	接触氧化池+二沉池出水	气浮池出水	总排放口出水
COD_{Cr}/(mg/L)	3420	1610	320	109	60.4
BOD_5/(mg/L)	1490	726	137	49.3	14.0
pH 值	7.12	6.89	7.36	7.18	7.35

由表 5-6 可以看出，高浓度废水经 Fenton 试剂法氧化预处理，与低浓度废水在调节池混合后，BOD_5/COD_{Cr} 达 0.44，废水的可生化性得到提高。各工序处理单元 COD_{Cr}、BOD_5 去除率分别为：水解酸化处理，COD_{Cr} 去除率为 53%，BOD_5 去除率为 51%；接触氧化池，COD_{Cr} 去除率为 80%，BOD_5 去除率为 81%；气浮池，COD_{Cr} 去除率为 66%，BOD_5 去除率为 64%；气浮池出水再经进一步氧化，COD_{Cr} 去除率为 45%，BOD_5 去除率为 72%；总排放口出水，COD_{Cr} 去除率为 98%，BOD_5 去除率为 99%，其余各项污染物抽检合格率为 100%，出水水质良好，达标排放。

5.1.3.2   生物制药废水处理

（1）概述

发酵类制药废水的污染物主要为常规污染物即 COD、BOD、SS、pH、色度和氨氮等。发酵类制药废水的处理方法主要包括物化处理方法、好氧生化处理方法、厌氧生化处理方法及其组合处理等。发酵类抗生素废水大多数采用预处理-厌氧（或水解酸化）-好氧组合生化处理工艺，即高浓度废水先经过预处理、厌氧生化处理，出水再与低浓度废水混合进行好氧生化（或水解-好氧生化）处理；或者高浓度废水先与其他废水混合，然后采用预处理，好氧（或水解好氧）生化处理的流程，如图5-23所示。

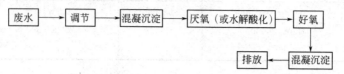

图5-23 发酵类抗生素废水处理工艺流程图

（2）实例

山东新时代药业有限公司抗生素生产园区产生的废水，具有有机物含量高、悬浮物浓度高、成分复杂、存在生物毒性物质、色度高、pH值波动大、间歇式排放等特点，废水可生化性差，处理难度大。

① 水质排放等特点 废水中含有甲苯、乙酸乙酯等有机溶剂，以及红霉素、青霉素等抗生素残留效价。为了使处理出水达标排放，工业园区内设置一座废水处理站，处理水量为 $6000m^3/d$，废水进水水质和排放标准，如表5-7所示。

表5-7 进水水质和排放标准

污染物指标	COD/(mg/L)	BOD₅/(mg/L)	氨氮/(mg/L)	抗生素(总量)/(mg/L)	SS/(mg/L)	色度/倍
进水水质	6000	1500	300	400	800	2000
排放标准	≤50	≤10	≤5	0	≤20	≤30

② 工艺流程 如图5-24所示。

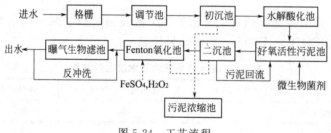

图5-24 工艺流程

a. 预处理 抗生素制药废水经格栅拦截，粗大悬浮物进入调节池，然后进入初沉池进行自然沉淀。

b. 水解酸化 初沉池上清液进入水解酸化池，废水经水解酸化处理后，生物毒性物质浓度降低，更容易被好氧微生物所降解。

c. 好氧活性污泥池 在好氧活性污泥池中投加微生物菌剂对废水进行生物强化一级处理，该微生物菌剂为放线菌、酵母菌、光合细菌组成的微生物活菌制剂，微生物菌剂初始投加量为1%（体积分数），连续投加1~2周，后续投加量为0.05%~0.2%（体积分数），连续投加3~6周，出水COD、NH₃-N和青霉素含量基本稳定后停止投加。

加入微生物菌剂后，对COD、抗生素残留的去除率明显提高，实际运行系统的稳定性和耐冲击负荷能力增强，有机物去除率提高，出水水质改善，从而减少了单元处理能耗，减轻了后续处理负担。

d. Fenton氧化处理好氧生物处理之后的废水，可以裂解如苯类、呋喃类等难生物降解有机物及对微生物有毒害作用的残留抗生素，进一步提高废水可生化性，而且Fenton试剂用量少，处理成本大大降低。

e. 曝气生物滤池深度处理 Fenton 氧化处理后的废水调节 pH 值至 6~8 后进入曝气生物滤池，出水达标排放。

③ 运行结果 工艺稳定运行期间对废水的处理效果如表 5-8 所示。

表 5-8 废水沿程处理效果

处理单元	COD/(mg/L)	BOD$_5$/(mg/L)	氨氮/(mg/L)	抗生素（总量）/(mg/L)	SS/(mg/L)	色度/倍
调节池	5800	1220	236	380	600	2000
水解酸化池出水	4750	1420	178	236	481	1200
好氧活性污泥出水	322	62	20.2	22	50	200
Fenton 氧化池出水	142	55	18.3	0	29	100
曝气生物滤池出水	40.7	5	0.8	0	12	20

工程实践表明，采用"预处理-水解酸化-生物强化一级处理-Fenton 氧化-曝气生物滤池深度处理"组合工艺处理抗生素制药废水，生化效率高、处理费用低、运行高效、出水水质稳定，外排水中无抗生素残留，出水水质达到《山东省南水北调沿线水污染物综合排放标准》（DB 37/599—2006）中重点保护区中修改通知单的排放标准。在处理高浓度抗生素生产废水的问题中有很好的应用前景。

（3）生物安全问题

在制药废水处理中，生物工程制药的生物安全问题必须引起高度重视。生物安全问题主要是：所接触病毒、活性菌种的废水、废液以及动物房的动物尸体等将病毒或活性菌种带出工厂，进入环境。因此，要求对"接触病毒、活性细菌等的生产工艺废水和废液应进行全过程灭活、灭菌处理"。

以某生物制药有限公司为例，简要说明该类废水的处理工艺流程：该公司主要产品是重组人溶栓因子（rh-NTA）冻干粉针和抗体化抗原乙型肝炎治疗疫苗，废水处理量不是很大，各类废水混合后污染物浓度不高，而且水的可生化性较好。处理工艺首先采取适当的灭菌方法对可能带菌的废水进行灭菌处理，然后再进行生化处理；对于残留有活的菌体或细胞的反应器、储罐和管路，采取在位或拆零灭菌，杀死残留的活菌体或细胞之后再对罐体进行清洗；经灭菌的废水与其余生产废水和生活污水混合后，进行生化处理。

5.1.3.3 中药制药废水处理

（1）概述

水解酸化-好氧法、厌氧-好氧法等，对提取与中药类制药废水来讲是有效并且经济适用的处理技术，前者适于浓度较低的原废水，后者适于浓度较高的原废水，而其中的厌氧处理宜采用 UASB 法，好氧处理宜采用接触氧化、SBR 法等。

国内对中药类制药废水采取的处理工艺目前大多为悬浮物预处理→水解酸化→好氧生化→物化处理法，工艺流程如图 5-25 所示。

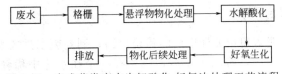

图 5-25 中成药类废水水解酸化-好氧法处理工艺流程

（2）实例

通化万通药业股份有限公司主要生产中药，产生的废水成分复杂，主要污染物为糖类、乙醇、苷类、蒽醌、木质素、生物碱、鞣质、蛋白质、色素等物质，COD$_{Cr}$、BOD 含量高，废水的排放不规律，pH 值波动范围较大。

① 水质、水量　设计进水 COD_{Cr} 为 7000mg/L，BOD 为 4500mg/L，SS 为 300mg/L，pH 值为 12。经过处理后，出水水质达到 $COD_{Cr} \leqslant 60mg/L$，$BOD \leqslant 20mg/L$，$NH_3\text{-}N \leqslant 8mg/L$，$SS \leqslant 50mg/L$，pH 在 6～9 之间。

② 废水处理工艺流程　如图 5-26 所示。

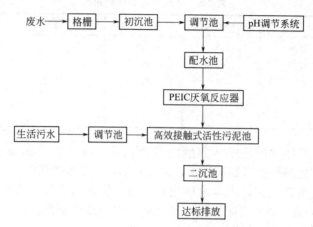

图 5-26　厌氧好氧法处理中药制药废水

该污水处理站设计方案采用了目前国内先进和成熟的厌氧处理工艺 PEIC 厌氧反应器，好氧工艺采用成熟的生物接触氧化池工艺。

PEIC 厌氧反应器是废水处理系统中的核心部分，属于第三代厌氧反应器，该反应器在处理高浓度有机废水、高悬浮物及高生物毒性废水与间歇性生产废水领域有独特的优势，对 COD 的去除率在 95% 左右，产生的沼气与颗粒污泥可作为资源进行回收。

高效接触式活性污泥工艺的实质之一是在池内填充填料，已经充氧的污水浸没全部填料，并以一定的流速流经填料，在填料上布满生物膜，污水与生物膜广泛接触，在生物膜上的微生物的新陈代谢的作用下，污水中有机物得到去除，污水得到净化。

③ 运行结果　在该废水处理系统调试期间，该厂日产废水 1000t 以上，废水处理工程经过两个月的调试和运行，处理水质、水量经相关权威部门现场监测，全部达到设计指标，相关环保部门监测结果见表 5-9。

表 5-9　现场水质监测结果

水样(混合废水)	pH 值	BOD_5/(mg/L)	COD/(mg/L)	SS/(mg/L)
处理前	11	3800	5630	300
处理后(平均值)	8.5	12	58	43
GB 21906—2008 中药类制药工业污染物排放标准限值	6～9	20	100	50

5.1.4　制药废水综合利用

排放水体是废水处理达到相关标准后的传统出路，制药废水排放水体前，虽然经过了处理，但仍然还有少量污染物，排入水体后，还要有一个在水体中稀释、降解的自然净化过程，不同的受纳水体对排放水质要求不同，处理水需要满足相应受纳水体所要求的排放标准，不影响受纳水体的原有功能。

薯蓣皂苷元是合成多种甾体激素的原料，我国由薯蓣皂苷元（以下简称皂素）生产的激素类药物有 50 多种，在药品生产中仅次于抗生素，皂素由于在生产过程中以黄姜或黄山药为原料，经粉碎、自然发酵、无机酸水解、水解物干燥、溶剂汽油提取后获得产品，水解后必须用大量清水漂洗，使漂洗废水中含有大量的有机物、酸、无机盐类，因而使污水处理难度大，运行费用高。昆明市环境科学研究所对该类废水成分进行了调查研究，利用废水中的可用资源淀粉水解有机物制取酒精，使废水得到综合治理及资源利用。

（1）试验原理

利用废水中富含酸和淀粉溶解后的糖的特点，补充一定量的淀粉质原料，在强酸及高温加压条件下，使淀粉水解为还原糖（单糖和多糖），增加糖度达到酒精发酵所需条件，调整pH值并去除中和沉淀物，然后接种酵母菌"胜利一号"，调整发酵温度，发酵一定时间后蒸馏得工业酒精。

（2）采用某皂素车间一漂废水

其水质见表 5-10。

表 5-10　试验废水水质

COD_{Cr}/(mg/L)	BOD_5/(mg/L)	SS/(mg/L)	pH	色度/倍	糖度/°BX	还原糖/%
67866	42242	1810	0.4	2200	5.5	3~5

（3）工艺流程

有前处理阶段、水解阶段、中和、发酵和蒸馏阶段，流程见图 5-27。

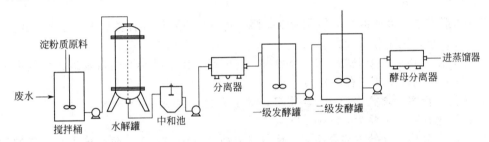

图 5-27　皂素废水制取酒精工艺流程

（4）试验结果及分析

通过小试及中试，最终得到 90%的酒精，另外，皂素废水经酒精生产工艺后的酒精废液，与原水相比，COD_{Cr}降低了 70%，废水中 COD 减少 50kg/t，使后续处理负荷降低，处理费用减少，试验结果见表 5-11。

表 5-11　处理前后废水水质情况

类别	COD_{Cr}/(mg/L)	BOD_5/(mg/L)	pH 值	SS/(mg/L)	色度/倍
皂素废水	67866	42242	0.4	1810	2200
废醪液	20139	16376	4.2	858	64
降低百分率/%	70	61		53	97

5.2　制药废气防治

5.2.1　制药废气的来源与危害

5.2.1.1　制药废气的来源及分类

制药工业的废气属于环境科学所定义的大气污染物范畴。按照国际标准化组织（ISO）

的定义:"大气污染通常是指由于人类组织或自然过程引起某些物质进入大气中,呈现出足够的浓度,达到足够的时间,并因此危害了人类的舒适、健康和福利,或危害了环境的现象"。

排入大气的污染物种类很多,依照与污染源的关系,可将其分为一次污染物和二次污染物,若从污染源直接排出的原始物质,进入大气后,其性质没有发生变化,则称为一次污染物;若由污染源排出的一次污染物与大气中的原有成分,或几种一次污染物之间,发生了一系列的化学变化或光化学反应,形成了与原污染物性质不同的新污染物,则所形成的新污染物称为二次污染物。依照污染物的存在形态,可将其分为颗粒污染物与气态污染物。

(1)颗粒污染物

进入大气的固体粒子与液体粒子均属于颗粒污染物,颗粒污染物一般做如下分类。

① 粉尘 是指悬浮于气体介质中的小固体颗粒,受重力作用能发生沉降,但在一段时间内能保持悬浮状态。颗粒的尺寸范围一般为 $1 \sim 200 \mu m$。

② 烟 是指在冶金过程中形成的固体颗粒气溶胶,烟颗粒尺寸很小,一般为 $0.01 \sim 1 \mu m$。

③ 飞灰 是指随燃料燃烧产生的烟气排出的分散得较细的灰分。

④ 黑烟 一般是指由燃料燃烧产生的能见气溶胶。

⑤ 雾 气体中液滴悬浮体的总称。

(2)气态污染物

以气体形态进入大气的污染物称为气态污染物。气态污染物种类极多,按其对我国大气环境的危害大小,主要分为五类。

① 含硫化合物 主要是指 SO_2、SO_3 和 H_2S 等,其中以 SO_2 的数量最大,危害最大,是影响大气质量的最主要气态污染物。

② 含氮化合物 含氮化合物种类很多,最主要的是 NO、NO_2、NH_3 等。

③ 碳氧化合物 主要为 CO 和 CO_2。

④ 碳氢化合物 此处主要是指有机废气,有机废气中的许多组分构成了对大气的污染,如烃、醇、酮、酯、胺等。

大气中的挥发性有机化合物(VOC)一般是 $C_1 \sim C_{10}$ 化合物,常含有氧、氮和硫原子。

⑤ 卤素化合物 对大气构成污染的卤素化合物主要是含氯化合物和含氟化合物,如 HCl、HF、SiF_4 等。

气态污染物从污染源排入大气中,可以直接对大气造成污染,也可形成二次污染物。主要气态污染物和其所形成的二次污染物种类见表5-12。

5.2.1.2 制药废气污染的特点及危害

制药工业废气所含有害物质成分复杂,种类繁多,有害组分浓度低而废气总体积大,处理难度相对较大,制药工业废气的危害随污染物的不同而不同。

表 5-12 气体状态大气污染物的种类

污染物	一次污染物	二次污染物	污染物	一次污染物	二次污染物
含硫化合物	SO_2、H_2S	SO_3、H_2SO_4、MSO_4	碳氢化合物	C_mH_n	醛、酮等
含氮化合物	NO、NO_2	NO_2、HNO_3、MNO_3、O_3	卤素化合物	HF、HCl	无
碳氧化合物	CO、CO_2	无			

注:M代表金属离子。

颗粒物对人体健康危害很大,其危害主要取决于大气中颗粒物的浓度和人体在其中暴露的时间。研究数据表明,因上呼吸道感染、心脏病、气管炎、肺炎、肺气肿等疾病而到医院就诊人数的增加与大气中颗粒物浓度的增加是相关的。

NO 毒性不太大，但进入大气后可被缓慢的氧化为 NO_2，当大气中有 O_3 等强氧化剂存在时，或在催化剂作用下，其氧化速度会加快。NO_2 是红棕色气体，其毒性约为 NO 的 5 倍，有强烈的刺激作用。NO_2 浓度为 $(1\sim3)\times10^{-6}\,mg/m^3$ 时，可闻到臭味，浓度为 $13\times10^{-6}\,mg/m^3$ 时，眼、鼻有急性刺激感。

CO 是一种窒息性气体，一般认为，CO 浓度为 $100\times10^{-6}\,mg/m^3$ 是一定年龄范围内健康人暴露 8h 的工业安全上限。CO 浓度达到 $100\times10^{-6}\,mg/m^3$ 以上时，多数人会感觉眩晕、头痛和倦怠。尽管 CO_2 是无毒气体，地球上的 CO_2 浓度增加后产生"温室效应"。

多数 VOCs 有毒，有恶臭气味，部分有致癌性，特别是苯、甲苯及甲醛会对人体造成很大危害；其次，一些 VOCs 也有易燃易爆性，对企业生产存在安全隐患；VOCs 中的卤代烃还可破坏臭氧层。

如表 5-13 所示，在制药过程中会使用到一些熔点低、挥发性好的有机溶剂，此类溶剂很可能会随着生产过程挥发出来而导致 VOCs 污染，此环节是该行业 VOCs 的主要来源。

二次污染物中危害最大的是硫酸烟雾和光化学烟雾。

表 5-13 制药行业使用的主要有机溶剂

名称	分子式	使用企业类型	沸点/℃	挥发性	名称	分子式	使用企业类型	沸点/℃	挥发性
丙酮	C_3H_6O	a~d	56.5	极易挥发	乙醚	$C_4H_{10}O$	c	34.6	极易挥发
乙酸乙酯	$C_4H_8O_2$	a,b	77	易挥发	二氯甲烷	CH_2Cl_2	a~d	39.8	极易挥发
苯	C_6H_6	a~c	80.1	易挥发	异丙醇	C_3H_8O	c	82.4	易挥发
甲苯	C_7H_8	a,c	110.6	易挥发	乙腈	C_2H_3N	c,d	81.1	易挥发
二甲苯	C_8H_{11}	a,c	138.4~144.4	易挥发	DMF	C_3H_7NO	a	149~156	易挥发
甲醇	CH_3OH	a,c	64.8	易挥发	环己烷	C_6H_{12}	d	80.7	易挥发
乙醇	C_2H_6O	b~d	78.4	易挥发	甲醛	CH_2O	d	-19.5	易挥发
正丙醇	C_3H_8O	a,b	97.2	易挥发	四氢呋喃	C_4H_8O	a,c	65.4	极易挥发
丁醇	$C_4H_{10}O$	c	117.5	易挥发	醋酸丁酯	$C_6H_{12}O_2$	a	126	易挥发
氯仿	$CHCl_3$	c	61.3	易挥发	三乙胺	$C_6H_{15}N$	c	89.5	易挥发
苯胺	C_6H_7N	c	184.4	易挥发	二甲亚砜	C_2H_6OS	a,c	189	易挥发

注：a—发酵类企业；b—提取类企业；c—化学合成类企业；d—生物工程类企业。

5.2.2 制药废气防治技术

5.2.2.1 粉尘的治理技术

药厂排出的含尘废气主要为粉碎、碾磨、筛分等机械过程所产生的粉尘和锅炉燃烧所产生的烟尘等，常用的除尘方法有三种，即机械除尘、洗涤除尘和过滤除尘。

(1) 机械除尘

机械除尘是利用机械力（重力、惯性力、离心力）将固体悬浮物从气流中分离出来。根据机械力不同，常用的机械除尘设备可分为重力沉降室、惯性除尘器、旋风除尘器等。利用粉尘与气体的密度不同，依靠粉尘自身的重力从气流中自然沉降下来，从而达到分离或收集气流中含尘粒子的目的的设备称为重力沉降室；利用粉尘与气体在运动中的惯性力不同，使含尘气流方向发生急剧改变，气流中的尘粒因惯性较大，不能随气流急剧转弯，从而从气流中分离出来的设备称为惯性除尘器；利用含尘气体的流动速度，使气流在除尘装置内沿一定方向作连续的旋转运动,尘粒在随气流的旋转运动中获得离心力,从而从气流中分离出来的除尘设备称为旋风除尘器。常见机械除尘设备的基本结构如图 5-28 所示。此类设备只对大粒径粉尘的去除效率较高,而对小粒径粉尘的捕获率低。

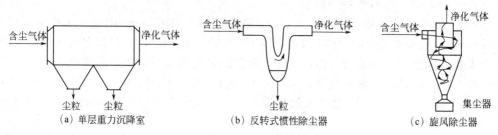

(a) 单层重力沉降室   (b) 反转式惯性除尘器   (c) 旋风除尘器

图 5-28 常见机械除尘设备的基本结构

(2) 洗涤除尘

洗涤除尘又称湿式除尘,是用水(或其他液体)洗涤含尘气体,利用形成的液膜、液滴或气泡捕获气体的尘粒,尘粒随液体排出,气体得到净化。常见的填料式洗涤除尘器如图 5-29 所示。

(3) 过滤除尘

过滤除尘是使含尘气体通过多孔材料,将气体中的尘粒截留下来,使气体得到净化。如袋式除尘器,其基本结构是在除尘器的集尘室内悬挂若干圆形或椭圆形的滤袋,当含尘气流穿过这些滤袋的袋壁时,尘粒被袋壁截留,在袋的内壁和外壁聚集而被捕集。图 5-30 所示为常见的袋式除尘器示意图。

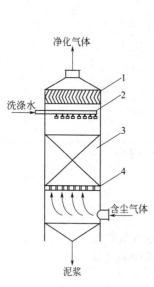

图 5-29 填料式洗涤除尘器
1—除沫器;2—分布器;3—填料;4—填料支撑

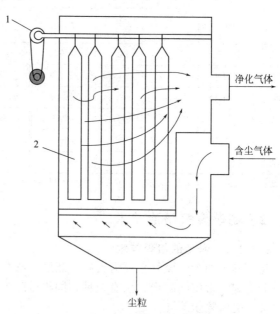

图 5-30 袋式除尘器示意图
1—振动装置;2—滤袋

各种除尘装置各有其优缺点,对于那些粒径分布范围较广的尘粒,常将两种或多种不同性质的除尘器组合使用。例如,某化学制药厂用沸腾干燥器干燥氯霉素成品,排出气流中含有一定的氯霉素粉末,若直接排放,不仅损失产品,而且会造成环境污染。该厂采用如图 5-31 所示净化流程对排出气流进行净化处理。

5.2.2.2 气态污染物治理基本方法

（1）吸收法

利用吸收剂将混合气体中一种或数种组分（吸收质）有选择地吸收分离的过程称为吸收。吸收常被分为物理吸收和化学吸收，其区别见表5-14。吸收是净化气态污染物最常用的方法。利用适当的液体吸收剂处理废气，使废气中气态污染物溶解到吸收液中或与吸收液中某种活性组分发生化学反应而进入液相，这样使气态污染物从废气中分离出来的方法为吸收法。

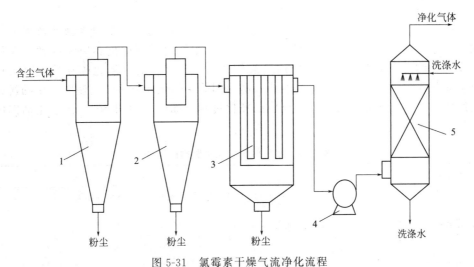

图 5-31 氯霉素干燥气流净化流程

1，2—旋风除尘器；3—袋式除尘器；4—鼓风机；5—洗涤除尘器

表 5-14 吸收分类

吸收类型	特征
物理吸收	被吸收气体单纯溶解于液体,如有机溶剂吸收有机气体,特点:选择性弱,吸收量少
化学吸收	被吸收气体组分与吸收剂或已溶解于吸收剂中的某些活性组分发生明显化学反应的吸收过程,同时存在物理溶解和化学反应,如 NaOH 吸收 SO_2,特点:有选择性,吸收量大

如用油处理制药废气，除去苯和甲苯等极性小的有机物蒸气属于物理吸收，而用水吸收氮氧化合物生成硝酸发生化学变化的操作属于化学吸收。

吸收液常用的种类如下。

① 水　用于吸收易溶的有害废气。

② 碱性吸收液　用于吸收哪些能和碱起化学反应的酸性有害气体。对二氧化硫、氮氧化合物、硫化氢、氯化氢、氯气等，常用碱性吸收液有氢氧化钠、碳酸钠、氢氧化钙（石灰乳）、氨水等。

③ 酸性吸收液　常用的酸性吸收液有硫酸液等。有害气体在稀酸中的溶解度比在水中的溶解度增加或者是发生化学反应，如一氧化氮、二氧化氮，在一定稀硝酸中的溶解度比在水中的溶解度大得多，再就是碱性气体可以与酸性吸收液发生中和反应而被吸收。

④ 有机吸收液　如碳酸丙烯酯、N-甲基吡咯烷酮、聚乙二醇醚、冷甲醇、二乙醇胺等。

吸收设备主要有表面式吸收器、填料式吸收器、鼓泡式吸收器、筛板塔、喷淋式吸收室、拨水轮吸收室、复合吸收塔。

（2）吸附法

吸附是利用多孔性固体吸附剂处理流体混合物，使其中所含的一种或数种组分吸附于固体表面上,以达到分离的目的。吸附过程和吸收的区别在于:吸收后,吸收组分均匀地分布在吸收相中,吸附后,吸附组分聚积或浓缩在吸附剂上,是一个非均相过程。

通常根据吸附剂与吸附质之间发生吸附作用的力的性质,将吸附分为物理吸附和化学吸附,物理吸附又称为范德华吸附,是由吸附剂与吸附质分子之间的范德华力产生的。化学吸附又称活性吸附,是由于吸附剂与吸附质分子之间的化学键力而导致的,特征见表 5-15。

工业上广泛应用的吸附剂主要有活性炭、硅胶、分子筛、吸附树脂、活性氧化铝、沸石、白土及硅藻土等。吸附设备有固定吸附床和流化床。

(3) 催化净化法

催化净化法是使气态污染物通过催化剂床层,发生催化反应,转化为无害物质或易于处理和回收利用的物质的净化方法。催化净化法有催化氧化法和催化还原法两种。催化氧化法,是废气中的污染物在催化剂的作用下被氧化,如废气中的二氧化硫在催化剂 (V_2O_5) 作用下可氧化为三氧化硫,用水吸收变成硫酸而回收。催化还原法,是使废气中的污染物在催化剂的作用下,与还原性气体发生反应的净化过程,如废气中的 NO_x 在催化剂作用下与 NH_3 反应生成无害气体 N_2。

表 5-15 物理吸附和化学吸附的特征

吸附类型	特征
物理吸附	① 放热 20kJ/mol,与气化热接近,因此常被看成气体的凝聚 ② 无选择性 ③ 低温下显著 ④ 速度快 ⑤ 单层或单原子层
化学吸附	① 放热比物理吸附大,接近反应热,一般 84~417kJ/mol ② 选择性强 ③ 高温下显著 ④ 速度慢 ⑤ 单分子层或多分子层

除少数贵重金属催化剂外,一般工业常用的催化剂多为多组元催化剂,通常由活性组分、助催化剂和载体三部组成。活性组分是催化剂的主体,如铂、钯、钒、铬、锰、铁、钴、镍、铜、锌等以及它们的氧化物等。助催化剂虽然本身无催化作用,但它与活性组分共存时,却可以提高活性组分的活性、选择性、稳定性和寿命。载体是活性组分的惰性支承物。常用的载体有氧化铝、硅藻土、铁矾土、氧化硅、分子筛、活性炭和金属丝等,通常活性物质被喷涂或浸渍于载体表面。

工业应用的气固催化反应器按颗粒床层的特性可分为固定床催化反应器和流化床催化反应器两大类,其中环境工程领域采用最多的是固定床催化反应器。固定床催化反应器按温度条件和传热方式可分为绝热式与连续换热式;按反应器内气流流动方向又可分为轴向式和径向式。常见的绝热式固定床反应器有单段式绝热反应器、多段式绝热反应器、列管式反应器、径向反应器等。

(4) 燃烧净化法

用燃烧方法来销毁有毒气体、蒸气或烟尘,使之变成无毒、无害物质,叫做燃烧净化法。

目前在实际使用中的燃烧净化方法有直接燃烧、热力燃烧和催化燃烧。

① 直接燃烧 也称为直接火焰燃烧,是把废气中可燃的有害组分当做燃料燃烧,因此这种方法只适用于净化高浓度或者热值较高的气体。

② 热力燃烧 当废气中可燃烧的有害物质浓度较低(几百毫克/升),发热值仅为 40~800kJ/m³ 时,不能靠它维持燃烧,必须采取辅助燃料来提供热量,使废气中可燃物达到着

火温度而销毁，称为热力燃烧。

③ 催化燃烧 主要用来治理制药工业和化学工业有机废气和消除恶臭，在催化剂作用下，有机废气中的碳氢化合物可以在较低温度下（300~400℃）迅速氧化，生成二氧化碳和水，气体得到净化。

常用的催化剂主要有两类：a. 贵金属类，主要有 Pt、Pd、Rb 等，在催化剂中的含量为 0.1%~0.5%；b. 非贵金属氧化物或盐类，主要有 Mn、Cr、Cu、Fe、Ni、Co 以及稀土金属类氧化物或盐，这类催化剂一般含金属量为 5%。

（5）冷凝法

利用物质在不同温度下具有不同饱和蒸气压这一性质，采用降温、加压方法使处于蒸气状态的气体冷凝而与废气分离，以达到净化或回收的目的。废气的去除程度，与冷却温度和饱和蒸气压有关，冷却温度越低，废气越接近饱和，其去除程度越高。在恒定温度的条件下，通过提高压力的办法可实现冷凝过程，也可通过恒定压力下降低温度来进行冷凝。

冷凝法有两种基本方法，即接触冷凝和表面接触冷凝。接触冷凝是被冷却的气体与冷却液或冷冻液直接接触，其优点是有利于强化传热，但冷凝液需进一步处理。表面冷凝也称间接冷却，冷却壁把废气与冷却液分开，因而被冷凝的液体很纯，可以直接回收利用。

（6）生物处理法

生物处理法是近年来发展起来的一种高新废气净化技术，是利用驯化后的微生物的新陈代谢过程对多种有机物和某些无机物进行生物降解，将其分解成水和二氧化碳，从而有效地去除工业废气中的污染物质。

生物净化废气有两种方式：一是生物吸收方法，即先把废气从气相转移到水中，然后进行废水的微生物处理；二是生物过滤法，由附着在固体过滤材料表面的微生物完成。

生物吸收装置主要包括吸收器和废水生物处理反应器。废气从吸收器底部通入，与水逆流接触，有害废气被水（或生物悬浮液）吸收后由吸收器顶部排出。吸收了废气的水从吸收器底部流出，进入废水生物处理反应器经微生物再生后循环使用。

5.2.2.3 含硫废气治理技术

制药工业生产产生的含硫、氧化合物废气主要有二氧化硫，硫化氢等。二氧化硫为酸性氧化物，根据其性质，可以采用多种处理方法，主要有碱处理法、吸附剂吸收处理法、氧化吸收处理等。

（1）石灰石-石灰法

① 石灰石-石灰直接喷射法 原理是将固体石灰石或石灰粉直接喷射到废气处理炉内，在高温作用下，石灰石被烧成氧化钙，废气中的二氧化硫即被氧化钙所吸收并与之发生反应，在较短时间内完成煅烧、吸收、氧化三个过程，石灰石粉末和废气中的二氧化硫反应生成硫酸盐等颗粒物随气流排至旋风除尘器和电除尘器被捕集下来。

② 石灰石-石灰湿式洗涤法 可分为抛弃法、石灰-石膏法和石灰-亚硫酸钙法三种。

以石灰-石膏法作为代表，其基本原理为用石灰石或石灰浆液吸收废气中的二氧化硫，先生成亚硫酸钙，然后亚硫酸钙再被氧化为硫酸钙，因而可分为吸收和氧化两个过程。

（2）氨吸收法

利用氨吸收法处理制药工业产生的含硫氧化合物废气是一种经典的方法，其主要优点在于处理费用比较低，处理后的产品可以化肥的形式提供农业使用，本方法的缺点在于氨易挥发，吸收剂的消耗量较多。按照吸收液再生方法不同可分为：氨-酸法、氨-亚硫酸铵法、氨-硫铵法等。

（3）钠碱吸收法

钠碱法采用碳酸钠或氢氧化钠来吸收废气中的二氧化硫，并可获得较多的高浓度二氧化

硫气体和硫酸钠。根据吸收液的再生方法不同分为：亚硫酸钠循环法和亚硫酸钠法

① 亚硫酸钠循环法 是利用氢氧化钠或碳酸钠溶液作初始吸收剂，在低温下吸收废气中二氧化硫，并生成亚硫酸钠，再继续吸收二氧化硫，生成亚硫酸氢钠，含亚硫酸钠和亚硫酸氢钠的吸收液加热再生，释放出二氧化硫纯气体，可进一步制成硫酸和硫酸盐产品，加热再生过程中得到亚硫酸钠，经固液分离，并用水溶解后返回吸收系统。

② 亚硫酸钠法 采用氢氧化钠或者碳酸钠溶液作为吸收剂，但循环液不循环使用，而是加工成产品-亚硫酸钠。

（4）双碱法

双碱法首先采用碳酸钠、氢氧化钠或亚硫酸钠吸收废气中的二氧化硫，然后吸收二氧化硫的溶液与石灰或石灰石进行反应，生成亚硫酸钙或硫酸钙沉淀，再生后的氢氧化钠溶液返回洗涤器或吸收塔更新使用。双碱法有钠碱双碱法、碱性硫酸铝-石膏法等，其中应用较多的是钠碱双碱法。

（5）吸附法

二氧化硫是一种容易被吸附的气体，常用活性炭、活化煤、活性氧化铝、沸石、硅胶等作吸附剂吸附。影响吸附回收二氧化硫的因素有以下几个：废气中水和氧的含量、温度、添加剂。

5.2.2.4 含氮氧化合物废气治理技术

含氮氧化合物主要包括一氧化氮、二氧化氮等，可用代表性的符号表示 NO_x，含氮氧化合物的性质主要为酸性、还原性及氧化性等。制药废气中的含氮氧化合物的处理，常采用液体吸收法和固体吸附法。

（1）液体吸收法

① 水吸收法 用水吸收 NO_x，效率低，适用于气量小、净化要求不高的场合。

② 酸吸收法 a.稀硝酸吸收法，由于一氧化氮在稀硝酸中的溶解度比在水中大得多，一般一氧化氮在 12% 的硝酸中溶解度比在水中大 100 倍以上，故可用稀硝酸吸收一氧化氮废气。b.Bolme 法是用 25%～30% 的常温硝酸来洗涤含 NO_x 废气的处理方法。

③ 碱性溶液吸收法 用氢氧化钠、亚硫酸钠、氢氧化钙、氨水等碱性溶液作为吸收剂对 NO_x 进行化学吸收。碱性溶液与 NO_x 反应生成硝酸盐和亚硝酸盐，与 N_2O_3（$NO+NO_2$）反应生成亚硝酸盐。

（2）固体吸附法

利用固体吸附剂吸附处理制药废气中的氮氧化合物，可以达到较高的净化程度，进而可将较高浓度的氮氧化合物回收利用，常用的固体吸附剂有分子筛、硅胶、活性炭、含氨泥煤等。

① 分子筛吸附法 分子筛吸附剂有氢型丝光沸石、脱铝丝光沸石、氢型皂沸石、BX 型分子筛。

② 硅胶吸附法 以硅胶作为吸附剂，先将一氧化氮氧化为二氧化氮以后再加以吸附，然后经过加热可解吸附。

③ 活性炭吸附法 活性炭对低浓度氮氧化合物有很高的吸附能力，吸附量超过分子筛和硅胶，解吸后的氮氧化合物可以回收，它能吸附二氧化氮，还能促进一氧化氮氧化为二氧化氮，利用特定的活性炭可以将 NO_x 还原为氮气。

5.2.2.5 含挥发性有机废气（VOC）治理技术

（1）冷凝方法

适合于在以下情况使用：①高浓度有机废气，特别是有害组分单纯的废气，当实际的蒸气压低于冷凝温度下的溶剂饱和蒸气压时，此法不适用；②作为预处理，特别是有害物质含

量较高时，可以通过冷凝回收的方法，减轻后续净化装置的操作负担；③处理含大量水蒸气的高温废气。

（2）吸附法

目前用于吸附 VOCs 污染的常用吸附剂主要有：活性炭、硅胶、活性氧化铝、分子筛、人工沸石、高聚物吸附树脂等，其中活性炭的性能最好，去除率高，物流中有机物浓度在 1000×10^{-6} 以上时，吸附率可达 95% 以上，但使用活性炭的缺点是再生困难，受气体中水分的影响大，对 VOCs 的吸附容量在相对湿度大于 50% 时会急剧下降。

（3）燃烧法

适用于净化可燃性的有机废气或者在高温下可以分解的有害物质。处理高浓度 VOCs 与恶臭的化合物时燃烧法非常有效，一般情况下，去除率都在 95% 以上。用过量的空气使这些有害物质燃烧，大多数生成二氧化碳和水蒸气，可以直接排放到大气中，但处理含氯和含硫的有机化合物时，燃烧产物中含有氯化氢和二氧化硫，需要做进一步的处理，以防止对大气造成污染。

（4）溶剂吸收法

采用低挥发性或不挥发性溶剂对 VOCs 进行吸收，再利用 VOCs 分子和吸收剂物理性质的差异进行分离。吸收效果主要取决于吸收剂的吸收性能和吸收设备的结构特征。

用于 VOCs 净化的吸收设备，一般是气液相反应器，它要求气液相有效接触面积大，气液湍流程度高，设备的压力损失较小，易于操作和维修。目前，常用的吸收设备有填料塔、喷淋塔、鼓泡塔、板式塔等。

（5）生物方法

生物法净化有机废气的原理是将废气中的有机组分作为微生物生命活动的能源或其他养分，经代谢降解转化为简单的无机物（CO_2，H_2O 等）及细胞组成物质，如图 5-32 所示。

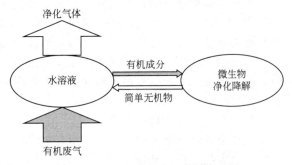

图 5-32　微生物净化有机废气模式图

由于气液相间有机物浓度梯度，有机物水溶性以及微生物的吸附作用，有机物从废气中转移到液相（或固体表面液膜）中，进而被微生物捕获、吸收。微生物对有机物进行氧化分解和同化合成，产生的代谢产物，一部分溶入液相，一部分作为细胞物质或细胞代谢能源，还有一部分（如 CO_2）则析出到空气中，废气中的有机物通过上述过程不断减少，从而得到净化。

挥发性有机废气生物处理方法分为生物吸收法（又称生物洗涤法）和生物过滤法两类。生物过滤法有生物滤池和生物滴滤池两种形式。

VOCs 常用处理工艺性能比较见表 5-16。

表 5-16　VOCs 常用工艺性能比较

工艺		冷凝法	吸附	燃烧	吸收	生物
高浓度	处理效率	中	中	高	高	低
	费用	低	中	高	高	较低
低浓度	处理效率	中	高	高	中	高
	费用	高	高	高	高	低

工艺	冷凝法	吸附	燃烧	吸收	生物
最终产物	有机物	解吸有机物	CO_2、H_2O	有机物	CO_2、H_2O
适用范围	纯净单组分	低浓度,范围广	高浓度,范围广	高浓度,特定范围	低浓度,范围广
其他	工艺复杂,可回收有用组分,但对入口VOCs要求严格	运行费用高,废液需处理	燃烧不完全,产生有毒的VOCs中间产物	高温气体需降温,操作压力低时,吸收率低,需回收溶液	工艺简单,操作方便,去除率高,投资低,无二次污染

注:1. 浓度<3000mg/m³为低,>5000mg/m³为高;
2. 效率>95%为高,80%~95%为中,<80%为低。

5.2.2.6 含 H_2S 废气治理技术

目前,国内外处理硫化氢废气的方法很多,根据其弱酸性和强还原性而进行处理,可分为干法和湿法,干法是利用硫化氢的还原性和可燃性,以固体氧化剂或吸附剂来处理进而直接燃烧。湿法按其所用的不同脱硫剂分为液体吸附法和吸收氧化法两类。发展较快的微生物处理法的应用,越来越受到重视。

对于制药行业的含硫化氢废气,处理方法的选择要根据制药生产中产生废气的具体情况和制药企业的客观条件来决定。

(1) 液体吸收法

有利用碱性溶液的化学吸收法和利用有机溶剂的物理吸收法,以及物理化学吸收法。

① 乙醇胺法 利用乙醇胺易与酸性气体反应生成盐类在低温下吸收、在高温下解吸的性质可脱除硫化氢等酸性气体,常用乙醇胺和二乙醇胺等。

② 氨水吸收法 氨水具有弱碱性,故能吸收酸性硫化氢气体,当把吸收液加热到95℃时又释放出硫化氢,氨水循环再使用,脱除出来的氨和硫化氢气体采用化学分离法,并进一步加工可回收硫酸氨等产品。

(2) 有机溶剂物理吸收法

气体中硫化氢浓度很高时,采用有机溶剂物理吸收硫化氢,然后降低硫化氢的分压即可解吸。大多数有机溶剂能选择性地从二氧化碳中吸收硫化氢气体,常用方法是冷甲醇法、N-甲基-2-吡咯烷酮法、碳酸丙烯酯法等。

(3) 微生物法

利用微生物处理硫化氢等有害气体的方法近年来发展较快,取得很好的成果,见5.2.3实例。

(4) 吸收氧化法

主要利用各种氧化剂、催化剂进行处理,氧化法脱硫是用碱性吸收液吸收硫化氢生成硫氢化物,再将硫氢化物在催化剂的作用下,进一步氧化成硫黄。催化剂可用空气再生循环使用。常用吸收液有碳酸钠、氨水等,催化剂有铁氰化物、氧化铁、对苯二酚、氢氧化铁等,工艺流程由脱硫和再生两部分组成。

5.2.2.7 含 Cl_2 及 HCl 废气治理技术

(1) 含氯废气的处理

常用的方法有以下四种。

① 水吸收法 氯气在水中的溶解度取决于氯气的分压和溶液中氯的摩尔分数,当增加氯的分压和降低温度(不低于0℃)时,就能增加氯在水中的溶解度,国外多采用低温高压水吸收氯气,然后用加热和减压的方式解吸来回收氯气。

② 碱吸收法　碱液吸收是我国制药工业和化学工业当前处理含氯废气的主要方法，常用的吸收剂有氢氧化钠、碳酸钠、氢氧化钙等碱性水溶液或浆液。吸收过程中能使废气中氯有效地转变为副产品-次氯酸盐。

③ 氯化亚铁溶液或铁屑吸收法　用氯化亚铁溶液或者铁屑吸收含氯废气，可制得三氯化铁产品。

④ 溶剂吸收法　指使用除水以外的有机或无机溶剂洗涤含氯废气，使溶剂吸收其中的氯，后用加热或者减压解吸溶剂中的氯气，解吸后的溶剂循环使用，或将含氯溶液作为生产原料用于生产过程。

(2) 含氯化氢废气的净化与综合利用

① 含氯化氢废气的净化，氯化氢在水中的溶解度相当大，一个体积的水能溶解 450 个体积的氯化氢，对于浓度较高的氯化氢废气，用水吸收后可降至 0.1％～0.3％，含氯化氢 3.15mg/m³ 的废气，水吸收后可降至 0.025mg/m³，吸收率可达 99.9％。因此，水吸收在处理制药工业含氯化氢废气上得到广泛应用，也是目前处理氯化氢废气的主要方法。

② 含氯化氢废气的综合利用，主要包括如下三种形式。

a. 水吸收副产盐酸　如我国有的制药厂用水吸收含氯化氢废气得到 15％的稀盐酸，再将生产过程中逸出的氨通入盐酸中，得到氯化铵溶液，蒸发结晶出固体氯化铵，也可用副产物盐酸与金属或其他氧化物反应得到相应的金属氯化物。

b. 含氯化氢废气直接利用　某些药物中间体氯化过程产生的废气中，含有较高浓度的氯化氢，用这种废气可以与其他化工原料直接反应，加工成相应的产品。如国内用甘油吸收氯化氢废气，制取二氯丙醇，并可在催化剂作用下制取环氧氯丙烷、二氯异丙醇等。

c. 利用含氯化氢废气生产氯气　有机氯化过程中，约有一半的氯转化为氯化氢，由含氯化氢废气生产氯气的研究工作，既利用了氯源，又保护了环境，氯化氢转化的方法有氯化法、电解法、硝酸氧化法等。

5.2.2.8　含氟废气治理技术

制药工业中含氟废气通常指含有气态氟化氢的废气，其常用的防治技术有以下几种。

(1) 吸收净化法

氟化氢极易溶于水而形成氢氟酸，能和碱性物质发生反应生成盐。因此，采用水或碱液吸收的方法，能很容易地去除废气中的氟化氢。

① 水吸收　水吸收净化法比较经济，水廉价易得，且脱氟率较高，但腐蚀性强，这是由于产生氢氟酸，因此设备及管道需采用聚氯乙烯或玻璃钢制作。

② 碱液吸收　碱液吸收含氟废气中，常以氨水、石灰乳和纯碱、烧碱溶液作为吸收剂，脱氟效率较高，且能将有害物质转化为有用物质，吸收液可再生循环使用。

(2) 吸附净化法

是利用吸附剂对氟的选择性吸附来实现脱氟的，适用于处理含氟量不高的废气。常用的工业吸收剂有活性炭、活性氧化铝、分子筛、硅胶、硅藻土、沸石等。脱氟吸附剂的选择，主要是看对氟有较强吸附能力或亲和力，比表面积大，并且固体表面微孔不易被堵塞等。

5.2.2.9　恶臭防治技术

恶臭气体是指挥发性物质分子在空气中扩散，被吸入人体的嗅觉器官而引起不愉快的气体。恶臭是一种感觉，难以定量，且因人和环境而变。恶臭的污染源十分广泛，如表 5-17 所示。在恶臭物质中，对人体危害比较大的主要有硫化氢、氨、硫醇类、甲基硫、三甲胺、甲醛、苯乙烯、酚类等。

表 5-17 恶臭物的主要来源及臭味性质

类别	物质名称	主要来源	臭味的性质
1	氯气	化工合成、医药、农药	刺激臭
	含卤素有机物	合成树脂、合成橡胶、溶剂灭火器材、制冷剂等	刺激臭
2	烃烯炔类	炼油、炼焦、石油化工、电石、化肥等	刺激臭
	芳香烃类	食品、炼油、石油化工、化肥、油漆等	香水臭、刺激臭
3	脂肪酸类	石油化工、油脂加工、皮革制造	刺激臭
	酚类	溶剂、涂料、油脂工业、石油化工	刺激臭
	醇类	石油化工、油脂加工、皮革制造、肥皂	刺激臭
	醛类	炼油、石油化工、医药、垃圾、铸造	刺激臭
	酮类	油脂工业、石油化工、溶剂、涂料	刺激臭
	酯类	合成纤维、合成树脂、涂料、黏合剂	香水臭、刺激臭
4	吲哚类	粪便、生活污水、炼焦、屠宰牲畜	刺激臭
	硝基化合物	染料、炸药	刺激臭
	氨	氮肥、硝酸、炼焦、粪便、肉类加工	尿臭、刺激臭
	胺类	水产加工、畜产加工、皮革、骨胶	粪臭
5	硫化氢	牛皮纸浆、炼油、炼焦、石化、煤气	腐蛋臭
	硫醇类	牛皮纸浆、炼油、煤气、制药、农药	烂洋葱臭
	硫醚类	牛皮纸浆、炼油、农药、垃圾	蒜臭

恶臭的处理技术多种多样，但总的来说可以分为物理法、化学法和生物法。

① 掩蔽法 是指通过在恶臭气体中施加某些药剂来掩蔽恶臭的感官气味或进行气味调和来改变恶臭的不愉快感官气味。

② 稀释扩散法 是通过烟囱将臭气排入高空扩散，或用洁净空气稀释臭气保证臭气不会影响烟囱下风向和周遭人的正常生活和工作。

③ 空气氧化法 包括热力燃烧法和催化燃烧法。热力燃烧法是将油或燃料气与臭气混合在高温下完全燃烧，催化燃烧法是使用催化剂使臭气在不太高的温度下燃烧。

④ 生物方法 对于低浓度（污染浓度＜5g/m³）废气的处理，目前尚没有经济有效的治理措施。而恶臭气体通常是低浓度的，上述传统方法不是很适合用来处理恶臭气体。生物法废气净化技术就是为解决这些既无回收利用价值，又扰民并污染环境的低浓度工业恶臭废气净化处理难题而开发的。工艺流程如图 5-33 所示。

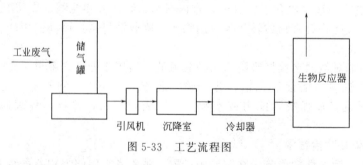

图 5-33 工艺流程图

⑤ 光催化方法 光催化是常温深度反应技术，它可以在室温情况下将水、空气和土壤中的有机污染物完全氧化为无毒无害的物质，其原理就是利用光能照射半导体催化剂，当吸收的光能不小于本身的带隙能时，就可以激发产生电子空穴。工艺流程如图 5-34 所示。

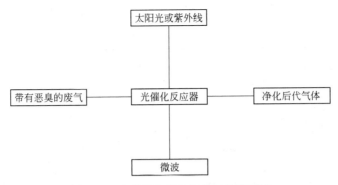

图 5-34 光催化法净化恶臭气体流程图

5.2.3 制药废气治理实例

生物净化器处理制药恶臭废气实例：成都联邦制药有限公司废水处理站的处理能力为 $10m^3/d$，采用的工艺流程为：废水→调节池→水解酸化池→混凝沉淀池→CASS 反应器→达标排放。在废水处理过程中，会产生难闻的恶臭气体，其主要成分为：硫化氢、氨气，还有少量的硫醇、硫醚、有机溶剂等。利用"加湿塔/高效生物净化器"处理产生的臭气，取得了较好效果。

① 恶臭废气总量 $20412m^3/h$，见表 5-18。

表 5-18 各废气源恶臭气体产生情况

废气源	产废气面积/m^2	积气空间/m^3	是否进人	空气交换次数/(次/h)	废气量/(m^3/h)
格栅井	68	170	否	2~3	510
调节池	1543	3856	否	2~3	7716
水解酸化池	1500	1500	否	2~3	4500
污泥浓缩池	481	962	否	2~3	2886
脱水机房	339		是	4~8	4800

② 工艺流程 生物净化系统采用分散收集，集中处理的原则，最后经 20m 高的排气筒达标排放。整个装置主要包括废气加湿塔和高效生物净化器，工艺流程如图 5-35 所示。

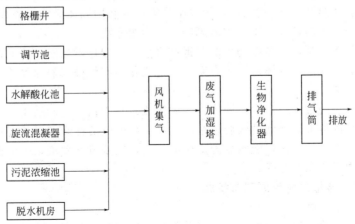

图 5-35 恶臭废气处理工艺流程

③ 结果　2004 年 10 月四川省环境监测站对该工程进行了监测验收，结果见表 5-19。

表 5-19　气样检测结果

项目		进口	出口
硫化氢	排放浓度/(mg/m³)	2713	37.5
	排放速率/(kg/h)	21.7	0.305
氨	排放浓度/(mg/m³)	72.0	2.03
	排放速率/(kg/h)	0.575	0.016
甲硫醇	排放浓度/(mg/m³)	3.09	0.32
	排放速率/(kg/h)	0.025	0.002
甲硫醚	排放浓度/(mg/m³)	5.42	0.89
	排放速率/(kg/h)	0.043	0.007

注：进口气量为 7985 m³/h，出口气量为 8681m³/h。

在用废气加湿塔以及生物净化器处理后，对硫化氢、氨气、甲硫醇、甲硫醚的去除率分别为 98.6％、97.6％、92.0％、83.2％；该工艺运行稳定，处理效果好，操作管理简便，适用于产生较高浓度硫化氢和氨气等恶臭气体的工厂的除臭系统。

5.3　制药废渣防治

5.3.1　制药废渣及其防治对策

5.3.1.1　制药废渣及其危害

我国对固体废弃物的定义为："在生产、生活和其他活动中产生的丧失原有利用价值或者虽未丧失利用价值但被抛弃或者放弃的固态-半固态和置于容器中气态的物品、物质以及法律、行政法规规定纳入固体废物管理的物品、物质。"

固体废物常用的分类方法有以下几种：①按其组成可分为有机废弃物和无机废弃物；②按其形态分为固态、半固态和液（气）态废弃物；③按其污染特性可分为危险废弃物和一般废弃物；④按其来源分为城市生活垃圾、工业固体废物、矿业固体废物、危险废弃物和农林业固体废物；⑤按照 2004 年我国修订的《中华人民共和国固体废物污染环境防治法》，固体废物分为三大类：生活垃圾、工业固体废物、危险废弃物。

如果处理和处置不当，固体废物中的有毒有害物质，如化学物质、病原微生物等会通过大气、土壤、地表水或地下水体进入生态系统，造成化学型污染和病原型污染，对人体产生危害，致病途径见图 5-36。

制药废渣是在制药过程中产生的固体、半固体或浆状废物，是制药工业的主要污染源之一。制药废渣的来源很多，如活性炭脱色精制工序产生的废活性炭，铁粉还原工序产生的铁泥，锰粉氧化工序产生的锰泥，废水处理产生的污泥，以及蒸馏残渣，失活催化剂，过期的药品，不合格的中间体和产品等。

5.3.1.2　制药废渣的防治原则与措施

（1）废渣的防治原则

制药废渣污染防治应遵循"减量化、资源化和无害化"的原则。减量化是要采取各种措施，最大限度地从源头，减少废渣的产生和排放；资源化是对于必须排出的废渣，要从综合

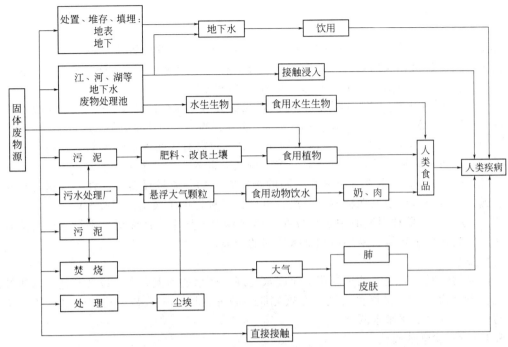

图 5-36 固体废物中化学物质致人疾病的途径

利用上下工夫，尽可能从废渣中回收有价值的资源和能量；无害化是对无法综合利用或经综合利用后的废渣进行无害化处理，以减轻或消除废渣的污染危害。

（2）废渣防治措施

① 废渣的预处理　是指采用各种方法，将废渣转变成便于运输、储存、回收利用和处置的形态。预处理常涉及废渣中某些组分的分离与浓集，因此往往又是一种回收材料的过程。预处理的技术主要有压实、破碎、分选和脱水等物理技术。

② 一般处理方法　各种废渣的成分及性质各不相同，因此处理的方法和步骤也不相同，一般说来，首先应注意是否含有贵重金属和其他有回收价值的物质，是否有毒性，对于前者要先回收后再做其他处理，如，铁泥可以制备氧化铁红，锰泥可以制备硫酸锰或碳酸锰，废活性炭经再生后可以回用，硫酸钙废渣可制成优质建筑材料等。对于后者，先要除毒后才能进行处理。废渣经回收或除毒后，一般可进行最终处理。

5.3.2 制药废渣的处理技术

5.3.2.1 物理处理法

物理处理法是通过浓缩或相变而改变制药废渣的结构，使其便于运输、储存、利用和处置。主要包括压实、破碎、分选和脱水等，一般用于废渣的预处理。

（1）压实

制药废渣的压实是利用压实机械对松散的废渣施加压力，减少废渣颗粒间的空隙率，大幅度减小堆积体积，便于运输和最终处置。

（2）破碎

废渣的破碎是在外力的作用下破坏固体废渣点间的内聚力，使大块的固体废渣分裂为小块，小块的固体废渣分裂为细粉的过程。经破碎处理后，固体废渣变成适合进一步加工和能经济的再处理的形状与大小。

破碎的方法按照原理可分为物理法和机械法，物理法包括低温冷冻破碎、湿式破碎。机械法主要包括冲击、剪切、挤压三种类型。

（3）分选

分选是通过一定方法将废渣中可回收利用的物质和对后续处置工艺不利的物质分离开来，便于对废渣进行相应的处理和处置。分选方法有手工分选和机械分选两种，以机械分选为主，机械分选又分为筛分、重力分选、磁力分选和电力分选等。

① 筛分　是利用筛子将粒度范围较宽的颗粒群分成窄级别的作业。适用于废渣处理的筛分设备主要有固定筛、筒形筛、振动筛和摇动筛。其中用得最多的是固定筛、筒形筛、振动筛。

② 重力分选　是利用在流动或活动的介质中不同物料的密度或粒度差异进行分选的过程。重力分选可分为风力分选、重介质分选、淘汰分选等，其中最常用的是风力分选。

③ 磁力分选　是利用废渣中磁性不同的物质在不均匀磁场设备中磁性差异进行分选的方法。磁力分选只适用于磁性物质的分离，可作为一种辅助手段用于回收金属。

④ 电力分选　是利用废渣中各组分在高压电场中电导率等性能差异进行分选的一种处理方法。尤其适用于导体、半导体和绝缘体间的分离。

（4）脱水

固体废物的脱水问题常见于制药工业废水处理厂产生的污泥处理，以及其他含水固体废渣。凡含水率超过 90% 的固体废渣，必须先脱水减容，以便于包装运输。脱水方法有机械脱水与固定床自然干化脱水两类。

5.3.2.2　化学处理法

化学处理法是利用废渣中所含污染物的化学性质，通过化学方法将制药废渣中有害成分转化为无害物质的方法。化学处理法有氧化还原、中和、化学浸出、沉淀法等。对于富含毒性成分的残渣，需进行解毒处理。

（1）中和法

中和法是利用废渣的酸碱性，选用适当中和剂，通过中和反应，将废渣中有毒有害成分转化为无毒或低毒且具有化学稳定性的成分，减轻对环境的危害。

有的废渣经处理后达到综合利用，如在奈普生的合成工艺中，其丙酰化工序产生的 $AlCl_3$ 可采用中和法转变为高效净水剂聚合氯化铝：在搅拌下向 $AlCl_3$ 水解液中加入适量浓硫酸，然后在回流温度下，滴加 NaOH 和 $Al(OH)_3$ 的混合液，加完后继续回流 1h，自然降温，沉降。上清液即为聚合氯化铝。然后浓缩，过滤除去 NaCl，得液态聚合氯化铝，pH 值为 4，密度为 1.24g/mL。

（2）化学浸出法

化学浸出法是选择合适的化学溶剂，如酸、碱、盐水溶液等，与废渣发生作用，使其中有用组分发生选择性溶解，然后进一步回收处理的方法。该法在制药、化工行业中废催化剂的处理上得到广泛应用。

（3）氧化还原法

通过氧化或还原反应，将废渣中可以发生价态变化的某些有毒、有害成分转化为无毒或低毒，而且具有化学稳定性的成分，以便进行无害化处置或资源回收。例如，利用还原法可以将铬渣中的有毒的六价铬还原为毒性较小的三价铬而达到无害化处理，有两种方法：煤粉焙烧还原法和药剂还原法。

（4）沉淀法

常用的沉淀技术包括氧化物沉淀、硫化物沉淀、硅酸盐沉淀、共沉淀、无机螯合物沉淀和有机螯合物沉淀。

5.3.2.3　热处理法

热处理是通过高温破坏和改变制药废渣的组成与内部结构，达到减小体积、无害化和综合利用的目的。热处理法有焚烧、热解、湿式氧化、焙烧和烧结等。

（1）焚烧

焚烧法是将被处理的制药废渣放入焚烧炉内与空气进行氧化分解，有毒有害物质在800～1200℃高温下氧化、热解而被破坏，属于高温热处理技术。通过焚烧，化学活性成分被充分氧化分解，可迅速大幅度减小可燃性废渣的体积，彻底消除有毒物质，留下的无机成分被排出，回收焚烧产生的废热，实现废渣处理的减量化、无害化和资源化。焚烧过程中可能会产生各种废气，如 CO、CO_2、H_2、醛酮、多环芳烃化合物、SO_x、NO_x 等，还可能产生具有致癌性和致畸性的二噁英等，因此，在焚烧过程中应加强管理，否则会造成二次污染。

焚烧设备有流化床焚烧炉、立式多段炉、旋转窑焚烧炉、敞开式焚烧炉、双室焚烧炉等。

① 流化床焚烧炉 利用炉底分布板吹出的热风将废物悬浮起来呈沸腾状进行燃烧，一般采用载体进行流化，再将废物加入到流化床中与高温的沙子接触、传热进行燃烧。

② 立式多段炉 由多段燃烧空间（炉膛）构成，是一个内衬耐火材料的钢制圆筒。炉体分为三个操作区，最上部为干燥区，温度在 310～540℃，用于蒸发废物中水分；中部为焚烧区，温度在 760～980℃，固体废物在该区燃烧；最下部为冷却区，温度为 150～300℃。

③ 旋转窑焚烧炉 是一个略微倾斜并内衬耐火砖的钢制空心圆筒，大多数废物由燃烧过程中产生的气体及窑壁传输的热量加热。固体废物可从前端或后端送入窑中进行焚烧，以定速旋转达到搅拌废物的目的。

（2）热解

制药废渣的热解是指在缺氧或无氧条件下，使可燃性固体废物在高温下分解，最终成为可燃气、油、固形炭的过程。一般燃烧为放热反应，而热分解反应是吸热反应。在有机物燃烧过程中，其主要生成物为二氧化碳和水。而热分解主要是使大分子有机物分解为小分子，其产物可分为三部分，气体部分主要为氢、甲烷、一氧化碳、二氧化碳等，液体部分主要为甲醇、丙酮、乙酸、焦油、溶剂油、水溶液等，固体部分主要为炭黑。

热解处理与焚烧处理相比其显著特点为：焚烧产生大量的废气和部分废渣，仅热能可回收，同时还存在二次污染问题，而热解可产生燃气、燃油，其便于储存运输。

热解工艺常按反应器的类型进行分类，反应器一般有立式炉、高温熔化炉和流化床炉。

5.3.2.4 固化处理法

指通过物理或化学法，将制药废渣固定或包含在坚固的固体中，以降低或消除有害成分的逸出的技术。固化后的产物应具有良好的机械性能、抗渗透、抗浸出、抗干裂、抗冻裂等特性。根据废物的性质、形态和处理目的，固化技术有以下五种方法，即水泥基固化法、石灰基固化法、热塑性材料固化法、高分子有机物聚合稳定法和玻璃基固化法，详见表 5-20。

表 5-20 固化技术及其比较

方法	要点	评论
水泥基固化法	将有害废物与水泥及其他化学添加剂混合均匀，然后置于模具中，使其凝固成固化体，将经过养护后的固化体脱模，经取样测试浸出结果，其有害成分含量低于规定标准，便达到固化目的	方法比较简单，稳定性好，但体积和质量增大，能做建筑材料，对固化的无机物，如氧化物可互容；硫化物可能延缓凝固和引起破裂，除非是特种水泥；卤化物易从水泥中浸出，并可能延缓凝固；水泥与重金属互容，与放射性废物互容
石灰基固化法	将有害废物与石灰及其他硅酸盐类配以适当的添加剂混合均匀，然后置于模具中，使其凝固成固化体，将经过养护后的固化体脱模，经取样测试浸出结果，其有害成分含量低于规定标准，便达到固化目的	方法简单，固体较为坚硬，对固化的有机物，如有机溶剂和油等多数会抑制凝固，可能蒸发溢出。对固化的无机物，如氧化物互容，硫化物、卤化物可能延缓凝固并易于浸出；与重金属互容，与放射性废物互容

续表

方法	要点	评论
热塑性材料固化法	将有害废物同沥青、柏油、石蜡或聚乙烯等热塑性物质混合均匀,经过加热冷却后使其凝固而形成塑胶性物质的固化体	该法与前两种方法相比,固化效果更好,但费用较高,只适用于某些处理量少的剧毒废物。对固化的有机物,如有机溶剂和油,在加热条件下,可能蒸发溢出。对无机物如硝酸盐、次氯化物、高氯化物等都不能采取此法,但与重金属、放射性废物互容
高分子有机物聚合稳定法	将高分子有机物如脲醛等与不稳定的无机化学废物混合均匀,然后将混合物经过聚合作用而生成聚合物	此法与其他方法相比,只需少量的添加剂,但原料费用较高,不适用于处理酸性,以及有机废物和强氧化性废物,多数用于体积小的无机废物
玻璃基固化法	将有害废物与硅石混合均匀,经高温熔融冷却后而形成玻璃固化体	该法与其他方法相比,固化物性质极为稳定,可安全地进行处置,但处理费用昂贵,只适于处理极其有害的化学废物和强放射性废物

5.3.2.5 生物处理法

生物处理是以制药废渣中的可降解有机物为对象,使之转化为稳定产物、能源和其他有用物质的一种处理技术。常用的处理方法有好养堆肥化、厌氧发酵等。

（1）好氧堆肥化

好氧堆肥化是在有氧条件下,好氧菌对制药废渣进行吸收、氧化、分解的技术。把一部分被吸收的有机物转化成简单的无机物,同时释放出可供微生物生长活动所需的能量,而另一部分有机物则被合成新的细胞质,供给微生物生长繁殖的需要,如图5-37。

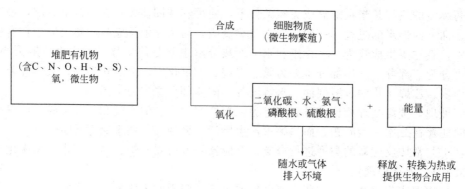

图5-37 有机物的好氧堆肥分解

（2）厌氧发酵技术

厌氧发酵是指在厌氧微生物的作用下,有控制地使制药废渣中可生物降解的有机物转化为 CH_4、CO_2 和稳定物质的生物化学过程。由于厌氧发酵可以产生以甲烷为主要成分的沼气,故又称为甲烷发酵。

① 厌氧发酵的原理 有机物的厌氧发酵过程可分为液化、产酸和产甲烷三个阶段,三个阶段各有其独特的微生物类群起作用。如图5-38所示。

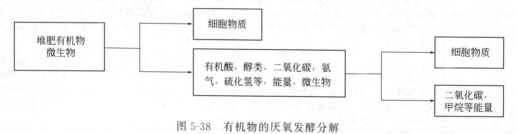

图5-38 有机物的厌氧发酵分解

液化阶段，主要是发酵细菌起作用，包括纤维素分解菌、蛋白质水解菌。

产酸阶段，主要是醋酸菌起作用。

产甲烷阶段，主要是甲烷细菌起作用，它们将产酸阶段产生的产物降解成甲烷和二氧化碳，同时利用产酸阶段产生的氢将二氧化碳还原成甲烷。

② 厌氧发酵工艺　按发酵温度、发酵方式、发酵级差的不同，划分几种类型。如按发酵温度来划分厌氧发酵工艺类型，可分为高温厌氧发酵工艺和自然温度厌氧发酵工艺。

5.3.3　无机制药废渣处理实例

大部分药物合成反应依赖催化剂来提高反应速度，因此催化剂在制药工业生产中得到了非常广泛的应用。催化剂在使用一段时间后会失活、老化或中毒，使催化活性降低，这时就要定期或不定期报废旧催化剂，换入新催化剂，于是就产生了大量的废催化剂，有些废催化剂含有重金属或稀贵金属，不但污染环境，而且有很高的回收利用价值。其中，铂族废催化剂的回收利用有：氧化焙烧法、氯化法、全溶-金属置换法、离子交换法。如细炭粉为载体的稀贵金属催化剂广泛应用于制药等行业，此类催化剂失去活性后，因其载体极易燃烧而与稀贵金属分离，因此，可采用氧化焙烧法对该类催化剂进行回收利用。焙烧过程中，通常添加熟石灰（熟石灰：废料＝1：4，加水混合后制成厚度不超过 2cm 的块状，晾干后加入炉内，在 400～500℃焙烧约 3h）作为黏结剂，杜绝黑烟的产生和稀贵金属的损失，降低炭的燃点和焙烧温度，有效富集贵金属，焙烧过程主要发生如下化学反应。

$$C+H_2O =\!=\!= CO+H_2$$
$$2CO+O_2 =\!=\!= 2CO_2$$
$$2H_2+O_2 =\!=\!= 2H_2O$$
$$C+O_2 =\!=\!= CO_2$$
$$Ca(OH)_2+CO_2 =\!=\!= CaCO_3+H_2O$$

5.3.4　化学制药废渣处理实例

以头孢噻肟钠生产废渣中回收 2-巯基苯并噻唑和三苯基氧膦为例。

头孢噻肟钠是国内多家制药厂生产的新型的头孢类抗生素药物之一，该药在生产过程的酯化和缩合工段产生大量废渣，由于废渣中含有多种刺激性、腐蚀性、毒性成分，不仅污染环境，而且对人体健康造成严重损害。河北省某制药厂的头孢噻肟钠生产废渣中富含丰富的 2-巯基苯并噻唑和三苯基氧膦。

2-巯基苯并噻唑是一种橡胶通用型硫化促进剂，具有硫化促进作用快、硫化平坦性低以及混炼时无早期硫化等特点，广泛用于橡胶加工业，还可用于制取农药杀菌剂、切削油、石油防腐剂、润滑油的添加剂等。三苯基氧膦是一种中性配位体，在不同情况下，与稀土离子形成不同配比的络合物，可以用作药物中间体、催化剂、萃取剂等。若能提取加以利用，则不仅充分利用了资源，而且解决了制药厂废渣处理难题。

（1）处理技术

① 废渣　组成如表 5-21 所示。

表 5-21　废渣的组成

成分	质量分数/%	成分	质量分数/%
2-巯基苯并噻唑	20.0	酯化产物	9.5
三苯基氧膦	10.0	二氯甲烷	8.1
硫甲基苯并噻唑	22.5	其他	29.9

② 原理与工艺流程 其原理为：2-巯基苯并噻唑不溶于水，而其钠盐溶于水，利用 2-巯基苯并噻唑的钠盐与废渣中其他组分在水中溶解度的不同进行提取，如图 5-39 所示。

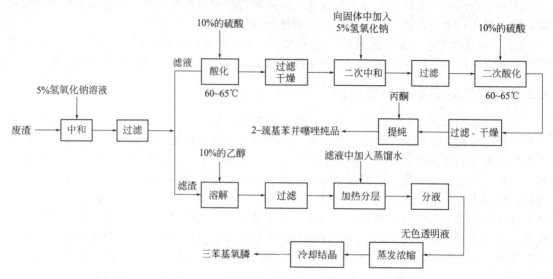

图 5-39　2-巯基苯并噻唑和三苯基氧膦的提取工艺流程

③ 处理方法与步骤　a. 称取 50g 粉碎的头孢噻肟钠废渣于 400mL 烧杯中，室温下加入 5% NaOH（质量分数）溶液调 pH 值为 10，反应 2h 后静置，减压抽滤，60～65℃下向滤液中加入 10% H$_2$SO$_4$（体积分数）至 pH 值为 2～3，静置，过滤，得一次 2-巯基苯并噻唑粗品，同法可得二次粗品，向二次粗品中加入适量丙酮，静置，过滤，向滤液中加入适量蒸馏水至 2-巯基苯并噻唑完全结晶析出，减压抽滤，干燥得纯品。

b. 加入质量分数为 95% 的乙醇于滤渣中，搅拌 2h 后静置，过滤，滤液加入活性炭脱色，加入适量蒸馏水，加热至分层，上层为无色透明溶液，下层为红色油状物，趁热分液，上层清液旋转蒸发浓缩后，冷却结晶，减压抽滤，干燥得三苯基氧膦结晶。

（2）处理结果

① 采用 5% 氢氧化钠溶液二次中和、10% 硫酸在 60～65℃酸化析出、丙酮提纯的方法回收制药废渣中的 2-巯基苯并噻唑，其产率为 20.0%，通过气质联用仪测得其纯度为 99%。

② 用 95% 乙醇浸取、加热分层、趁热分液、旋转蒸发浓缩的方法提取三苯基氧膦，其产率为 10.0%，通过气质联用仪测得其纯度为 99%。

5.3.5 含菌生物制药废渣处理实例

（1）复合菌发酵乳酸废渣生产蛋白质饲料

目前，我国乳酸发酵主要以大米为原料，发酵完毕后，经板框过滤所得的固形物即为乳酸发酵废渣。该废渣由米渣、废菌体及其他固形物组成，其主要成分包括蛋白质、纤维素、糖、乳酸钙等。国内乳酸废渣，每年有 3 万～4 万吨，若直接用作饲料，适口性较差；如不再次利用将其排放，不仅给环境带来严重污染，而且造成资源的巨大浪费。

乳酸废渣是较好的蛋白质饲料资源，国内研究了以乳酸废渣为原料，采用复合菌种混合发酵，利用各个菌种的特点，将乳酸发酵废渣的营养组成进行协调，改善其适口性，提高蛋白质含量，同时使产品中具有多种消化酶及维生素等。

复合菌发酵乳酸废渣生产蛋白质饲料流程如图 5-40 所示。

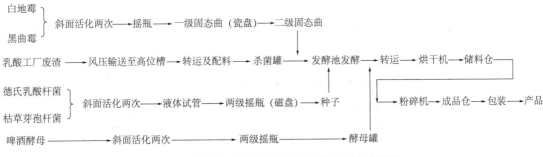

图 5-40 复合菌发酵乳酸废渣生产蛋白质饲料流程

（2）抗生素生产过程中的废渣处理

一般抗生素工厂每天排出废菌丝量从几十吨到百余吨。这类废渣在露天环境中放置易腐败、变质发臭，对环境卫生的影响很大，必须及时处置。抗生素湿菌丝直接用作饲料或肥料是最经济的处置方法，但由于不好保存和运输量大，一般需要干燥做成商品，才有利用价值，就地处理是较为经济可行的办法，还可采用传统的厌氧消化处理活性污泥的方法来消化抗生素湿菌体。

下面介绍抗生素废菌丝处置的三种工艺流程，如图 5-41、图 5-42、图 5-43 所示。

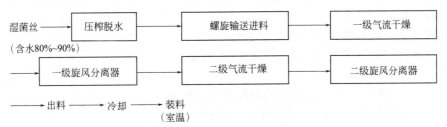

图 5-41 废菌丝气流干燥工艺流程

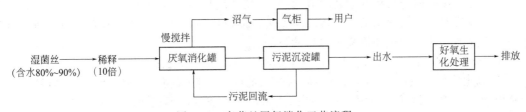

图 5-42 废菌丝厌氧消化工艺流程

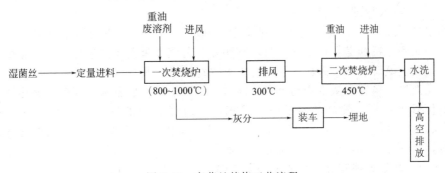

图 5-43 废菌丝焚烧工艺流程

（3）发酵菌渣洁净焚烧资源化实例

① 废渣分析 某制药企业有数条现代化生物合成生产线，废药渣产生量约 100t/d，有

硫酸粘菌素发酵液发酵渣、吉他霉素发酵液发酵渣及泰乐菌素发酵液发酵渣，该企业建设了一套废药渣日处理量100t的流化床焚烧装置，产生的蒸汽参数为：1.27MPa，195℃，蒸发量为9～10t/h，直接供工艺生产使用。

② 焚烧主要工艺流程，如图5-44所示。

③ 结论 采用流化床洁净焚烧方式处置废药渣，技术上可行，污染物达标排放，将废渣焚烧产生的热能供生产用气，既减少了煤炭能源的使用，又化害为利，完全符合循环经济的要求，对企业具有良好的环境效益和一定的经济效益。

5.3.6 中药制药废渣处理实例

中药渣主要来源于各类中药生产的过程，其中在中成药的生产过程中所留的药渣，约占中药渣总量的70%。中药提取后药渣排放和处理是中药提取的棘手问题，每个中药生产企业都要处理大量的药渣，这些药渣如果简单的露天堆放，渐渐就会发酵霉烂，污染环境。而药渣中通常还存在一定的活性成分，具有开发利用价值。

中药药渣主要的处理途径有：焚烧处理，堆肥化处理（发酵），用于食用菌栽培，加工成保健饲料。

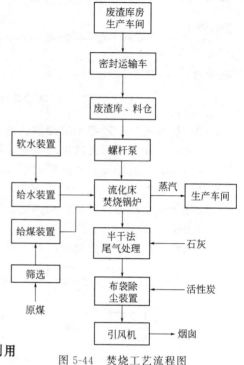

图5-44 焚烧工艺流程图

5.3.6.1 大青叶、板蓝根药渣的饲用价值及利用

为了充分利用药渣，科研人员以南宫市制药厂的大青叶、板蓝根药渣作为饲料进行了饲养实验。

大青叶、板蓝根药渣粗纤维含量在29%～35%，其中还含有大量的木质素、半纤维素等，直接饲喂家畜，消化率低，药渣味又稍苦，适口性差，影响采食，有必要对药渣进行物理和化学处理，达到软化和提高消化率的目的。

① 物理处理 首先将药渣风干，然后切碎，每段长度在1cm。

② 碱化处理 然后将药渣放入不渗水的水池中，并将占药渣重量4%～5%的氢氧化钠配制成30%～40%溶液，喷洒在粉碎的药渣上，堆积数日，不经冲洗，直接喂用。

③ 氨化处理 将风干切碎的药渣装在塑料袋中，按每千克药渣加入20%氨水35kg，然后封口，密闭50天后即可食用。

④ 结论 大青叶、板蓝根药渣经过化学处理后，完全可以作为饲料使用，它们能够提高体重的增加率，特别是氨化饲料，日增重明显。药渣中蛋白质含量低，当与氨相遇时，其有机物与氨发生氨解反应，破坏木质素与多糖（纤维素、半纤维素）链间的酯键结合，并形成铵盐，成为牛、羊胃内微生物的氮源。同时，氨溶于水生成氨水。因此，氨化处理是通过氨化与碱化双重作用，提高药渣的营养价值，药渣经氨化处理后，粗蛋白质含量可提高100%～150%，纤维素含量降低10%，有机物消化率提高20%以上，同时药渣还有一定的药用价值，大青叶、板蓝根药渣有预防流感的作用。

5.3.6.2 从葡萄穗轴废渣中提取白藜芦醇

① 白藜芦醇简介 白藜芦醇是从植物虎杖中提取的一种天然活性物质。具有抗病及多种保健功能，包括退烧与止痛作用；抗癌、抗突变作用；心血管保护作用；预防心脏和肝脏损伤；抗血栓功能；提升免疫系统活性；抗氧化、抗自由基作用；抗炎、抗菌作用；延年益

寿；减肥作用等。

②　提取方法　称取一定量干燥，粉碎好的葡萄穗轴废渣粉，加入适量的提取剂，在一定温度下进行搅拌，加热提取一定时间，提取液用旋转蒸发仪蒸发掉乙醇，浓缩，取一定量的浓缩液，色谱分离纯化后，收集白藜芦醇用一定量的甲醇溶解，紫外分光光度法测定其吸光度值，由标准曲线计算得出白藜芦醇质量浓度，进而得出其提取率。

③　结论　用安全无毒的乙醇作提取剂，通过单因素实验及正交实验确定了从葡萄穗轴废渣中提取白藜芦醇的优化提取条件为：提取剂为体积分数 50% 的乙醇，温度为 70℃，物料比为 1∶13，时间为 4h，提取率达 0.34%。

5.4　制药企业"三废"综合治理

5.4.1　"三废"综合治理原理

制药工业三废处理应坚持以下三个原则。

（1）综合利用，实现三废资源化

①　回收利用　例如，从废水中蒸馏回收多种有机溶剂，以氯霉素生产为例，东北制药总厂全年处理近 3000t 废液，回收了甲醛酯、醋酸异丙酯、异丙醇等 800 多吨。对酸碱中和产生的盐，也逐步加以回收。

②　循环利用　例如，在对苯二酚用重铬酸钠酸性氧化制苯醌时，排出大量含铬的稀硫酸液，为消除铬害，将废液用次氯酸钠氧化，使三价铬变为六价铬，再返回用于生产，形成了一个再生循环利用的闭合工艺，铬的利用率达到 85%。

③　以废治废　例如，在维生素 E 生产中需要大量的盐酸气，如采用盐酸滴加氯磺酸法，容易造成盐酸气过剩，产生大气污染，后改为直接用氨苯磺胺分离副产品盐酸气，不但解决了环境污染，每年还可节约氯磺酸 25t。

（2）工艺改革

①　寻找低毒、无毒代用品　例如在利福平生产中，用三氯化铁代替铁氰化钾氧化利福霉素 SV，避免含氰废水的产生。

②　选择合理原料　例如在制备无水乙醇时用 732 树脂代替苯-水共沸法，消除了含苯废水的污染，改善了操作条件。

③　改变工艺路线，提高原料利用率　例如，磺胺嘧啶原来以糠氯酸为起始原料，工序多，周期长，成本高，消耗大，环境污染严重，经过多年研究，实现了新工艺路线，工序减少一半，原料总耗减少 70%，成本下降 32%，三废得以大大减少。

④　采用新工艺，新技术　例如，东北制药总厂成功利用二步发酵和碱转化法生产维生素 C 的新工艺，不但使维生素 C 生产技术跃居世界先进水平，而且节约了大量苯、丙酮等有机溶剂和硫酸镍等化工原料，还使废水易于生化处理。

⑤　充分利用中间体，发展系列产品，集中处理特殊的有机污染物　例如，用黄连素中间体胡椒乙胺开环制多巴胺，同样还可利用黄连素的中间体和副产品，生产平喘安、抗癫灵等产品，基于在这些产品结构中皆含有胡椒环这一共性，还可将废水合并处理。

（3）加强科研，突破治理技术难题

对于那些目前由于技术和经济等原因无法合理利用的废弃物，必须进行解毒净化。东北制药总厂经过八年多实验对比，终于探索出用好氧生物氧化、厌氧生物消化和焚烧炉的"二气一炉"法处理制药有机废水和废渣的综合治理办法，在处理技术上也取得突破。

5.4.2 "三废"综合治理实例

5.4.2.1 青海三普药业股份有限公司废水净化处理（中药制药工业三废综合处理技术实例）

青海三普药业有限公司是目前青海省内最大的中藏药生产基地，该公司从事中藏药的开发、研制和经营达三十余年，主要产品有乙肝健、虫草精、六味地黄丸、红景天胶囊等。该公司结合排放废水的特点，于2001年10月建成了符合公司排污特点的一座处理能力为240m³/d的污水处理站，本节对该公司制药废水中污染物的来源及处理情况进行分析。

（1）主要污染物及其排放情况

藏药及天然药品生产过程主要包括净洗、润药、提取、浓缩、制丸及包装等工序，废水主要来源于生产废水和生活污水，生产废水来自提取车间、胶囊车间和片剂车间，主要为冲洗、洗涤用各种废液等，为间断性排水，日排放量约50m³，主要污染物为COD_{Cr}、BOD_5等；生活污水日排放量约30m³，主要污染物为SS、COD_{Cr}、BOD_5、NH_3-N、石油类。

（2）污水处理工艺

如图5-45所示。

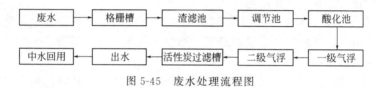

图5-45 废水处理流程图

（3）废水处理过程

① 预处理部分 预处理设备包括格栅槽、渣滤槽、调节池、酸化池。废水中的较大颗粒悬浮物和漂浮物经过格栅槽除去后，经渣滤池强化过滤后进入调节池，进行废水水量的调节和水质均衡，把废水混合均匀，保证废水进入后续工序构筑物的水质和水量相对稳定。

② 物化处理部分 采用两级加压溶气气浮装置，通过加入絮凝剂和助凝剂使废水中的溶解性污染物絮凝，形成细小的絮凝体。再经过活性炭过滤塔，通过过滤、吸附等原理对废水进一步处理，使废水得到处理，达到达标排放的目的，该污水处理站进、出口废水监测结果，如表5-22所示。

表5-22 废水处理前后水质监测结果

检测项目	监测结果		处理效率/%
	处理前	处理后	
BOD_5/(mg/L)	144	2	98.6
COD_{Cr}/(mg/L)	462	31.6	93.2
SS/(mg/L)	73.7	19.5	73.5
pH值	7.22	7.5	—
NH_3-N/(mg/L)	16.0	2.25	85.9
石油类/(mg/L)	1.56	0.55	64.7

③ 中水回用 经过处理后的水可以用于厂区绿化、锅炉除尘、冲洗车辆及厕所等非生活用水。

（4）污泥处理

由于废水调节池管网曝气处理，再经絮凝气浮处理，对污泥处理减轻了许多负荷，黏附于污泥表面的游离水基本在污泥浓缩中分离，内部水较难分离，需进一步处理，用板框污泥脱水机进行污泥脱水,并加入适量脱水剂使污泥脱水干燥,这样动力消耗少,操作方便,脱水效果好,经脱水后的泥饼,可外运用于施农田。

(5) 结果与特点

① 活性炭可除去废水中的有机物、胶体分子、微生物、痕量重金属等,并能脱色、除臭。

② 该工艺过程及设备比较简单,便于管理维修;有较大的灵活性、稳定性和可操作性。

③ 废水总排口 SS、COD_{Cr}、BOD_5、NH_3-N、pH、石油类排放浓度符合《污水排放标准》(GB 8978—1996)二级标准;废水处理设施对 COD_{Cr}、BOD_5 处理效率较高,分别为93.2%和98.6%,对 SS、NH_3-N、石油类也有不同程度的处理效率。

5.4.2.2 安徽省皖北药业生产废水综合处理工程

(1) 工程概况

安徽省皖北药业股份有限公司是集原料药、注射剂、片剂、颗粒剂、胶囊剂生产为一体的综合性企业,主导产品盐酸林可霉素原料药,年产能力 800t,克林霉素磷酸酯原料药100t,水针剂 5 亿支,片剂、胶囊 10 亿粒,颗粒剂 1000 万袋。公司原有废水处理工艺如图5-46 所示,由于受当时技术水平的限制等因素,存在处理效率低,运行不稳定,运行费用较高等问题,突出表现在厌氧处理单元处理效果较差,出水指标较高,因此决定对原有污水处理设施进行改造,重点为厌氧处理单元。

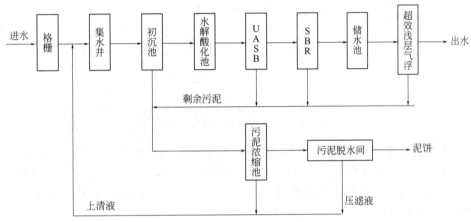

图 5-46 原有废水处理系统

(2) 工艺方案

① 工艺流程 新废水处理工程的设计方案,工艺流程如图 5-47 所示。

② 技术说明 新废水处理工程主要由预处理系统、厌氧处理系统、好氧处理系统、污泥处理系统、沼气利用系统组成。采用的主要处理技术为 IC 厌氧处理技术、SBR 反应器、超效浅层气浮技术。

a. 超效浅层气浮 近几年来国内研制出了新型的气浮设备,即超效浅层气浮,与传统的气浮设备相比,具有明显的优点,即有效水深小、停留时间短、体积小、处理水量大、占地面积小、处理效果稳定等。超效浅层气浮与传统气浮技术比较见表 5-23 所示。

表 5-23 超效浅层气浮与传统气浮技术比较

技术指标	超效浅层气浮	传统气浮
水力负荷/[m^3/(m^2·h)]	3~4	3~4
水力停留时间/min	3~5	25~50
有效水深/m	0.4~0.6	水平式1.5~2,立式2.5~3

续表

技术指标	超效浅层气浮	传统气浮
部分回流比/%	30	30
溶气水压力/MPa	0.4~0.5	0.2~0.3
占地面积	小,架空安装后底部空间可放置旋转气浮回流泵、溶气罐等配套设备,不需专门设备房	大
荷载及放置	负荷小,安装位置灵活	负荷较大

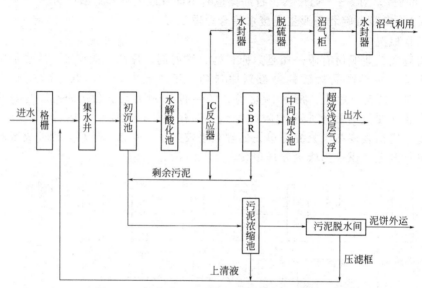

图 5-47 新废水处理工程的设计方案工艺流程

b. 污泥处理系统 处理过程中,污泥主要在初沉池、IC 反应器、SBR 反应器、超效浅层气浮工艺中产生,经过脱水、干化处理,污泥含水率能从 98% 降低到 75%,体积降为原来的 1/8~1/6,有利于运输和后续处理,本工程采用现有带式压滤机进行污泥脱水,脱水后污泥可以直接外运。

c. 沼气利用系统 综合利用沼气是该处理系统的重要组成部分,IC 反应器产生的大量优质沼气经过气液分离器,在贮气柜中缓冲后连续进入沼气利用系统。沼气利用可以作为能源直接燃烧加热锅炉,也可以利用沼气发电机发电后给处理站或生产车间自用,亦可用作民用燃料。

③ 处理效果 本处理工艺各单元的处理效果见表 5-24 所示。

表 5-24 各处理单元处理效果

处理单元		SS	COD	BOD
预处理单元	进水/(mg/L)	2500	18000	9000
	出水/(mg/L)	1500	14000	6750
	去除率/%	40	22	25
IC 反应器	进水/(mg/L)	1500	14000	6750
	出水/(mg/L)	900	3500	1350
	去除率/%	40	75	80

续表

处理单元		SS	COD	BOD
预曝气池 （原有 SBR）	进水/(mg/L)	900	3500	1350
	出水/(mg/L)	540	2450	878
	去除率/%	40	30	35
新建 SBR	进水/(mg/L)	540	2450	878
	出水/(mg/L)	216	490	132
	去除率/%	60	80	85
超效浅层气浮	进水/(mg/L)	216	490	132
	出水/(mg/L)	65	245	66
	去除率/%	70	50	50
排放标准/(mg/L)		150	300	100

思考题

1. 制药废水分为哪几类？

2. 制药废水有哪些处理方法？

3. 简述化学合成类制药废水处理工艺流程。

4. 制药废气的来源及分类分别是什么？

5. 制药废气防治技术有哪些？

6. 制药废渣处理技术有哪些？

7. 举例说明制药三废如何进行综合防治？

参考文献

[1] 王效山，等主编.制药工业三废处理技术.北京：化学工业出版社，2010.
[2] 胡晓东编著.制药废水处理技术及工程实例.北京：化学工业出版社，2008.
[3] 李亚峰，高颖.水处理技术，2014，40（5）：1-4.
[4] 李亚峰，等编著.废水处理实用技术及运行管理.北京：化学工业出版社，2012.
[5] 李旭东，等编著.废水处理技术及工程应用.北京：机械工业出版社，2003.
[6] 马承愚主编.高浓度难降解有机废水的治理与控制.第 2 版.北京：化学工业出版社，2010.
[7] 任南琪，等编著.高浓度有机工业废水处理技术.北京：化学工业出版社，2012.
[8] GB 21903—2008，GB 21904—2008，GB 21905—2008，GB 21906—2008，GB 21907—2008，GB 21908—2008.
[9] 王彩东，苏建文，许尚营，等.工业水处理.2016，36（1）：93-95.
[10] 朱杰高，于明强，薛俊仁.北方环境，2011，23（9）：110-112.
[11] 郑一新.环境科学研究，1999，12（4）：19-23.
[12] 何华飞，王浙明，徐明珠等.中国环境科学，2012，32（12）：2271-2277.
[13] 李立清，等编著.废气控制与净化技术.北京：化学工业出版社，2014.
[14] 王瑾.无机盐工业，2010，42（7）：5-8.
[15] 陶丽霞，王成端，李钧.中国给水排水，2007，23（20）：67-69.
[16] 黄岳元，等编著.化工环境保护与安全技术概论.第 2 版.北京：高等教育出版社，2014.
[17] 王留成主编.化工环境保护概论.北京：化学工业出版社，2016.
[18] 张晓虹，王勤.杭州化工，2014，44（4）：28-30.
[19] 元英进主编.制药工艺学.北京：化学工业出版社，2007.

第6章

职业危害及预防

在制药工业生产中，常接触到许多有毒物质，这些毒物来源广、种类多，如某些原料、成品、半成品或副产品以及"三废"等。引起中毒事故的前十位化学毒物是：氯，苯胺，氮氧化物，一氧化碳，硝基苯，氨，氯磺酸，有机磷农药，硫酸二甲酯和硫化氢。对于企业的管理人员和操作人员，了解常见毒物的性质及其危害，掌握预防中毒的措施、避免伤害的对策以及急性中毒事故的现场急救知识至关重要。

本章学习目的与要求
★熟悉制药工业毒物的分类、毒性及危害
★熟悉职业病的分类、危害及防治
★掌握制药工业毒物防治技术、职业病和职业中毒的防治措施

6.1 中毒

6.1.1 制药过程中毒物的分类

6.1.1.1 毒物概述

当某些物质通过各种途径进入人体后，仅较小剂量就会与体液、组织发生生物化学作用或生物物理变化，扰乱或破坏人体的正常生理机能，使某些器官和组织发生暂时性或持久性病变，甚至危及生命，这些物质被称为毒物。由毒物侵入人体而导致的病理状态称为中毒，工业使用或产生的毒物称为工业毒物，在劳动过程中，工业毒物引起的中毒称为职业中毒。

值得注意的是，毒物的概念不是绝对的，有毒物质只有在特殊条件下作用于机体才具有毒性；而另一方面，任何物质只要具备了一定的条件，就可能出现毒害作用。如治疗疾病的药物，服用过量时，就可能产生机体中毒，而一些剧毒物质在少量使用时可以用于治疗疾病，药理学家 William Withering 说，"小剂量的毒物是最好的药物，而有效的药物用过量也就成为毒物。"Paracelsus 说，"所有的东西都是毒物，没有一样是无害的，只是剂量决定某些东西无毒。"临床上应用的许多药物本身就是剧毒物质，如某些生物碱、砷、汞、马钱子、乌头、天南星、洋金花等。任何一种物质只有达到中毒剂量时才是毒物。

6.1.1.2 制药过程毒物的分类与毒性标准

（1）分类

制药工业毒物常见于医药产品的生产过程，它包括原料、辅料、中间体、成品、废弃物和夹杂物的有毒物质，并以不同的形态存在于生产环境中。譬如，散发于空气中的氯、溴、氨、甲烷、硫化氢、一氧化碳气体；悬浮于空气中的由粉尘、烟、雾混合形成的气溶胶尘，

又称"霾";生产中排放的废水、废气、废渣等。

制药工业毒物有以下几个分类：

① 按物理形态分类　有气体、蒸气、烟（又称烟尘和烟气）、雾、粉尘，其中，粉尘又可分为几种，如按粉尘的颗粒大小，可分为粗尘、飘尘、烟尘等，如表 6-1 所示；

② 按化学类属分类　可分为无机毒物和有机毒物；

③ 按毒物作用性质分类　可以分为刺激性毒物、窒息性毒物、麻醉性毒物、全身性毒物；

④ 按金属性质分类　有金属、非金属毒物。

工业毒物，可以引起神经毒性、血液毒性、肝毒性、肾毒性、呼吸道毒性和全身毒性，有的毒物主要具有一种毒性，有的具有多重毒性。

表 6-1　粉尘粒径分类表

名称	粒径/μm	特性
粗尘	>10	肉眼可见,在静止空气中以加速度下沉,不扩散
飘尘	0.1~10	在静止空气中按斯托克斯法则作等速下降,不易扩散
烟尘	0.01~0.1	在超显微镜下可见,大小接近于空气分子。在空气中呈布朗运动状态,扩散能力强,在静止空气中不沉降或较缓慢曲折的沉降

（2）毒物评价指标

毒物的剂量与生理反应之间的关系，用"毒性"一词来表示。毒性一般以毒物能引起实验动物某种毒性反应所需的剂量表示。使毒物经口或经皮肤及呼吸进入实验动物体内，再根据实验动物的死亡数与剂量或浓度对应值作为评价指标。常用的评价指标有以下几种。

① 绝对致死剂量或浓度（LD_{100} 或 LC_{100}）　能引起实验动物全部死亡的最小剂量或最低浓度；

② 半数致死剂量或浓度（LD_{50} 或 LC_{50}）　引起 50% 实验动物死亡的剂量或浓度；

③ 最小致死剂量或浓度（MLD 或 MLC）　引起实验动物中个别动物死亡的剂量或浓度；

④ 最大耐受剂量或浓度（LD_0 或 LC_0）　即使全组染毒，但实验动物全部存活的最大剂量或浓度。

上述各种剂量通常用毒物的毫克数与动物的每千克体重之比（mg/kg）来表示。吸入浓度常用每立方米空气中含毒物的质量（mg/m^3 或 g/m^3）来表示。

对于气态毒物，还常用 25℃、101.3kPa 下一百万份空气容积中，某种毒物所占容积的份数（10^{-6}）表示。毒物在溶液中的浓度一般用每升溶液中所含毒物的质量（mg/L）来表示。毒物在固体中的浓度用每千克物质中毒物的质量（mg/kg）来表示，亦可用一百万份固体物质中毒物的质量分数（10^{-6}）来表示。

除用实验动物死亡情况表示毒性外，还可以用人体的某些反应来表示。如引起某种病理变化、上呼吸道刺激、出现麻醉和某些体液的生物化学变化等。

6.1.1.3　制药过程毒性物质的毒性及分级

毒性可简单表述为外源化合物在一定条件下损伤生物体的能力。外源化合物对机体的损害能力越大，则其毒性就越高。外源化合物毒性的高低仅具有相对意义，关键是此种物质与机体的接触量、接触途径、接触方式及物质本身的理化性质，在大多数情况下与机体接触的数量是决定因素。

在各种评价指标中，常用半数致死量来衡量各种毒物的急性毒性大小。急性毒性数据来自受试动物 24h 内一次或数次接受毒物（合计量）后，观察该动物在 7~14 天内所产生的中毒效应，按照毒物的半数致死量大小，可将毒物的急性毒性分为 6 级，见表 6-2。

表 6-2 化学物质急性毒性分级

毒性	大鼠一次经口 LD$_{50}$/(mg/kg)	6 只大鼠吸入 4h 死亡 2~4 只的含量/10^{-6}	兔涂皮时 LD$_{50}$ /(mg/kg)	对人可能致死量(一次经口)	
				剂量/(g/kg)	总量/g (60kg 体重)
剧毒	<1	<10	<5	<0.05	<0.1
高毒	1~50	10~100	5~44	0.05~0.5	0.1~3
中等毒	50~500	100~1000	44~350	0.5~5	3~30
低毒	500~5000	1000~10000	350~2180	5~15	30~250
微毒	5000~15000	10000~100000	>2180	>15	250~1000
基本无毒	>15000	>100000			>1000

6.1.1.4 生产及环境中有毒物质的存在状态

在生产过程中,毒物以多种形式出现,同一种化学物质在不同生产过程中呈现的形态也不同。生产性毒物在生产过程中常以气体、蒸气、粉尘、烟和雾的形态存在,并污染空气。如氯化氢、氰化氢、二氧化硫、氯气等在常温下呈气态的物质是以气体形态污染空气的;一些低沸点的物质是以蒸气形态污染空气的,如苯、汽油、乙酸乙酯等;喷洒农药时的药雾、酸洗时的硫酸雾等则是以雾的形态污染空气的。所以,弄清楚生产性毒物以什么形态存在,对了解毒物进入人体的途径,制定预防控制措施,以及采集空气样品,测定毒物浓度等都具有重要的意义。

工业毒物的存在是相当广泛的,在工业生产过程中,从生产所使用的原材料到产品,从中间产品到副产品,从使用物质中的夹杂物到废水、废气、废渣,以及作为辅料的催化剂、载热体、增塑剂等都可能产生有毒物质,这些物质往往对人体机能产生影响。

6.1.2 制药过程毒物的危害性

6.1.2.1 有毒物质进入人体的途径

毒物侵入人体的途径有 3 个,即呼吸道、皮肤和消化道。在生产过程中,毒物最主要的是通过呼吸道侵入,其次是皮肤,而经消化道侵入的较少,但生产中发生意外事故时,有可能直接冲入口腔,生活性中毒则以消化道侵入为主。

(1) 经呼吸道

人的呼吸道由导气管和呼吸单位两大部分组成。导气管包括鼻腔、口腔前庭、口、咽、喉、气管、主支气管、支气管、细支气管和终末细支气管。呼吸单位包括呼吸细支气管、终末呼吸细支气管、肺泡小管和肺泡。肺中的支气管末端形成若干亿个肺泡,肺泡的直径为 $100~200\mu m$,人体肺泡总表面积为 $90~160 m^2$,每天吸入空气 $12 m^3$ 左右,肺泡壁薄为 $1~4\mu m$,而且有丰富的毛细血管,空气在肺泡内流速慢(接触时间长),这些都有利于吸收。呼吸道是工业毒物进入人体的最主要途径,在生产环境中,即使空气中有害物质含量较低,每天也将有相当大量的毒物通过呼吸道进入人体。

(2) 经皮肤

有些毒物可通过表皮、毛囊、汗腺导管等途径透过无损皮肤侵入人体。经表皮进入体内的毒物须经过三种屏障:第一是皮肤的角质层,一般分子量大于 300 的物质不易透过完整的角质层;第二是位于表皮角质层下面的连接角质层,其表皮细胞富有固醇磷脂,它能阻止水溶性物质的通过,但不能阻止脂溶性物质透过,毒物通过该屏障后即扩散,经乳头毛细血管进入血液;第三是表皮与真皮连接处的基膜,脂溶性毒物还需具有水溶性,才能进一步扩散和被吸收。所以,在水和脂中都能溶解的物质如苯胺易通过皮肤进入人体。

毒物经皮肤进入毛囊后，可绕过表皮的屏障直接透过皮脂腺细胞和毛囊壁进入真皮，再从下面向表皮扩散。电解质和某些重金属，特别是汞在频繁接触时可经此途径被吸收。

毒物通过汗腺导管被吸收是极少见的。

（3）经消化道

由呼吸道侵入人体的毒物，一部分黏附在鼻咽部或混于口鼻咽的分泌物中；有一部分可被吞入消化道。不遵守操作规程（如用沾染毒的手进食、吸烟、误服），也会使毒物进入消化道。毒物进入消化道后，可通过胃肠壁被吸收。

胃肠道的酸碱度影响毒物吸收。胃液呈酸性，对弱碱性物质可增加其解离程度，从而减少其被吸收。而对弱酸性物质则具有阻止其解离的作用，因而增加其被吸收。胃内的蛋白质和黏液状蛋白类食物则可减少对毒物的吸收。

小肠吸收毒物也受到上述条件的影响，肠内较大的吸收面积和碱性环境，使弱碱性物质在胃内不容易被吸收，待到达小肠后，即转化为非电解质而被吸收。小肠内的多种酶可以促进毒物吸收。在小肠内，物质可以经细胞壁直接透入细胞。这种吸收方式对毒物的吸收，特别是对大分子毒物的吸收起重要作用。化学结构上与天然物质相似的毒物，可以通过主动的渗透而被吸收。

6.1.2.2 有毒物质对人体的危害

毒物侵入人体后，通过血液循环扩散到全身各组织或器官。由于毒物本身的理化特征及各组织的生化、生理特点，从而破坏人体正常生理机能导致中毒。

职业中毒可分为急性、慢性和亚急性三种临床类型。

① 急性中毒是指毒物在短时间（几分钟至数小时）大量进入人体而引起的中毒。急性中毒是由于在短时间内有大量毒物侵入人体后突然发生的病变，这种病变具有发病急、变化快、病情重的特点，多数是因为生产事故或工人违反安全操作规程所引起的。

② 慢性中毒是指毒物少量长期进入人体而引起的中毒，如慢性铅中毒。慢性中毒绝大部分是蓄积性毒物引起的，往往从事该毒物作业数月、数年或更多时间才出现症状，如慢性铅、汞、锰等中毒或尘肺（肺尘埃沉着病，下同）等。

③ 亚急性中毒发病情况介于急性和慢性之间，接触浓度较高，一般在一个月内发病者，称为亚急性中毒或亚慢性中毒，如亚急性铅中毒。

由于毒物不同，作用于人体的不同系统和器官，对各系统和器官的危害也不同。

（1）对各系统的危害

① 对呼吸系统的危害

a. 窒息状态　造成窒息的原因有两种：一种是呼吸道机械性阻塞，如氨、氯、二氧化硫急性中毒时，能引起喉痉挛和声门水肿；另一种是呼吸抑制，可由于高浓度刺激性气体的吸入引起迅速的反射性呼吸抑制，麻醉性毒物以及有机磷等可直接抑制呼吸中枢，使呼吸肌瘫痪。

b. 呼吸道炎症　吸入刺激性气体以及镉、锰、铍的烟尘，可引起化学性肺炎。长期接触刺激性气体引起黏膜和肺间质的慢性炎症，甚至发生支气管哮喘。

c. 肺水肿　中毒性肺水肿是由于吸入大量水溶性的刺激性气体或蒸气所引起的，如氯气、氨气、氮氧化物、光气、硫酸二甲酯、三氧化硫、卤代烃、羰基镍等。

② 对神经系统的危害

a. 急性中毒性脑病　锰、汞、汽油、四乙基铅、苯、甲醇、有机磷等所谓"亲神经性毒物"作用于人体会产生中毒性脑病。表现为神经系统症状，如头晕、呕吐、幻视、视觉障碍、复视、昏迷和抽搐等。

b. 中毒性周围神经炎　二硫化碳、有机溶剂、砷的慢性中毒，可引起指、趾触觉减退、麻木、疼痛和痛觉过敏，严重者会造成下肢运动神经元瘫痪和营养障碍等。

c. 神经衰弱症候群　常见于某些轻度急性中毒、中毒后的恢复期，以慢性中毒的早期症状为最为常见，如头痛、头昏、倦怠、失眠和心悸等。

③ 对血液系统的危害

a. 白细胞数变化　大部分中毒均呈现白细胞总数和中性粒细胞数的增高。

b. 血红蛋白变性　毒物引起的血红蛋白变性常以高铁血红蛋白症为最多。由于血红蛋白的变性，使输氧功能受到障碍，患者常伴有缺氧症，如头昏、乏力、胸闷甚至昏迷。同时，红细胞可以发生退行性病变、寿命缩短、溶血等。

c. 溶血性贫血　砷化氢、苯胺、苯肼、硝基苯等中毒可引起溶血性贫血。

④ 对泌尿系统的危害　有许多毒物可引起肾脏损害，尤其以升汞和四氯化碳等引起的肾小管坏死性肾病最为严重。

⑤ 对循环系统的危害　砷、磷、四氯化碳、有机汞等中毒可引起急性心肌损害。汽油、苯、三氯乙烯等有机溶剂能刺激 β-肾上腺素受体而导致心室颤动。氯化钡、氯化乙基汞中毒可引起心律失常。

⑥ 对消化系统的危害

a. 急性肠胃炎　经消化道侵入汞、砷、铅等，可出现严重恶心、呕吐、腹痛和腹泻等酷似急性肠胃炎的症状，可能引起失水或电解质、酸碱平衡紊乱，甚至发生休克。

b. 中毒性肝炎　有些毒物主要引起肝损害，造成急性或慢性肝炎，这些毒物被称为"亲肝性毒物"。该类毒物常见的有磷、锑、四氯化碳、氯仿及肼类化合物。

（2）对皮肤的危害

皮肤是机体抵御外界刺激的第一道防线，在从事制药生产中，皮肤接触外来刺激物的机会最多，有些毒物经口鼻吸入也会引起皮肤病变。常见的皮肤病症状有皮肤瘙痒、皮肤干燥、皲裂等。有些毒物还会引起皮肤附属器官及口腔黏膜的病变，如毛发脱落、甲沟炎、牙龈炎、口腔黏膜溃疡等。

（3）对眼部的危害

① 接触性眼部损伤　化学物质的气体、烟尘或粉尘接触眼部，或其液体、碎屑飞溅到眼部，可引起色素沉着、过敏反应、刺激性炎症或腐蚀灼伤，例如，对苯二酚等可使角膜、结膜染色。刺激性较强的物质短时间接触，可引起角膜表皮水肿、结膜充血等。

② 中毒所致眼部损伤　毒物侵入人体后，作用于不同的组织，对眼部有不同的损害。如毒物作用于大脑枕叶皮质会导致黑蒙；毒物作用于视网膜周边及视神经外围的神经纤维而导致视野缩小；毒物作用于视神经中枢以及黄斑会形成视中心暗点。

（4）粉尘对人体的危害

工业粉尘的尘粒直径在 $0.4 \sim 5\mu m$ 时，对人体危害最大，可沉淀于支气管和肺泡内。高于此值的尘粒，在空气中很快沉降，即使部分侵入呼吸系统也会被截留在呼吸道，而在打喷嚏、咳嗽时排出；低于此值的尘粒虽然能侵入肺中，但有大部分随同空气一起呼出，其余的被呼吸道内的黏液纤毛由细气管经喉向外排出。

粉尘对人体的危害主要表现在以下几个方面：①粉尘如铅、砷、农药等能够经呼吸道进入人体内而引起全身性中毒；②粉尘能引起呼吸道疾病，如鼻炎、咽炎、气管炎和支气管炎等；③粉尘有局部刺激作用，如皮肤干燥、皮炎、毛囊炎、眼病及功能减弱等病变；④锌烟、羽毛等引起过敏反应；⑤尘肺是指肺内存在吸入的粉尘，并与之起非肿瘤的组织反应，引起肺组织弥漫性纤维性病变。

（5）致癌性

癌症病因十分复杂，较深入的研究认为它可能与物理、化学、细菌、病菌、真菌和遗传等因素有关。某些化学物质有致癌作用，已被基本确认的致癌物：砷、镍、铬酸盐、亚硝酸盐、石棉、3,4-苯并芘类多环芳烃、亚硝胺、蒽和菲的衍生物、芥子气、联苯胺及氯甲醚等。

职业性肿瘤多发生于皮肤、呼吸道以及膀胱，少见于肝、血液系统。由于许多致癌病因的基本问题未弄清楚，加之在生产环境以外的自然环境中，也可接触到各种致癌因素，因此，要确定某种癌是否仅由职业因素引起是不容易的，必须有较充分的根据。

（6）职业病

职业病是指劳动者在职业活动中，因接触职业危险因素引起的疾病。职业病特征是：其与职业危险因素的因果关系明确，在接触同样因素的人群中常有一定的发病率，而很少是个别病人。职业病的诊断应由专门机构按有关法规和程序进行，确诊有职业病的职工享受国家规定的工伤保险待遇。

6.1.2.3　中毒方式及机理

毒物进入人体后，随着体液分布到人体的不同部位，参与体内的代谢过程，发生转化，有些可被解毒并排出体外，有些则在体内积蓄，随着时间的推移，积累在体内的毒物可使人体产生各种中毒症状。

机体对外源性化学物质的处理可简单分成相互有关的吸收、分布、代谢、排泄四个过程。

（1）吸收

吸收是指外界环境中的化学毒物进入人体内的过程。在生产条件下，工业毒物主要经呼吸道进入体内，其次经皮肤吸收，也可经消化道进入体内但较为少见。

（2）分布

分布是指被吸收的化学毒物或其代谢产物在体内循环与分配的过程。被吸收到血液中的化学毒物大部分与血浆蛋白结合，并随血流被运送到人体的器官和组织。分布的开始阶段，机体不同部位的血流量为主要影响因素，例如肝脏是具有丰富血液的器官，化学毒物可以在肝脏达到很高的起始浓度。随着时间的延长，受化学毒物与器官、组织亲和力的影响而形成化学毒物的再分布过程。例如，铅早期主要分布在血流比较丰富的肝脏和肾脏的位置，随后进入并储存在骨骼内，但对骨骼无毒性。

（3）生物转化

进入机体的毒物，有的可直接作用于靶器官产生毒效应，并以原形排出。多数毒物吸收后在体内酶的作用下，经过各种生化过程，其化学结构发生一定的改变，称为毒物的生物转化，又称代谢转化。化学毒物在体内发生生物转化的过程，分为Ⅰ相反应及Ⅱ相反应。Ⅰ相反应，包括氧化、还原和水解反应；Ⅱ相反应，亦称为结合反应。大多数化学毒物均需经过这两相反应。如乙醇氧化成为二氧化碳和水；醛类还原成醇类，再逐渐氧化成二氧化碳和水；乙酸乙酯水解成乙醇和乙酸，再氧化成二氧化碳；体内葡萄糖醛酸、甘氨酸等可与毒物或其他代谢产物结合。

（4）排泄

排泄是指化学毒物及其代谢产物向体外转运的过程，是生物转运的最后一个环节。

① 经肾脏排泄　肾脏是化学毒物排出的重要器官，相对分子质量较小的化学毒物或其代谢产物主要经肾脏由尿排出。

② 经呼吸道排泄　在常温状态下，呈气态的化学毒物及其代谢产物，或挥发性液态毒物，如 CO、醇类等可通过简单扩散经肺呼出。

③ 经消化道排泄　肝脏是排泄外源性物质的主要器官。相对分子质量较大的化学毒物及其代谢产物，可随粪便排出。消化道是很多结合物如谷胱甘肽结合物、硫酸和葡萄糖醛酸

结合物的主要排泄途径。

④ 其他　乳腺虽然不是排泄毒物的主要途径，但具有特殊的意义。有些化学毒物可随乳汁由母体转运给婴儿，也可由牛乳转移给人。此外，有些化学毒物还可通过唾液、汗液、指甲和毛发等途径排泄，其中毛发中的重金属含量可作为生物监测指标。

（5）蓄积

化学毒物及其代谢产物在接触间隔期内，如不能完全排出，则可在体内逐渐积累，这种现象称为毒物的蓄积。有的化学毒物可直接发挥作用，引起某些器官、组织等蓄积部位的病变，如，甲基汞蓄积在脑组织，可引起中枢神经系统的损害；如果蓄积部位不是该化学毒物毒作用的部位时，此部位又称该毒物的储存库，如铅蓄积在骨骼内，可防止铅对软组织的毒性作用，但是在缺钙和甲状旁腺激素的溶骨作用等条件下，可导致骨内铅重新释放至血液而引起中毒。在某些组织或器官中，蓄积的毒物超过一定量时，会产生慢性中毒。因此毒物在体内的蓄积是发生慢性中毒的先决条件和重要因素。

6.1.2.4　中毒对人体的损害

在生产环境中，有些毒物既可引起急性中毒，又可引起慢性中毒，如苯、汞、氟化氢、三硝基甲苯等；有些毒物只能引起急性中毒，如一氧化碳、氧化铜及氧化锌的蒸气等；有些毒物只能引起慢性中毒，如锰、铅等金属中毒。

毒物进入人体后，表现出各种不同的中毒症状。对于职业中毒的危害，主要从呼吸系统、神经系统、血液系统、循环系统、消化系统、泌尿系统以及其他系统等中毒的症状阐述。

（1）呼吸系统的损害

呼吸系统中毒的临床表现为：窒息、呼吸道炎症、肺水肿等。例如，氨、氯、二氧化硫等的急性中毒时可引起喉痉挛、声门水肿，造成呼吸道机械性阻塞而引起窒息，甚至死亡；氯、氨、氮氧化物长期作用可导致慢性鼻炎肺气肿、气管炎等；不易溶于水的氮氧化物、光气、溴甲烷、硫酸二甲酯、氧化镉等刺激性气体和蒸气，以及浓度较高的氨、氯、硒化氢、二氧化硫、三氧化硫等能引起肺水肿。

（2）神经系统的损害

慢性职业中毒的早期症状和急性中毒的后遗症大多都表现为神经衰弱、神经功能失调等症状，临床表现为：头昏、头痛、全身无力、恶心、呕吐、恐惧、抑郁、痴呆、震颤、抽搐、情绪易激动、注意力不集中等。严重中毒时可引起中毒性脑病，表现为头痛、昏迷、呼吸抑制、兴奋、狂躁、植物神经功能紊乱、血压下降、体温低、脉搏减少等症状。

（3）血液系统的损害

某些毒物对人体的血液系统产生损害，表现为白细胞增加或减少、障碍性贫血、变性血红蛋白、溶血性贫血等，如慢性苯中毒、铅和三硝基甲苯中毒可引起颗粒性细胞、白细胞、红细胞、血小板减少，病人常出现头昏乏力、鼻及牙龈出血；严重的慢性苯中毒，可抑制骨髓造血功能，使血细胞生成减少，发生障碍性贫血等症状。苯胺、硝基苯化合物及亚硝酸盐中毒时形成高铁血红蛋白，使血液运输氧的功能下降，出现紫绀现象。急性一氧化碳中毒可形成碳氧血红蛋白。

（4）循环系统的损害

循环系统中毒主要表现为循环系统衰竭、休克和心肌损害；一氧化碳、氰化物等窒息性气体急性中毒使组织缺氧，引起末梢循环衰竭而产生休克；亚硝酸盐中毒可引起血管扩张。

（5）消化系统的损害

四氯化碳、磷、三硝基甲苯、锑、铅等是"亲肝性毒物"，主要对肝脏产生损害。表现为厌食、肝脏肿大、肝痛、出现黄疸、肝功能减退等症状；经消化道进入人体的汞、砷、铅等毒物，发生急性中毒时，表现为恶心、严重呕吐、腹泻、休克等。

（6）泌尿系统的损害

汞、四氯化碳、镉等能引起急性肾功能衰竭，严重时产生尿毒症；苯胺、砷和四氯化碳等能损伤肾脏；铅中毒可导致尿中含有大量蛋白，使血浆中蛋白减少，出现水肿症状。

（7）生殖系统的损害

有研究表明，对睾丸有损伤的工业毒物有二硫化碳、二溴氯丙烷、铅、三硝基甲苯等；对女性生殖产生危害的工业毒物有铅、汞、镉、农药、氯乙烯等。

（8）皮肤的损害

职业性皮肤病，占职业病总数的40%～50%，其致病因素中，化学因素占90%以上。主要损害为：化学灼伤、接触性皮炎、光感性皮炎、职业性痤疮。

（9）眼部的损害

工业毒物可引起多种眼部病变。如酸、碱可引起急性结膜炎、角膜炎，主要表现为羞明、流泪、灼痛；腐蚀性强酸、强碱进入眼部可引起化学烧伤，常引起结膜、角膜的坏死、糜烂；三硝基甲苯、二硝基酚可引起白内障。

（10）发热

五氯酚、二硝基酚等中毒可引起发热，吸入锌、铜等金属烟后引起发热称"金属烟尘热"。

6.1.2.5 影响因素

影响毒物毒性的因素是多方面的。除了毒物进入人体的途径、毒物的剂量、毒物在体内的代谢对其毒性有影响外，毒物的化学结构、理化特性、生产环境、多种毒物的联合作用、个体因素也是重要的影响因素。

（1）毒物的化学结构

毒物的化学结构对其毒性起着决定性作用，一般情况下，毒物的化学结构相似，其毒性作用也相似。

（2）物理化学性质

毒物的理化特性是多方面的，但影响人体健康最主要的有三个方面。

① 溶解度　毒物在体液的溶解度越大，其毒性也越大，特别是易溶于脂肪的物质，如四乙基铅、苯的氨基和硝基化合物尤其如此。

② 分散度　毒物的颗粒越小，分散度越大，其化学活性增大，而且易随呼吸过程进入人体，因而毒性越大。另外，分散度越大，溶解速度也会加快。

③ 挥发性　毒物的挥发性越大，释放在空气中毒物的浓度越高，进入人体的可能性越大。如苯、乙醚、三氯甲烷、四氯化碳等都是挥发性大的物质，它们对人体的危害也严重。

（3）毒物的联合作用

在生产环境中，操作者所接触到的毒物往往不是单一的，而是多种毒物，毒物联合作用的综合毒性有下述几种情况。

① 相加作用　通常，结构类似的化学毒物或同系物，或毒性作用的靶器官相同、作用机制类似的化学毒物同时存在时，易发生相加作用。例如，四氯化碳、氯仿等均属氯代烃，属肝脏毒物，会对肝脏毒性产生相加作用。

② 协同作用　多种化学毒物进入人体后，其所产生的毒性作用远远超过各单独化学毒物作用强度的总和，这种作用称为协同作用。一氧化碳能使血红蛋白的携氧能力降低，当一氧化碳与硫化氢同时存在时，硫化氢可协同一氧化碳引起的缺氧，因为硫化氢可使细胞利用氧的能力发生障碍。

③ 拮抗作用　是指进入人体内几种毒物，其毒性作用的总和低于各化合物单独毒效应

的总和，如氨和氯的联合作用。

④ 增强作用　有些化学毒物本身对人体的某个器官或系统无毒性，另一些化学毒物对人体产生一定的毒性作用，当二者同时进入机体，前者可使后者的毒性大大增强，此种作用称为增强作用或增效作用。

⑤ 独立作用　由于不同性质的毒物有不同的作用靶位，而这些部位与靶子之间在功能关系上不密切，因而出现各自不同的毒效应。

（4）作业环境与劳动强度

作业场所的温度、湿度和气压等直接影响毒物作用于人体的效果。一般情况下，温度越高，毒物越易挥发，在空气中毒物的浓度也越高。当空气中的湿度增大，有些易溶于水的毒物溶解在水气中，其毒性增强，而且易吸附在呼吸道黏膜上，使人体中毒的可能性增加；当气压升高时，毒物在体内的溶解增强，因而毒性作用也增大；劳动时间过长或劳动强度大，使呼吸和血液循环加快，加快了人体吸收毒物的速度，中毒的可能性和严重程度就会增加。

（5）人体因素

在同样条件下接触同样的毒物，往往有些人长期不中毒，而有些人却发生中毒，并且病情轻重也各异，这是由于人体对毒物耐受性不同所致。有的人长期接触毒物耐受能力反而增强，这种现象称为"适应性"。人体对毒物的耐受性不同，源自于个体间差异。由于作业者的个体条件不同，如年龄、性别、健康状况、中枢神经系统、习惯性及致敏等情况不同，在同样的作业条件下，接触同样的毒物时，有些人发生中毒，而另一些人则不发生中毒。

6.2　职业病

6.2.1　概述

为了职工的健康和安全，企业要高度重视职业性危害的防护工作，根据职业病预防法律、法规，制定落实各项职业健康管理制度及措施，建立并完善职业性伤害防治体系。职工也要掌握职业性危害防护工作的有关知识。

6.2.1.1　定义及分类

（1）定义

根据《中华人民共和国职业病防治法》规定，职业病是指企业、事业单位和个体经济组织等用人单位的劳动者，在职业活动中，因接触粉尘、放射性物质和其他有毒、有害因素而引起的疾病。

构成职业病必须具备四个条件：①患病主体是企业、事业单位或个体经济组织的劳动者；②必须是在从事职业活动的过程中产生的；③必须是因接触粉尘、放射性物质和其他有毒有害物质等职业病危害因素引起的；④必须是国家公布的职业病分类和目录所列的职业病。

（2）职业病分类

我国最新公布的《职业病分类和目录》（国卫疾控发〔2013〕48号）中，明确的法定职业病是10大类132种。包括：职业性尘肺病及其他呼吸系统疾病19种；职业性皮肤病9种；职业性眼病3种；职业性耳鼻喉口腔疾病4种；职业性化学中毒60种；物理因素所致职业病7种；职业性放射性疾病11种；职业性传染病5种；职业性肿瘤11种；其他职业病3种。职业病的诊断、鉴定、治疗由专门的医疗卫生机构按照职业病防治法的有关规定及程序进行。

6.2.1.2 职业病危害

职业病危害范围广，损害劳动者健康，职业病的危害因素按其来源可概括为三类。

（1）生产过程中

① 化学因素　包括毒物，如铅、苯等；粉尘，如塑料粉尘等；灼伤物，如硫酸、氨水等。

② 物理因素　包括异常气候条件和不良工作环境，如高温、低温、高压、振动等。

③ 生物因素　包括作业场所存在的微生物、病菌，如炭疽杆菌、霉菌等。

（2）劳动过程中

① 劳动组织不当　如超时工作、作业方式不合理等。

② 劳动强度过大　如超负荷工作、未考虑性别因素等。

③ 个体差异或非职业性疾病因素影响　如视力差、血压高，或受烟酒、药物，刺激等。

④ 不良的人机匹配　如劳动体位不妥，人与机器间距不当。

（3）生产环境

① 生产场所设计不合理，如厂房布局上把有粉尘源的车间放在常年上风口等。

② 缺乏安全卫生防护设施，如作业场所采光照明不足，地面湿滑，防尘、防爆、防暑、防冻等设施缺乏或不足，个人防护用品不足或有缺陷等。

③ 特殊工场的不良作业条件，如由于生产工艺需要而设置的冷库低温、烘房高温等。

6.2.2　职业病防治

职业病的预防控制对策包括对职业病危害发生源、接触者、传播途径三个方面的控制，其指导思想是降低粉尘和毒物等有害因素的作用强度和减少接触时间。

（1）发生源控制原则

发生源的控制原则及优先措施是：替代和改变工艺、湿式作业、密闭、隔离、局部通风及维护管理等。替代、改变工艺是设法消除职业病危害发生源或者减少其危害性。如，用低毒物质替代高毒物质，则可减少中毒的可能性。采用各种工业除尘系统，通过加湿以降低空气中粉尘的悬浮量；采用吸收、吸附、冷凝和燃烧等净化工艺，处理含有毒物质的工艺气体，降低有毒物质的浓度。密闭、隔离措施是将发生源屏蔽起来，尽量减少人员与发生源接触机会，例如，尽量采用密闭化、连续化、机械化操作和自动控制，建立隔离室，将操作人员与生产设备隔离，并与局部通风结合。生产经营单位应当对职业危害防护设施进行经常性的维护、检修和保养，定期检测其性能和效果，确保其处于正常状态，不得擅自拆除或者停止使用职业危害防护设施，要像抓安全生产一样，建立、健全并严格执行职业危害防治责任制度和职业危害防护设施维护检修制度。

（2）接触者控制原则

接触者控制原则及优先措施是：劳动组织管理、培训教育、职业健康监护、配备个人防护用品以及维护管理等。在职工中鉴别易感染者，弄清不同有害岗位的职业禁忌证，合理调配工作岗位，是预防职业病的重要措施。例如血液疾病是接触苯作业的禁忌证，肺结核是接触硅尘作业的禁忌证，用人单位不得安排有职业禁忌的劳动者从事其所禁忌的作业；发现有与所从事的职业相关的健康损害的劳动者，应调离原工作岗位并妥善安置。

（3）传播途径控制原则

传播途径的控制对策及优先措施是：清理、全面通风、密闭、自动化远距离操作、监测及维护管理。控制的重点是劳动环境。控制传播途径必须经常进行劳动环境测定。厂房通风预防职业病的作用是多方面的，不仅可以降低厂房内有害气体及粉尘的浓度，可使高温高湿车间通风降温降湿，保障劳动者的健康。

（4）劳动环境测定

劳动环境测定是指对劳动环境中各种有害因素和不良环境条件的测定，是劳动环境评价的依据。劳动环境中有害因素的测定的基本方法是：测定劳动者接触有害因素的时间和有害因素的强度、浓度，根据有害因素的种类，按照相应的国家标准、行业标准和岗位劳动评价标准作出评价。

（5）职业健康监护

职业健康监护主要是通过预防性健康检查，及早发现职业性危害，以便及时采取措施减少或消除致害因素，同时对接触过致害因素的人员及早进行观察或治疗。

① 健康检查　包括：就业前健康检查、从业人员定期体检、离岗健康检查。

② 建立健康监护档案　包括：职业史、疾病史、家族病史、职业危害因素的接触状况、个人健康基础资料等。

③ 跟踪监护　对接触过职业危害因素的人员或职业病疑似患者，应进行健康跟踪观察监护，并对其健康监护资料进行积累、统计和分析，以期早预防、早治疗。

6.3　个人防护

6.3.1　职业病防护

当工程技术措施还不能消除或完全控制职业性有害因素时，个人防护用品是保障健康的主要防护手段。在不同场合应选择不同类型的个人防护用品，在使用时应加强训练、管理和维护，才能保证其经常有效。

6.3.1.1　个人防护用品的作用

① 隔离和屏蔽作用　譬如防护服装，穿戴齐全工作服、鞋、帽、手套等，能隔绝和减少生产性粉尘和酸雾气体的刺激，预防职业性皮肤病，避免直接性灼伤等。

② 过滤和吸附作用　如在有毒环境中作业时，作业人员必须根据作业状况、个体差异，正确佩戴防毒面具，则有很好的防毒作用。

③ 保险和分散作用　如戴安全帽、系安全带或挂安全网等，在受到高空坠物冲击或失足坠落时，就是比较保险的安全措施，特别是安全帽能分散头部的冲击力度。

6.3.1.2　劳动防护用品的分类

劳动防护用品的分类方法较多，有按原材料分类的，也有按使用性质或防护功能分类的，而从劳动卫生学的角度，通常按人体防护部位分类。我国制定的标准《劳动防护用品分类与代码》（LD/T 75—1995），即以人体防护部位分类，共分 9 大类。这 9 大类劳动防护用品，分别是以阿拉伯数字从 1～9 代表头部、呼吸器官、眼（面）部、听觉器官、手部、足部、躯体、皮肤等部位防护用品和防坠落及其他防护品。

① 头部防护用品（代码 1）　通常是工作帽和安全帽，主要有普通工作帽、防冲击安全帽、防高温、防电磁辐射等。

② 呼吸器官防护用品（代码 2）　按用途分为防尘、防毒、供氧三类；按功能又分过滤式、隔离式两类，主要有防尘口罩、防毒面具（口罩或面罩）、过滤式自救器、防酸碱口罩、氧气呼吸器、生氧面具、给氧式自救器等产品。

③ 眼（面）部防护用品（代码 3）　主要有防尘、防水、防冲击、防毒、防高温、防电磁辐射（射线）、防酸碱等产品。

④ 听觉器官防护用品（代码 4）　主要有防水、防寒、防噪声三类护耳产品。

⑤ 手部防护用品（代码5） 通常是手套，主要有普通防护手套（袖套）、防水、防寒、防毒、防静电、防高温、防射线、防酸碱、防油、防振、防切割手套及电绝缘手套12类产品。

⑥ 足部防护用品（代码6） 通常是鞋和靴，主要有防尘、防寒、防滑、防振、防静电鞋和防高温、防酸碱、防油、防刺穿鞋（靴）以及防水靴、电绝缘鞋（靴）、防烫脚盖、防冲击安全鞋（鞋护盖）13类产品。

⑦ 躯体防护用品（代码7） 通常是服装，主要有普通工作服（衣裤或大褂）、防水服、防寒服、防毒服、阻燃服、潜水服、耐酸碱服、防油服、防高温服、防辐射服等产品。

⑧ 皮肤防护用品（代码8） 主要有防毒、防照射（放射线或暴晒）、防涂料、防冻（皲裂）、防污（蚀）五类护肤产品。

⑨ 防坠落及其他防护品（代码9） 属整体及个体防护用具，包括安全网和安全带（绳）两类。

其他防护品有遮阳伞、登高板、脚扣、水上救生圈、电绝缘板和防滑垫等，属不能按防护部位分类的劳动防护用品。上述九类劳动防护用品中的特种劳动防护用品，已列入《特种劳动防护用品目录》，共6类22种，见表6-3。

表 6-3　特种劳动防护用品目录（6类22种）

类别	产品
头部护具	安全帽
呼吸护具	防尘口罩、过滤式防毒面具、自给式空气呼吸器、长导管面具
眼(面)护具	焊接眼(面)防护具、防冲击眼护具
防护服	阻燃防护服、防酸工作服、防静电工作服
足部护具	保护足趾安全鞋、防静电鞋、导电鞋、防刺穿鞋、胶面防砸安全靴、电绝缘鞋、耐酸碱皮鞋、耐酸碱胶靴、耐酸碱塑料模压靴
防坠落护具	安全带、安全网、密目式安全立网

6.3.2　制药工业毒物防治技术

所有防毒技术措施，都是基于消除毒源、切断毒物传播途径、个体防护与保健措施几方面来考虑的。

6.3.2.1　消除毒源

① 替代和排除有毒或高毒物料　以无毒低毒物料取代有毒高毒物料是劳动安全卫生工作中防毒的重要原则，也是防毒的根本方法。在合成氨生产过程中，原料气的脱硫、脱碳，以往一直采用砷碱法，砷碱中的主要成分三氧化二砷（即砒霜），严重威胁职工的安全与健康。通过研究，采用本菲尔特法脱碳和采用蒽醌酸钠法脱硫，可取得良好的脱硫、脱碳效果，并可彻底消除砷对人体的危害。

② 选择无毒或低毒工艺　改进工艺流程，选择无毒或毒性小的生产工艺，是防治毒物危害的重要措施。零污染、无害化的绿色工艺是现代制药及化工发展方向，并得到积极的推广和应用。如，采用乙烯直接氧化制取环氧乙烷，就比原来用乙烯、氯气和水制环氧乙烷安全，消除了原料氯及中间产物氯化氢的毒害。

6.3.2.2　切断毒物传播途径

（1）通风排毒

通风排毒是工业防毒技术的重要措施之一，根据通风动力，通风排毒可分为：自然通风和机械通风；根据作用范围，还可分为局部通风和全面通风。

（2）净化处理

为了防止污染大气环境，作业场所排出的有毒气体，须经过净化后回收处理，才能排入大气，常用的方法有：冷凝净化、吸收净化、吸附净化、燃烧法。

（3）密闭化、连续化生产

很多有毒物料和中间产物呈气、液状态，一般都是采用密闭式加料、出料和密闭式反应、输送。除了设备、管道要求密闭，机泵等转动装置须加轴密封，并杜绝跑、冒、滴、漏现象，同时结合减压操作和通风措施，有效防止毒物的扩散和外逸。

连续化已是一般大中型制药工业生产的特征，比如采用板框压滤机进行物料过滤，人机接触较近，并需频繁加料，取料和清洗滤布，若采用连续操作的真空吸滤机，则可减少毒物对人体的不良影响。

（4）隔离操作和自动控制

有毒作业必须采取隔离操作，将操作人员与生产设备隔离开来，避免散逸毒物对人体产生危害。常用的方法有两种：一种是将设备放置在隔离室内，通过排风使室内呈负压状态；另一种是将人员操作点安置在隔离室内，通过输送空气使室内呈正压状态。

现代制药企业，其机械化、自动化程度很高，运用各种机械替代人工操作，或采用遥控或程控方法，可极大地减少人与物料的直接接触，从而减轻或避免有毒物对人体的危害。采用自动控制的生产工艺，或采用防爆、防火、防漏气的储运过程，对防止毒物扩散非常有利。此外，自动控制还可对生产现场的异常情况进行自动调控，比如安全阀一类的安全泄压和报警装置，给制药生产带来了更大的安全系数。

6.3.2.3　个体防毒及卫生保健措施

个体防护是防毒的重要措施之一，个体防护措施主要是使用个体防护用品。个体防护用品可分为：呼吸系统防毒用具，人体防护用品，皮肤防护用品等。

（1）呼吸系统的防毒用具

主要包括过滤式防毒面具和口罩、隔离式防毒用具等。

（2）个体防护用品

人体的防护用品包括工作服、工作鞋、工作帽和手套等，应根据生产中毒物的种类、性质和工作条件等，选择合适的种类和型号。其作用是防止毒物从皮肤侵入人体，防止强酸、强碱等毒物对皮肤的伤害，防止吸附性较强的汞等毒物吸附在头发和衣服上。

（3）皮肤防护剂

防止毒物从皮肤侵入人体，除采用个体防护用品外，对暴露皮肤应采用皮肤防护剂。常用的防护剂有软膏、糊剂、成膜剂和乳剂等。选用皮肤防护剂时，需根据工作时接触毒物的性质和危害来确定，譬如，当接触物是酸、碱等刺激性毒物时，应使用软膏，接触毒物为油脂、涂料、无机盐类时，应用乳剂。

卫生保健也是工业毒物防护的重要措施之一，主要包括以下几个方面。

① 健康检查　身体健康检查包括新进人员从业前健康检查和定期健康检查。凡是从事有毒物质作业的新进人员，发现有禁忌症者，不能安排在相应的有毒作业岗位。从事有毒有害物质作业人员，必须进行定期健康检查，发现有疾病者，应考虑调换适当工作，并进行治疗。

② 个人卫生　从事有毒有害物质作业的人员，在工作中必须注意个人卫生，以防止有毒物质从口腔、消化道侵入人体。个人卫生措施主要有：a. 作业人员进车间前，必须按要求穿戴好个人防护用品；b. 工作完毕离开车间时，应脱下个人防护用品存放在规定的地方；c. 接触毒性较大的毒物，如接触汞、铅等工作人员，下班离开车间时要洗澡，至少要洗头、洗脸、漱口，特别是手要认真仔细洗干净；d. 工作场所应禁止进食、吸烟，饭前要洗手。

6.3.3 职业中毒诊断及现场救护

6.3.3.1 职业中毒的诊断

职业中毒的诊断是根据临床检查，结合现场职业卫生学调查，综合分析，排除其他疾病后做出的诊断。职业中毒的诊断应及时而准确。职业中毒与生产环境有密切的关系，而临床表现又常缺乏明显的特异性，因而确定诊断，特别是慢性中毒的诊断存在一定的困难。

① 病史　患者按顺序详细叙述病史和病症如症状的发生、起病时间和方式、病情发展情况、诱发或缓解因素等。询问发病与工作的关系，以及同一接触条件下的其他人员有无相似的症状。此外，还应询问既往患过何种疾病。

② 职业史　详细了解职业接触情况，对职业中毒的诊断十分重要。应按顺序询问，从开始到目前的职业史，包括从事生产过程的工艺流程、操作方法，接触工业毒物的种类，接触形式与进入途径等。急性中毒与现在的工作经历有关，慢性中毒与以往的工作经历有关。

③ 现场调查　向厂方有关领导和工作人员、作业人员了解劳动卫生条件，包括生产过程中所用的原料、助剂、中间品和成品；防护设备和个人防护用品；历年作业环境空气中工业毒物浓度的测定结果及可靠性等。

④ 体格检查　判断临床表现是否与所接触毒物的毒性作用相符。在询问和检查中，尤其应该注意各种症状发生的时间和顺序，及其与接触职业性有害因素的关系。一般来说，急性职业中毒因果关系较容易确立，慢性职业中毒的因果关系有时不太容易确立。

可根据接触有害工业毒物的种类，对一些工业毒物的毒性特点进行检查，例如，汞中毒的震颤，苯的氨基和硝基化合物中毒的紫绀，甲醇中毒的视神经萎缩，刺激性气体中毒的肺水肿等。

⑤ 实验室检查　检查内容主要有两个方面的指标，即接触指标和效应指标。接触指标包括测定生物材料中的毒物或其代谢物，如尿铅、血铅、尿酚等；效应指标涉及测定的内容很广。

上述各项诊断依据，要经过全面的综合分析，才能作出切合实际的诊断，有时会因分析不当、资料不全而引起误诊。

6.3.3.2 清除未被吸收的有毒物质

① 救离现场、去除污染　将中毒者迅速移至空气新鲜处，松开颈、胸部纽扣和腰带，让其头部侧偏以保持呼吸通畅。同时要注意保暖和保持安静，密切关注中毒者神志、呼吸和循环系统的功能。

② 消除毒物，防止沾染皮肤和黏膜　迅速脱去中毒者被污染的衣服、鞋袜、手套等，并用清水冲洗 15~20min。此外，还可用中和剂（弱酸性或弱碱性溶液）清洗。石灰、四氯化钛等遇水能反应的物质中毒时，应先用布、纸或棉花去除后再用水清洗，以防加重损伤。要注意皮肤褶皱、毛发和指甲内的污染。

③ 毒物进入眼睛时　用流水缓慢冲洗眼睛 15min 以上，冲洗时把眼睑撑开，并嘱咐伤员使眼球向各个方向缓慢转动。

④ 毒物经口腔引起急性中毒时　可根据具体情况和现场条件正确处理。若毒物为非腐蚀性者，应立即采取催吐、洗胃或导泻等方法去除毒物。胺、铬酸盐、铜盐、汞盐、羧酸类、醛类、酯类中毒时，可给中毒者喝牛奶、生鸡蛋等缓解剂。对氯化钡等中毒，可口服硫酸钠溶液，使胃肠道内未被吸收的钡盐变成不溶的硫酸钡沉淀。但当烷烃、苯、石油醚等中毒时，既不要催吐，也不要给中毒者喝牛奶、鸡蛋和油性食物，可喝一汤匙液状石蜡和一杯含硫酸镁或硫酸钠的水。一氧化碳中毒者应立即吸入氧气，以缓解机体缺氧并促进毒物排出。

6.3.3.3 现场急救

急性中毒往往发生于事故场合，如生产突发异常情况或设备损坏毒物外泄等。第一时间及时正确地实施现场抢救，对于减轻中毒症状、挽救患者生命具有十分重要的意义。

① 现场急救准备 救护人员做好自身防护准备，穿防护服、佩戴防毒面具或氧气呼吸器，准备好急救器械和药品；然后迅速进入现场切断毒物来源，打开门窗或启动通风设施进行排毒。同时，尽快将中毒者移至空气流通处，实施抢救。

② 现场抢救技术 如心脏复苏术、呼吸复苏术、解毒、排毒术等。这些现场抢救技术，均为医护急救专门技术，应由医护人员或受过急救专门训练的人员实施。生产现场的作业人员必须具备应急抢救的基本常识和能力，遇突发事故时可自救和互救。

思考题

1. 如何理解毒物？

2. 制药工业毒物对人体有哪些危害？

3. 制药工业毒物防治技术有哪些？

4. 什么是职业病？个人如何防护？

5. 如何进行职业中毒现场救护？

参考文献

［1］ 孙宝林主编. 工业防毒技术. 北京：中国劳动社会保障出版社，2007.

［2］ 孙玉叶主编. 化工安全技术与职业健康. 北京：化学工业出版社，2015.

［3］ 黄岳元，等编著. 化工环境保护与安全技术概论. 北京：高等教育出版社，2014.

［4］ 袁昌明，等编著. 工业防毒技术. 北京：冶金工业出版社，2006.

［5］ 温路新，等编著. 化工安全与环保. 北京：科学出版社，2014.

［6］ 贾素云主编. 化工环境科学与安全技术. 北京：国防工业出版社，2009.

第7章

制药企业的安全与环保管理

制药企业的安全与环保管理是以实现生产过程安全环保为目的的现代化、科学化的管理。其基本任务是按照国家有关安全、环保生产方针、政策、法律、法规的要求，从本企业实际出发，为构筑企业安全环保生产的长效机制，规范企业生产经营活动，而采取相关的安全、环保管理对策措施，以期科学地、前瞻地、有效地发现、分析和控制生产过程中的危险有害因素，制定相应的安全、环保技术措施和安全环保管理规章制度，主动防范、控制发生安全环保事故以及职业病概率，避免和减少企业有关损失。

本章学习目的与要求

★了解安全与环保法律的基本概念

★熟悉 EHS 管理体系及内容

★了解常见的安全风险评价方法

7.1 制药企业 EHS 相关法律法规

EHS 是环境、健康、安全的简称（environment、health、safety），制药企业 EHS 相关法律法规先须了解国际劳工组织，国际劳工组织设立于 1919 年，是一个处理劳工问题的专门机构，总部位于瑞士日内瓦，秘书处被称为国际劳工局。是根据 1919 年《凡尔赛和约》，并作为国际联盟的附属机构而成立的，现在拥有 185 个成员国。中国是国际劳工组织的创始成员国，也是该组织的常任理事国。由于国际劳工组织的工作目的是促进男女在自由、公正、安全和具有人格尊严的条件下，获得体面的、生产性的工作机会，所以这个组织一项重要工作就是职业安全卫生工作的推进。我们国家作为成员国，制定了一系列法律法规，如《安全生产法》、《职业病防治法》、《劳动法》、《残疾人保障法》等。

7.1.1 EHS 法律法规的效力层级关系

2002 年，我国颁布了第一部《安全生产法》，2014 年进行了修订，新的安全生产法强化了企业的主体责任，明确了各类人员的安全职责的权力，增加了高危行业的安全监督管理要求，并确立了各类安全生产制度及其要求等内容。

2015 年，颁布了新的《环境保护法》，在这部法律中，保护环境上升为国家的基本国策，突出强调政府监督管理责任，专设信息公开和公众参与专项，规定政府应每年向人大报告环境状况，建立健全环境监测制度，完善了跨行政区污染防治制度，重点污染物排放总量控制，严格法律责任，引咎辞职制度等内容。

2016 年，发布了修订的《职业病防治法》，将原卫生行政部门与安全生产监督部门共同的管辖修改为由安全生产监督部门独立监督、执法。EHS 法律法规的层级关系如图 7-1。

7.1.2 法定标准

法定安全环保标准分为国家标准和行业标准，两者对生产经营单位的安全、环保具有同样的约束力。法定安全环保标准主要指强制性安全、环保标准。

（1）国家标准

安全、环保国家标准是指国家标准化行政主管部门依照《标准化法》制定的在全国范围内适用的安全、环保技术规范。

（2）行业标准

安全、环保行业标准是指国务院有关部门和直属机构依照《标准化法》制定的在安全、环保领域内适用的安全、环保技术规范。行业安全、环保标准对同一安全、环保事项的技术要求，可以高于国家安全、环保标准，但不得与其抵触。

```
EHS法律
  ↓
EHS行政法规
  ↓
部门EHS规章
  ↓
地方EHS法规
  ↓
地方政府EHS规章
```

图 7-1 EHS 法规层级关系

7.1.3 EHS 管理体系

由于 EHS 工作的核心是"以人为本"，特别是制药企业的产品特殊性质，赋予了制药企业 EHS 工作更多的社会责任，比如对未成年人的关注、残疾人的雇佣、周边居民的影响、社会关爱等。故有的制药企业 EHS 部门也叫"社会责任部"，但目前大多数国内制药企业认识 EHS 还只局限于环境、健康和安全。本章内容也只从这三个方面进行主要阐述，如果对其它内容有兴趣可关注国际劳工组织网站了解更多内容。

持续改进，是建立 EHS 管理体系的原则，采用 PDCA 模式，即规划（PLAN）-实施（DO）-验证（CHECK）-改进（ACTION）实现动态循环，如图 7-2。通过持续改进，使体系得到不断完善。同时，该体系要求企业对 EHS 进行例行审核和评审，以确保其适应性和有效性。

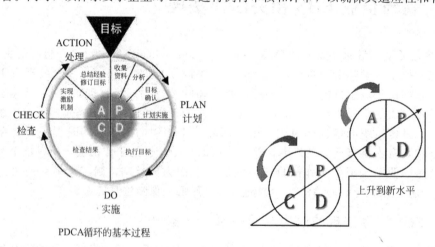

图 7-2 PDCA 循环

7.2 企业安全环保机构和职责

安全环保管理机构和安全环保管理人员，是制药企业安全环保管理的组织保障。安全环保管理机构是指在企业中专门负责安全、环保监督管理的内设机构。安全环保管理人员是指企业中从事安全环保管理工作的专职或兼职人员。安全环保管理机构和安全环保管理人员的作用是落实国家有关安全、环保的法律、法规，组织企业内部各种安全环保检查活动，负责日常安全环保检查，及时整改各种事故隐患，监督安全、环保责任制的落实等。

7.2.1　机构设置

企业设置有安全、环保委员会或领导小组，并且由企业的主要负责人领导，成员包括安全环保生产相关人员、工会人员等。职能部门中设置有安全、环保管理部门，配备专职安全、环保管理人员，并按规定配备注册安全工程师。在安全环保领导小组的直接领导下，建立从安全、环保委员会到基层班组的安全、环保管理网络，构建安全与环保管理系统。

7.2.2　职责

企业应建立安全、环保委员会或领导小组和管理部门的安全、环保职责、制定主要负责人、各级管理人员和从业人员的安全职责。安全生产法中对生产经营单位的主要负责人及安全管理机构、安全管理人员的职责做了详细规定。

生产经营单位的主要负责人对本单位安全生产工作负有下列职责：
① 建立、健全本单位安全生产责任制；
② 组织制定本单位安全生产规章制度和操作规程；
③ 组织制定并实施本单位安全生产教育和培训计划；
④ 保证本单位安全生产投入的有效实施；
⑤ 督促、检查本单位的安全生产工作，及时消除生产安全事故隐患；
⑥ 组织制定并实施本单位的生产安全事故应急救援预案；
⑦ 及时、如实报告生产安全事故。

生产经营单位的安全生产管理机构以及安全生产管理人员履行下列职责：
① 组织或参与拟订本单位安全生产规章制度、操作规程、生产安全事故应急救援预案；
② 组织或者参与本单位安全生产教育和培训，如实记录安全生产教育和培训情况；
③ 督促落实本单位重大危险源的安全管理措施；
④ 组织或者参与本单位应急救援演练；
⑤ 检查本单位的安全生产状况，及时排查生产安全事故隐患，提出改进安全生产管理的建议；
⑥ 制止和纠正违章指挥、强令冒险作业、违反操作规程的行为；
⑦ 督促落实本单位安全生产整改措施。

生产经营单位对各级管理部门、管理人员及从业人员安全环保职责的履行情况和安全环保责任制的实现情况建立安全环保责任考核机制，进行定期考核，予以奖惩。

7.3　风险管理

在 EHS 管理中，对几乎所有的管理行为都要进行风险分析。因此，企业首先应制定风险评价管理制度，制度中应明确风险评价的目的、范围和准则。其中，风险评价的范围应包括：规划、设计和建设、投产、运行等阶段；常规和非常规活动；事故及潜在的紧急情况；所有进入作业场所人员的活动；原材料、产品的运输和使用过程；作业场所的设施、设备、车辆、安全防护用品；丢弃、废弃、拆除与处置；企业周围环境；气候、地震及其他自然灾害等。风险评价准则依据有关安全生产法律、法规；设计规范、技术标准；企业的安全管理标准、技术标准；合同规定；企业的安全生产方针和目标等制定。

7.3.1　风险评价方法

根据需要，选择科学、有效、可行的风险评价方法，常用的评价方法有如下几种。

（1）预先危险性分析

预先危险性分析（preliminary hazard analysis，PHA）也称初始危险分析，该法是在每项工作开始之前，特别是在设计的开始阶段，对危险物质和重要装置的主要区域等进行分析，包括设计、施工和生产前对系统中存在的危险性类别、出现条件和导致事故的后果进行概略的分析，目的是识别系统中的潜在危险，确定其危险等级，防止危险发展成事故。

预先危险性分析可以达到以下目的：

① 大体识别与系统有关的主要危险；

② 分析产生危险的原因；

③ 事故发生对人员和系统的影响；

④ 判别已识别的危险等级，提出消除或控制危险的对策措施。

预先危险性分析常用于对潜在危险了解较少和无法凭经验觉察的工艺项目的初期阶段，如初步设计或工艺装置的研究和开发阶段。分析一个庞大的现有装置或无法使用更为系统的评价方法时，常优先考虑 PHA 法。

（2）安全检查表分析

安全检查表分析法（safety check list，SCL），是一种最基础、最简便、最广泛使用的危险性评价方法，目前常用安全检查表是定性检查表。

定性检查表是根据现场实际情况或设计内容，依据国家相关法律、法规和技术标准，列出检查要点逐项检查，检查结果以"符合"、"不符合"表示。格式见表 7-1。

表 7-1　安全检查表一般格式

序号	检查内容	检查标准	检查情况	结果

安全检查表对每一个检查条款进行赋值时，可转化为半定量安全检查表。从类型上来看，它可以划分为定性、半定量和否决型检查表。

进行安全评价时，可运用半定量安全检查表逐项检查、赋分，从而确定评价系统的安全等级。当设计、维修、环境、管理等方面查找缺陷或隐患时，可利用定性安全检查表。

安全检查表可用于对物质、设备、工艺、作业场所或操作规程的分析。主要编制依据有：

① 有关标准、规程、规范及规定；

② 国内外事故案例和企业以往的事故情况；

③ 系统分析确定的危险部位及防范措施；

④ 分析个人的经验和可靠的参考资料；

⑤ 有关研究成果，同行业或类似行业检查表等。

危险、有害因素用安全检查表进行分析时，既要分析设备设施表面看得见的危险、有害因素，又要对设备设施内部隐蔽的内部构件和工艺的危险、有害因素进行分析。超压排放；自保阀等安装方向；安全阀额定压力；温度、压力、黏度等工艺参数的过度波动；防火涂层的状态；管线腐蚀、框架腐蚀、炉膛超温、炉管爆裂、水冷壁破裂；仪表误报；泵、阀、管、法兰泄漏、盘管内漏；反应停留时间的变化；防火、安全间距、消防器材数量；仪表误差；安全设施状况；作业环境等等，在识别危险、有害因素时都应考虑到。

用安全检查表对设备设施进行危险、有害因素识别时，应有一定的顺序。大范围可以先识别厂址，考虑地形、地貌、地质、周围环境、气象条件等，识别后再识别厂区。厂区内可以先识别平面布局、安全距离、功能分区、危险设施布置等方面的危险、有害因素再识别具体的建筑物、构筑物和工艺流程等。对于具体的设备设施，可以按系统一个一个地检查，从上到下，从左往右或从前往后都可以。

安全检查表的分析对象是设备设施、作业场所和工艺流程等，检查项目是静态的物，而非活动。因此，所检查项目不应有人的活动，不应有操作。

有了项目之后，还应列出与项目对应的标准。标准可以是法律法规的规定，也可以是行业规范或国家标准或本企业有关操作规程、工艺规程的规定。有些项目是没有具体规定，可以由熟悉这个检查项目的有关人员确定。检查项目应该全面，检查内容应该细致。应该知道达不到标准就是一种潜在危险、有害因素。

列出标准后，还应列出不达标准可能导致的后果。对相邻系统的影响是一种更加重要的后果，系统之间的影响应一并列出，同时考虑相应的控制措施，防止、消除或减轻设备之间或系统之间的影响。对装置内部的部件也应列出检查项目的控制措施。控制措施不仅要列报警、消防、检查检验等常见控制措施，还应列出工艺设备本身带有的控制措施，如联锁、安全阀、液位指示、压力指示等。

对设备设施的分析不必单列仪表，而是以主体设备为分析对象，其他附属仪表、附件（如机泵、压力表、液体计、安全阀等）可以放在同一张表中分析。小型设备可以按区域或功能放在同一张表中分析，每一项设备为一个检查项目，每一项设备列出多项标准。

案例1（图7-3）是使用安全检查表分析法对空气压缩装置做的危险、有害因素识别，在此提供一种危险、有害因素识别的思路。

（3）故障假设分析方法

故障假设分析方法（What…If，WI）是一种对系统工艺过程或操作过程的创造性分析方法。故障假设分析方法的人员通过提问（即故障假设）来发现可能潜在的事故隐患，假想系统中一旦发生严重的事故，找出造成该假设事故的所有潜在因素，分析在最坏条件下潜在因素导致事故的可能性。

故障假设分析方法要求评价人员熟悉工艺及有关的基本概念，在工程项目发展的各个阶段都可以被经常采用。要求评价人员用"如果……"作为开头，对有关问题进行考虑。任何与工艺安全有关的问题，即使它与之不太相关，也可提出加以讨论。例如：

① 如果提供的原料错误，如何处理？

② 如果在开车时搅拌停止运转，怎么办？

③ 如果操作工开错阀门，怎么办？

评价人员将所有的问题都记录下来，然后将问题分门别类，例如按照机械、物料、环境、方法、消防、人员等问题进行分类，然后分头进行讨论。对正在运行的装置，则与操作人员进行交流，所提出的问题不仅仅是局限于设备故障或工艺参数的变化，更要考虑到任何与装置有关的不正常的生产条件。

（4）危险与可操作性研究（HAZOP）

危险与可操作性研究（hazard and operability study，HAZOP）是一种定性的安全评价方法。以关键词为引导，找出过程中工艺状态可能出现的偏差，然后分析偏差产生的原因、后果及可采取的安全对策措施是其基本过程。危险和可操作性研究可以用于整个工程或系统项目生命周期的各个阶段。

案例 1 安全检查表分析

单位：<u>空气压缩装置</u>　　　　设备名称：<u>压缩机</u>　　　　区域：<u>压缩</u>

分析人员：<u>甲、乙、丙</u>　　　　日期：<u>2016 年 8 月 20 日</u>

序号	检查项目	检查标准	未达标准的主要后果	现有控制措施	建议改正/控制措施
1	基础	表面无裂缝	设备损坏	大检修时检查	定期检查
		无明显沉降	设备损坏	大检修时检查	定期检查
		地脚螺栓无松动无断裂	设备损坏	大检修时检查，紧固或更换	定期检查
2	缓冲罐	无腐蚀减薄	耐压不够、爆炸	一年一次压力容器检测	
		出口无堵塞	超压引起爆炸	操作工每2h巡检一次	
		法兰、螺栓无严重锈蚀	泄漏引起燃烧爆炸	日班管理人员每天检查一次	
3	安全阀	到压起跳	系统压力降低，操作不稳，财产损失	一年校验一次，巡全阀有备件	备用安全阀
		安全阀能自动复位	压力降低，操作不稳，财产损失	一年校验一次，巡全阀有备件	
		安全阀无介质堵塞	超压不起跳，引起爆炸	一年校验一次	
4	活塞杆	磨损度在极限范围内	拉伤气缸、气体泄漏爆炸、财产损失	开车前盘车，大修时检查同轴、同心度	备活塞杆
		无裂纹	撞缸、气体泄漏爆炸、财产损失、人员伤亡	大修时无损伤，检查余隙容积。检查锁紧螺母	备活塞杆
		活塞无异常声音	撞缸、气体泄漏爆炸、财产损失、人员伤亡	无损探伤，检查余隙容积	
5	润滑油联锁系统	外部润滑油压力≥1.6kgf/cm²（1kgf=9.80665N，下同）	停机、抱轴、烧坏电机、财产损失、着火爆炸	每小时检查一次压力，压力小于 2.0 kgf/cm² 装置联锁，中、大修时校验联锁系统，每 3 个月检查一次在用油质量，不合格及时更换，平时每年更换一次	
		内部润滑油压力注入正常	停机、抱轴、烧坏电机、财产损失	每小时检查一次压力，注油不正常时，现场手动调整注油量，油泵停运时，系统联锁停车，每批油检验合格方可使用	
6	压缩机进出口温度	各段吸入温度＜50℃，各段出口温度＜130℃	压缩机超温、气阀损坏、气活塞杆拉伤	每小时巡检一次	
7	电机	电流≤222A	电机烧损，系统停车	电气人员每天巡检一次，操作人员每 2h 巡检一次	
		各联锁点完好	电机烧损，系统停车	自动监控	
		轴承无异声	电机烧损，系统停车	电气人员每天巡检一次，操作人员每 2h 巡检一次	
		电机绝缘性符合要求	电机烧损，系统停车	每年检查绝缘性	
8	接地	接地线连接完好	人触电	安全检查时检查	

图 7-3　空气压缩装置安全分析表

　　危险和可操作性研究是让背景各异的专家们在一起工作，在创造性、系统性和风格上互相影响和启发，发现和鉴别更多的问题，比他们独立工作并分别提供结果更为有效。

　　危险和可操作性研究是通过各种专业人员按照规定的方法，经过系列会议对工艺流程图和操作规程进行分析讨论，对偏离设计的工艺条件进行过程危险和可操作性研究。

　　① HAZOP 术语

　　a. 分析节点　也称工艺单元，指具有确定边界的设备（如两容器之间的管线）单元。

b. 操作步骤　单元过程的不连续动作，可能是手动、自动或计算机自动控制的操作，间歇过程每一步使用的偏差都可能与连续过程不同。

c. 引导词　用于定性或定量设计工艺指标的简单词语，引导识别工艺过程的危险。

d. 工艺参数　与过程有关的物理和化学特性，包括概念性的项目如反应、混合、浓度、pH 值及具体项目如温度、压力、相数及流量等。

e. 工艺指标　确定装置如何按照希望的操作而不发生偏差，即工艺过程的正常操作条件。

f. 偏差　分析组使用引导词系统地对每个节点的工艺参数（如流量、压力等）进行分析发现的系列偏离工艺指标的情况；偏差的形式通常是"引导词＋工艺参数"。

g. 原因　发生偏差的原因。这些原因可能是设备故障、人为失误、不可预料的工艺状态（如组成改变）、外界干扰（如电源故障）等。

h. 后果　偏差所造成的后果，后果分析时假定发生偏差时已有安全保护系统失效；不考虑那些细小的与安全无关的后果。

i. 安全措施　指设计的工程系统或调节控制系统，用来避免或减轻偏差发生时所造成的后果（如报警、联锁、操作规程等）。

j. 补充措施　修改设计、操作规程，或者进一步进行分析研究（如增加温度报警、改变操作步骤的顺序）的建议。

② HAZOP 分析程序　危险与可操作性研究分析法全面考查分析对象，对每一个细节都提出问题，在工艺过程的生产运行中，要了解工艺参数（温度、压力、流量、浓度等）与设计要求不一致的地方（即发生偏差），进一步分析偏差出现的原因及其产生的后果，并提出相应的对策措施。HAZOP 分析的基本程序如图7-4。

分析工作通常由项目负责人启动。项目负责人确定开展分析的时间，指派 HAZOP 分析组长，并提供开展分析必需的资源。在 HAZOP 分析组长的协助下，项目负责人明确分析的范围和目标。分析开始前，项目负责人应指派适当权限的人负责确保分析得出的建议或措施得以执行。

a. 确定分析范围和目标　分析范围取决于多种因素，主要包括系统的物理边界、可用的设计描述及其详细程度、系统已开展过的任何分析的范围、适用于该系统的法规要求。确定分析目标时应考虑的因素有分析结果的应用目的、分析处于系统生命周期的哪个阶段、可能处于风险中的人或财产（如员工、公众、环境、系统）、可操作性问题（包括影响产品质量的问题）、系统所要求的标准，包括系统安全和操作性能两个方面的标准。

b. 分工和职责　HAZOP 分析需要每个成员均有明确的分工。要求小组成员具有分析所需要的相关技术、操作技能以及经验。通常一个分析小组至少 4 人。建议成员的分工如下。

分析组长：与设计小组和本项目没有紧密关系，在组织 HAZOP 分析方面受过专业培训、富有

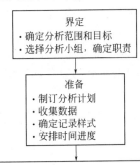

图 7-4　危险与可操作性研究分析基本程序

经验;负责 HAZOP 小组和项目管理人员之间的交流;制订分析计划;确保有足够的设计描述和资料提供给分析小组;确定使用的引导词,并解释引导词-要素/特性;引导分析;确保分析结果的记录。

记录员:进行会议记录,记录识别出的危险问题、提出的建议以用进行后续跟踪的行动;协助分析组长编制计划,履行管理职责;分析组长可兼任记录员。

设计人员:解释设计及其描述。解释各种偏差产生的原因以及相应的系统响应。

使用者:说明分析要素的操作环境、偏差后果、偏差的危险程度。

专家:提供与系统和分析相关的专业知识。可邀请专家协助分析小组进行部分分析。

维护人员:维护人员代表。

HAZOP 分析需要考虑设计者和使用者的观点。但在系统的生命周期不同阶段,适合 HAZOP 分析的小组成员可能是不同的。对小组人员进行 HAZOP 培训,使 HAZOP 小组所有成员具备开展 HAZOP 分析的基本知识,以便有效地参与 HAZOP 分析。

③ 准备工作 首先,分析组长应负责制订 HAZOP 分析计划,包括以下内容:a. 分析目标和范围;b. 分析成员的名单;c. 详细的技术资料。

其次,技术资料,包括一些设计描述如:a. 对于所有系统,设计要求和描述、流程图、功能块图、控制和电路图表、工程数据表、布置图、公用工程说明、操作和维护要求;b. 对于过程流动系统,管道和仪表流程图(P&ID)、材料规格和标准设备、管道和系统的平面布置图;c. 对于可编程的电子系统,数据流程图、面向对象的设计图、状态转移图、时序图、逻辑框图。

此外,还需提供一些信息,如:a. 分析对象的边界以及各个边界的分界面;b. 系统运行的环境条件;c. 操作和维护人员的资质、技能和经验;d. 程序和(或)操作规程;e. 操作和维护经验、类似系统存在的已知危害等。

④ 引导词和偏差 为了保证分析详尽且不发生遗漏,分析应按引导词表逐一进行,引导词可以根据研究的对象和环境确定。表 7-2 和表 7-3 为两个引导词定义表。

表 7-2 基本引导词及其含义

引导词	含义	说明	举例
无,空白(NO 或者 NOT)	设计目的的完全否定	设计或操作要求的指标或事件完全不发生	没有物料输入,流量为零
多,过量(MORE)	量的增加	同标准比较,数量偏大	流量或压力过大
少,减量(LESS)	量的减少	同标准比较,数量偏小	流量或压力减小
伴随(AS WELL AS)	性质的变化/增加	在完成既定功能的同时,伴随多余事件发生	物料输送中发生相的变化
部分(PART OF)	性质的变化/减少	只完成既定功能的一部分	物料输送中没有某成分或输送一部分
相反,相逆(RE-VERSE)	设计目的的逻辑相反	出现和设计要求完全相反的事或物	输送方向反向
异常(OTHER THAN)	完全替代	出现和设计要求不相同的事或物	异常事件发生

表 7-3 与时间和先后顺序(或序列)相关的引导词及其含义

引导词	含义
早(EARLY)	相对于给定时间早
晚(LATE)	相对于给定时间晚

续表

引导词	含义
先(BEFORE)	相对于顺序或序列提前
后(AFTER)	相对于顺序或序列延后

在 HAZOP 分析的计划阶段，HAZOP 分析组长针对系统所提出的引导词进行验证并确认其适宜性，仔细考虑引导词的选择，引导词太具体可能会影响审查思路或讨论，引导词太笼统可能无法有效地集中到 HAZOP 分析中，不同类型的偏差和引导词及其示例见表 7-4。

表 7-4　偏差及其相关引导词的示例

偏差类型	引导词	过程工业实例	可编程电子系统实例(PES)
否定	无,空白(NO)	没有达到任何目的,如无流量	无数据或控制信号通过
量的改变	多,过量(MORE)	量的增多,如 pH 值高	数据传输比期望的快
量的改变	少,减量(LESS)	量的减小,如 pH 值低	数据传输比期望的慢
性质改变	伴随(AS WELL AS)	出现杂质 同时执行了其他的操作或步骤	出现一些附加或虚假信号
性质改变	部分(PART OF)	只达到一部分目的,如只输送了部分流体	数据或控制信号不完整
替换	相反(REVERSE)	管道中的物料反向流动以及化学逆反应	通常不相关
替换	异常(OTHER THAN)	最初目的没有实现,出现了完全不同的结果。如输送了错误的物料	数据或控制信号不正确
时间	早(EARLY)	某事件的发生较给定时间早,如升温过早	信号与给定时间相比来得太早
时间	晚(LATE)	某事件的发生较给定时间晚,如升温过晚	信号与给定时间相比来得太晚
顺序或序列	先(BEFORE)	某事件在序列中过早地发生,如冷却或混合	信号在序列中比期望来得早
顺序或序列	后(AFTER)	某事件在序列中过晚地发生,如冷却或混合	信号在序列中比期望来得晚

在不同系统的分析中、在系统生命周期的不同阶段以及用于不同的设计描述时引导词-要素/特性组合可能会有不同的解释。不予考虑有些在即定系统的分析中可能没有意义的组合。应明确并记录所有引导词-要素/特性组合的解释。应列出所有组合在设计中的解释。

⑤ 分析节点划分　当工艺操作过程是连续的时，HAZOP 分析节点为工艺单元；而对于间歇的工艺操作过程，HAZOP 分析节点应该是一个操作步骤。工艺单元是指具有确定边界的设备（如两容器之间的管线）单元；操作步骤是指间歇过程的不连续动作，或者是由 HAZOP 分析组分析的操作步骤。

为了有效地、有逻辑地进行 HAZOP 分析，首先要将工艺流程图或操作程序划分为分析节点或操作步骤。如果分析节点分得太小，会加大工作负荷，导致大量重复工作；如果分析节点分得太大，会使 HAZOP 的结果产生重大的偏差，甚至会遗漏部分结果，故对于分析节点的划分分析小组应慎重。对于连续工艺过程，分析节点划分的基本原则如下：一般按照工艺流程进行，从进入的 P&ID 管线开始，继续直至设计意图的改变，或继续直至工艺条件的改变，或继续直至下一个设备。

上述状况的改变可作为一个节点的结束，另一节点的开始。制药企业中常见节点类型见表 7-5。

在选择分析节点以后，分析组组长应确认该分析节点的关键参数。如设备的设计能力、温度和压力、结构规格等，并确保小组中的每一个成员都知道设计意图。如果有可能最好由工艺专家作一次讲解与解释。

表 7-5　常见节点类型表

序号	节点类型	序号	节点类型
1	管线	10	冷凝器
2	泵	11	离心机
3	发酵罐	12	干燥箱
4	压滤机	13	步骤(三引导词法)
5	罐/槽/容器	14	步骤(八引导词法)
6	溶剂蒸馏塔	15	作业详细分析
7	压缩机	16	公用工程和服务设施
8	鼓风机	17	其他
9	锅炉	18	以上基本节点的合理组合

⑥ 偏差确定方法　偏差确定方法通常用引导词法，即偏差＝引导词＋工艺参数。

常用的 HAZOP 分析工艺参数包括：pH 值、液位、黏度、组成、添加剂、频率、电压、流量、温度、时间、混合、分离、压力、速度、信号、反应、转化等。

工艺参数分为两类，概念性的参数（如反应、转化）、具体（专业）参数（如温度、压力）。当用引导词与概念性的工艺参数组合成偏差时，常发生歧义，如"过量＋转化"可能是指转化速度快，或者说是指生成了大量的产物。当具体的工艺参数与一些引导词组合时，有必要对引导词进行修改，有些引导词与工艺参数组合后无意义或不能称为"偏差"如"伴随＋温度"，或者有些偏差的物理意义不确切，应拓展引导词的外延和内涵，如：

a. 对"黏度＋异常"，引导词"异常"就是指"高"或"低"；

b. 对"来源＋异常"，引导词"异常"就是指"另一个"；

c. 对"液位＋过量"，引导词"过量"就是指"高"。

当工艺参数包括一系列的工艺参数（如温度、压力、流量、pH 值等）时，最好是对每一个工艺参数顺序使用所有的引导词，即"（引导词）＋工艺参数"的方式变引导词，不变工艺参数，而不是每个引导词用于工艺参数组，即"引导词＋（工艺参数）"，变工艺参数，不变引导词。将引导词用于对操作规程进行分析时也应按照这种规则。

为了确保 HAZOP 方法的统一性，我们用引导词来描述要分析的问题，同时能够将要分析的问题系统化，应用一套完整的引导词，可以导出每个不被遗漏具有实际意义的偏差。

⑦ HAZOP 分析　按照 HAZOP 分析计划，组织分析会议，会议开始时小组成员应进行以下工作。

a. 说明 HAZOP 分析计划，让 HAZOP 分析成员熟悉系统以及分析目标和范围；

b. 说明系统设计描述，并需解释分析中要使用的分析要素和引导词；

c. 审查已知的危险和操作性问题及潜在的关注区域。

分析应沿着与分析主题相关的流程或顺序，按逻辑顺序从输入到输出进行分析。HAZOP 等危险识别技术的优势来自规范化的逐步分析过程，分析顺序一般有两种："要素优先"和"引导词优先"，分别见图 7-5 和图 7-6。

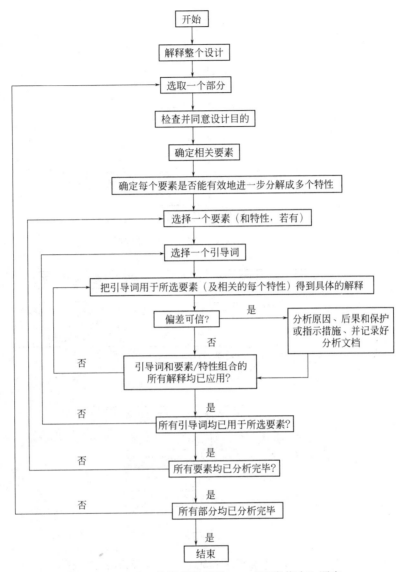

图 7-5 HAZOP 分析程序流程——"要素优先"顺序

分析组长及其小组成员在进行某一分析时应决定选择"要素优先"还是"引导词优先"。HAZOP 分析的习惯会影响分析顺序的选择。此外,影响这一决定的其他因素还包括:所涉及技术的性质、分析过程需要的灵活性以及小组成员接受过的培训。

⑧ 分析文档　HAZOP 的主要优势在于它是一种系统、规范且文档化的方法。为从 HAZOP 分析中得到最大收益,应做好分析结果记录、形成文档并做好后续管理跟踪。HAZOP 分析组长负责确保每次会议均有适当的记录并形成文件。记录员应了解与 HAZOP 分析主题相关的技术知识,具备语言才能、良好的听力与关注细节的能力。

HAZOP 记录有两种基本样式:"完整记录"和"问题记录"。"完整记录"指将每个引导词-要素/特性组合应用于设计描述每个部分或要素,对得到的所有结果进行记录。这种方法虽然烦琐,但可证明该分析非常彻底,能够符合最严格的审查要求。"问题记录"只记录识别出的危险与可操作性问题以及后续行动。"问题记录"会使记录文件更容易管理。但是,这种记录方法不能彻底地记录分析过程,因此在审核时作用较小。此外在以后的研究中,还

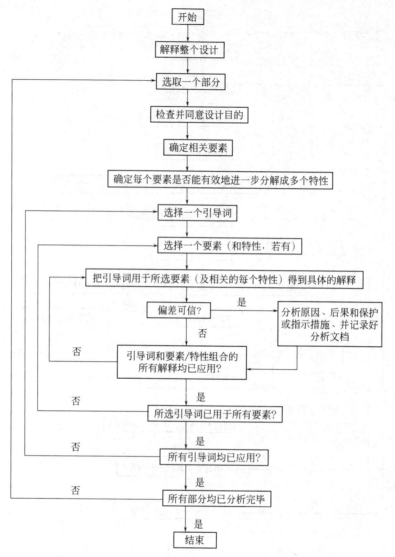

图 7-6 HAZOP 分析程序流程——"引导词优先"顺序

会再次进行相同的分析。因此,"问题记录"法是 HAZOP 记录的最低要求。

⑨ 分析报告 经过一系列分析后,应有详尽的分析报告以体现分析结论,分析报告通常包括以下内容。

a. 识别出的危险与可操作性问题的情况;

b. 对需要采取不同技术进行深入研究的设计问题提出建议;

c. 对分析期间所发现的不确定情况的处理;

d. 对发现的问题提出减缓措施建议;

e. 对操作和维护程序中需要阐述的关键点的提示性记录;

f. 参加会议的小组成员名单;

g. 系统中已做 HAZOP 分析的内容说明及未做部分的原因;

h. 分析小组使用的所有图纸、说明书、数据表和报告等的清单。

使用"问题记录"法时,上述 HAZOP 报告非常简明地包含于 HAZOP 工作表中,使用"完整记录"法时,HAZOP 报告的内容需要从整个 HAZOP 分析工作表中"提取"。

HAZOP 分析结束时，应生成 HAZOP 分析报告，并经小组成员一致同意。若不能达成一致意见，应记录原因。根据 HAZOP 分析小组提出的危害辨识结果，项目经理应在完成系统的重大设计变更文件后，在执行设计变更前，考虑再召集 HAZOP 小组对重大的设计变更进行分析，以确保不会出现新的危险与可操作性问题或维护问题。

HAZOP 分析的程序和分析结果可接受业主内部或法律规定的审查。须审查的标准和事项应在业主的程序文件中列明，包括：人员、程序、准备工作、记录文档和跟踪情况。审查还应包括对技术方面的全面检查。

⑩ 常见设备 HAZOP 分析结果举例 通过大量的 HAZOP 分析，对罐/槽/容器类设备 HAZOP 分析的偏差、原因、后果和安全措施进行了汇总，表 7-6 为常见罐/槽/容器类设备节点类型的 HAZOP 分析表。

表 7-6 罐/槽/容器类设备节点类型的 HAZOP 分析表

偏差	原因	后果	安全措施
液位高	1. 控制阀失效 2. 上游流速大 3. 下游流速小 4. 公用系统的物料泄漏进容器 5. 前一批物料遗留在容器中 6. 操作人员加入物料太多	压力高	1. 高液位报警器 2. 液位指示器
液位低	1. 控制阀失效 2. 下游流速高 3. 上游流速低 4. 物料泄漏入公用系统 5. 在需要加料时由于操作人员的失误未加料	向下游设备提供的物料可能停止	1. 液位指示器 2. 低液位报警器
界面液位高	1. 由上游设备界面液位而致 2. 界面液位控制阀关闭 3. 下游流速低	重组分物质过量	1. 高界面液位报警器 2. 界面液位指示器
界面液位低	1. 下游流速高 2. 界面液位控制阀打开	1. 烃类物质污染 2. 轻组分下溢	1. 界面液位指示器 2. 低界面液位报警器
温度高	1. 环境温度高 2. 上游温度高 3. 冷却失效 4. 蒸汽流控制阀打开 5. 温度控制器	高压	1. 高温报警器 2. 温度指示器
温度低	1. 环境温度低 2. 蒸汽控制阀关闭	1. 水冻结 2. 压力低	1. 低温报警器 2. 温度指示器
压力高	1. 液位高 2. 温度高 3. 由上游设备承接而来 4. 被渗入介质堵塞 5. 上游设备压力高 6. 压力控制阀失效	1. 可能通过释放阀释放 2. 泄漏（如果压力超过了设备的压力等级）	1. 高压报警 2. 压力指示器
压力低	1. 过分冷却 2. 惰性保护失效 3. 压力控制阀失效 4. 泵抽气时通气孔关闭 5. 温度低	容器损坏	1. 压力指示器 2. 真空断路器 3. 低压报警器

续表

偏差	原因	后果	安全措施
污染物浓度高	1. 上游污染物浓度太高 2. 由其他系统泄漏而入 3. 操作者错误——阀未对齐 4. 操作者在切换物料时发生错误 5. 上游操作程序颠倒 6. 原材料错误		1. 有指定阀对应的检查程序 2. 确保物料的交付过程正确 3. 物料在卸货/使用前进行检验
内部盘管泄漏或破裂	1. 腐蚀/浸蚀 2. 温度高 3. 不适宜的维护程序 4. 不适宜地停止操作的程序(闪蒸物料使水冻结) 5. 材料缺陷 6. 内部混合时的机械磨损 7. 盘管塞子的热膨胀	1. 会污染压力低的一侧 2. 低太一侧如果是封闭的将会产生超压现象	1. 有冷凝系统分析器 2. 冷凝罐有排气孔 3. 有传导监控器 4. 腐蚀检测器 5. 冷却截中有烃类物质监测器 6. 冷却塔中有烃类物质排气孔 7. 操作/维护及必需隔离时应按要求进行 8. pH 值监控器 9. 释放阀 10. 防爆膜
失去密封	1. 设备塞子热膨胀 2. 真空 3. 排放或排污阀泄漏 4. 高压(如果压力超过设备的额定压力等级) 5. 腐蚀/侵蚀 6. 外部火灾 7. 外部撞击 8. 积聚的液体在低点冻结 9. 垫片、填料、密封阀失效 10. 不适宜的维护程序 11. 设备或设备衬里损坏 12. 材料缺陷 13. 取样点阀泄漏 14. 观察容器损坏	小/大泄漏	1. 具备遥控或手动隔离该容器的能力 2. 止逆阀 3. 腐蚀检测器 4. 无损检测 5. 操作/维护及必需隔离时应按要求进行 6. 释放阀 7. 防爆膜

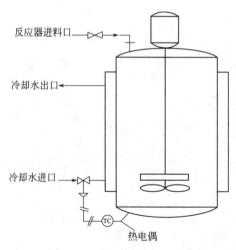

图 7-7　放热反应罐的温度控制

表 7-7　放热反应罐冷却水系统危险与可操作性研究

引导词	偏差	可能原因	后果	对策措施
空白	无冷却水	1. 冷却水控制阀门失效使阀门关闭 2. 冷却水管线堵塞 3. 冷却水源断水 4. 控制器失效使阀门关闭 5. 气压使阀门关闭	1. 放热反应罐内温度升高 2. 反应失控,放热量太多,反应器爆炸	1. 安装备用控制阀或手动旁路阀 2. 安装冷却水过滤器,防止杂质进入管线 3. 设置备用冷却水源 4. 安装备用控制器 5. 安装高温报警器 6. 安装高温紧急关闭系统 7. 安装冷却水流量计和低流量报警器
多	冷却水流量偏高	控制阀失效使阀门开度过大	放热反应罐温度降低,反应速度减慢,保温失控	1. 安装备用控制阀 2. 安装低温报警器
少	冷却水流量偏低	1. 控制阀失效使阀门关小 2. 冷却水管部分堵塞 3. 水源供水不足	1. 放热反应罐内温度升高 2. 反应失控,放热量太多,反应器爆炸	1. 安装备用控制阀或手动旁路阀 2. 安装过滤器,防止杂质进入管线 3. 设置备用冷却水源 4. 安装备用控制器 5. 安装高温报警器 6. 安装高温紧急关闭系统 7. 安装冷却水流量计和低流量报警器
伴随	冷却水进入放热反应罐	放热反应罐壁破损,冷却水压力高于反应器压力	1. 放热反应罐内物质被稀释 2. 产品报废 3. 放热反应罐过满	1. 安装高位和(或)压力报警器 2. 安装溢流装置 3. 定期检查维修设备
	产品进入夹套	放热反应罐壁破损,反应器压力高于冷却水压力	1. 产品进入夹套 2. 生产能力降低 3. 冷却能力下降 4. 水源可能被污染	1. 定期检查维修设备 2. 在冷却水管上安装止逆阀,防止逆流
部分	只有一部分冷却水	1. 控制阀失效使阀门关小 2. 冷却水管部分堵塞 3. 水源供水不足	1. 放热反应罐内温度升高 2. 反应失控,放热量太多,反应器爆炸	1. 安装备用控制阀或手动旁路阀 2. 安装过滤器,防止杂质进入管线 3. 设置备用冷却水源 4. 安装备用控制器 5. 安装高温报警器 6. 安装高温紧急关闭系统 7. 安装冷却水流量计和低流量报警器
相反	冷却水反向流动	1. 水泵失效导致反向流动 2. 由于负压而倒流	冷却不正常,可能引起反应失控	1. 在冷却水管上安装止逆阀 2. 安装高温报警器
其他	除冷却水外的其他物质进入	1. 水源被污染 2. 污水倒流	冷却水的冷却能力下降,可能引起反应失控	1. 隔离冷却水源 2. 安装止逆阀 3. 安装高温报警器

根据上述危险与可操作性研究分析(图 7-7、表 7-7,对此反应系统应增加如下安全措施:
① 安装温度报警系统,当反应器温度超过规定温度时,发出报警信号,提醒操作人员;
② 安装高温紧急关闭系统,当反应温度达到规定温度时,自动关闭整个过程;
③ 在冷却水进水管和出水管上分别安装止逆阀,防止物料漏入夹套内污染水源;
④ 确保冷却水水源,防止污染和供应中断;
⑤ 安装冷却水流量计和低流量报警器,当冷却水流量小于规定流量时及时发出报警。

另外,应加强管理,制订严格的维护、检查制度,并严格执行;定期进行设备检查和维修,保持系统各部件的完好,没有渗漏;对操作人员加强教育,并制定完整的操作规程,必须认真遵守、严格执行操作规程,杜绝违章作业。

（5）故障类型与影响分析（FMEA）

故障类型与影响分析（failure mode effects analysis，FMEA）是对系统各组成部分或元件进行分析的方法，按实际需要将系统划分为子系统、设备和元件，然后分析各自可能发生的故障类型及其产生的影响，采取相应的对策措施，提高系统的安全可靠性。

故障类型和影响分析可直接导出事故或对事故有重要影响的故障模式。在故障类型和影响分析中，不直接确定人的影响因素，但像人的失误操作影响通常作为某一设备的故障模式表示出来。一个 FMEA 不能有效地分析引起事故的详尽的设备故障组合。

（6）事故树分析（FTA）

事故树分析（fault tree analysis，FTA）又称故障树，是安全系统工程中重要的分析方法之一，一种演绎的推理方法，描述事故因果关系的具有方向的"树"，能对各种系统的危险性进行识别评价，可用于定性分析，也能进行定量分析，具有简明、形象化的特点，是以系统工程方法研究安全问题的系统性、准确性和预测性。

FTA 不仅能分析出事故的直接原因，而且能深入提示事故的潜在原因，因此在工程或设备的设计阶段、事故查询或编制新的操作方法时，都可以使用 FTA 对它们的安全性做出评价。FTA 作为安全分析、评价和事故预测的一种先进的科学方法，已得到国内外的认可，并被广泛采用。

（7）事件树分析（ETA）

事件树分析（event tree analysis，ETA）是用来分析普通设备故障或初始事件导致事故发生的可能性的方法。与故障树分析不同，事件树分析使用的是归纳法，而不是演绎法。

事件树分析适合被用来分析那些产生不同后果的初始事件。事件树强调的是事故可能发生的初始原因以及初始事件对后果的影响，事件树的每一个分支都表示一个独立的事故序列，对一个初始事件而言，每一独立事故序列都清楚地界定了安全功能之间的关系。

（8）作业条件危险性分析（LEC）

作业条件危险性分析（job risk analysis，LEC）法，通过研究人们在具有潜在危险环境中作业的危险性，提出以所评价的环境与某些作为参考环境的对比为基础，将作业条件的危险性当作因变量（D），事故或危险事件发生的可能性（L）、暴露于危险环境中的频率（E）及危险严重程度（C）为自变量，确定了它们之间的函数式。根据实际经验，给出 3 个自变量在各种不同情况的分数值，采取对所评价的对象根据情况进行"打分"的办法，根据公式计算出其危险性分数值，再将危险性分数值划分的危险程度等级表或图上，查出其危险程度的一种评价方法。

（9）工作危害分析

工作危害分析是先拟定作业活动清单，然后从中选定一项作业活动，将作业活动分解为若干个相连的工作步骤，识别每个工作步骤潜在的危险、有害因素，通过风险评价，判定风险等级，最后制定控制措施。

作业步骤应按实际作业步骤划分，对于每一个步骤都要问可能发生什么事，提出问题，如操作者会被什么东西碰着、打着；操作者是否会跌倒、滑倒；有无危险、有害因素暴露，如毒气、辐射、酸雾等等。危险、有害因素导致的事件发生后将会出现的结果及其严重性也应识别。对现有安全控制措施也应识别，并进行风险评估。如果现有的控制措施不足以控制这些风险，应提出建议的控制措施。统观对这项作业所作的识别，重新规定标准的安全工作步骤。最终据此制定标准的安全操作程序。

识别各步骤潜在危险、有害因素时，可以按下述问题提示清单提问。

① 身体某一部位是否会卡住？

② 工具、机器或装备是否存在危险、有害因素？

③ 现场员工是否可能接触到有害物质？

④ 现场员工是否可能滑倒、绊倒或摔落？

⑤ 现场员工是否可能因推、举、拉用力过度而扭伤身体部位？

⑥ 现场员工是否可能暴露于极热或极冷的环境中？

⑦ 是否存在过度的噪声或震动？

⑧ 是否存在物体坠落的危险、有害因素？

⑨ 现场是否存在照明问题？

⑩ 天气状况是否可能对安全造成影响？

⑪ 存在产生有害辐射的可能吗？

⑫ 是否可能接触灼热物质、有毒物质或腐蚀物质？

⑬ 空气中是否存在粉尘、烟、雾、蒸气？

⑭ 是否有尖锐的物体或突出的物体。

以上仅为举例，在实际工作中问题远不止这些。

还可以从能量和物质的角度做出提示。其中从能量的角度可以考虑物体打击、车辆伤害、机械伤害、起重伤害、高处坠落、坍塌、灼烫、火灾、触电、中毒、火灾、爆炸、腐蚀等。从物质的角度可以考虑压缩或液化气体、腐蚀性物质、可燃性物质、氧化性物质、毒性物质、放射性物质、病原体载体、粉尘和爆炸性物质等。

工作危害分析（JHA）的主要目的是防止从事此项作业的人员受伤，不能使他人受到伤害，不能使设备和其他系统受到影响或受到损害。分析时不仅分析作业人员工作不规范的危险、有害因素，也要分析作业环境存在的潜在危险、有害因素，即客观存在的危险、有害因素。我们在作业时常常强调"三不伤害"，在识别时应考虑造成这三种伤害的危险、有害因素。对工作不规范产生的危险、有害因素和工作本身面临的危险、有害因素都应识别出来。

如果作业流程长，作业步骤很多，可以按流程将作业活动分为几大块。每一块为一个大步骤，可以再将大步骤分为几个小步骤，见案例2（图7-8）。

7.3.2 风险评价

7.3.2.1 评价准则

一般制定的评价准则包括事件发生的可能性 L 和后果的严重性 S 及风险度 R。

制定风险评价准则一般依据：相关的安全生产法律、法规；设计规范、技术标准；本公司的安全管理标准、技术标准；合同规定；本公司的安全生产方针和目标等。

企业应制定适合本单位的评价准则，评价准则一般是根据本企业的实际情况，比如生产规模、危险程度等，同时参照表7-8～表7-10，以便进行切合实际的风险评价。

企业应依据内部制定的风险评价准则，选定合适的评价方法，定期和及时对作业和设备设施进行危险、有害因素识别和风险评价。在进行风险评价时，主要从影响人、财产和环境三个方面的可能性和严重程度分析，重点考虑以下因素。

① 火灾和爆炸；

② 冲击和撞击；

③ 中毒、窒息和触电；

④ 有毒有害物料、气体泄漏；

⑤ 其他化学、物理性危害因素；

⑥ 人机工程因素；

⑦ 设备的腐蚀、缺陷；

⑧ 对环境的可能影响等。

案例 2   工作危害分析记录表

工作岗位：萃取岗位 工作任务：萃取罐内表面清洗

分析人员：甲、乙分析日期：<u>2016.12.25</u> 审核人：丁审核日期：<u>2016.12.25</u>

序号	工作步骤	危害	控制措施
1	确定罐内状况	a.可燃气体或液体 b.氧气浓度不足 c.化学品暴露：刺激性、有毒气体、粉尘或蒸气；刺激性、有毒、腐蚀性、高温液体；刺激性、腐蚀性固体 d.转动的叶轮和设备	制定限制性空间进入程序（OSHA标准1910.146）；办理工作许可证；做空气分析实验，通风至氧气浓度为19.5%~23.5%，可燃气体浓度小于爆炸下限的10%；可能需要蒸煮储罐内表面，冲洗并排出废水，然后再如前所诉通风；佩戴合适的呼吸装备——压缩空气呼吸器或长管呼吸器；穿戴个体防护服；携带吊带和救生索；如有可能，应从罐外清洗储罐
2	选择培训操作人员	a.操作员有呼吸系统疾病或心脏病 b.其他身体限制，如恐高 c.操作员未经培训，无法完成任务	由工业卫生医师检查是否适于工作；培训作业人员；突发状况演练
3	装配设备	a.软管、绳索、设备绊倒危险 b.电气——电压太高，导体裸露 c.马达——未闭锁，未挂警示牌	按序摆放软管、绳索、缆线和设备，留出安全机动的空间；使用接地故障断路器；如果有搅拌马达等电动装置，则应上锁并挂警示牌
4	在罐内架设梯子	梯子滑动，不固定	牢牢地绑到人孔顶端或刚性结构上
5	准备进罐	罐内有残留气体或液体	通过储罐原有管线排空储罐；回顾应急程序；打开储罐由工业卫生医师或由安全专家查看工作现场；在接到储罐的法兰上移开连接管道并加装盲板；检测罐中空气指标
6	在储罐进口处架设备	绊倒或跌倒	使用机械操纵的设备；在罐顶工作位置周围安装栏杆
7	进罐	a.梯子——绊倒危险 b.暴露于危险性环境	针对所发现的状况提供个体防护装备；安排罐外监护人，指令并引导操作员进罐，监护人应可以在紧急状况下从罐中拉出操作员
8	清洗萃取罐	与化学品的反应，引起烟雾或使空气污染释放出来	为所有作业人员和监护人提供防护装备；提供罐内照明；提供排气通风；向罐内提供空气；必要时使用空气呼吸装置；经常检测罐内空气；替换操作员或提供休息看书时间；如需要提供求助用通信手段；安排两人随时待命，以防不测
9	清理	操纵设备，导致受伤	演练；使用工具操纵的设备

图 7-8   萃取罐内清洗危险分析表（样表）

表 7-8   事件发生的可能性（L）判断准则

等级	标准
5	在现场没有采取防范、监测、保护、控制措施，或危险、有害因素的发生不能被发现（没有监测系统），或在正常情况下经常发生此类事故或事件
4	危险、有害因素的发生不容易被发现，现场没有检测系统，也未作过任何监测，或在现场有控制措施，但未有效执行或控制措施不当，或危险、有害因素常发生或在预期情况下发生
3	没有保护措施（如没有防护装置、没有个人防护用品等），或未严格按操作程序执行，或危险、有害因素的发生容易被发现（现场有监测系统），或曾经发生类似事故或事件，或在异常情况下发生过类似事故或事件
2	危险、有害因素一旦发生能及时发现，并定期进行监测，或现场有防范控制措施，并能有效执行，或过去偶尔发生过类似事故或事件
1	有充分、有效的防范、控制、监测、保护措施，或员工安全卫生意识相当高，严格执行操作规程。极不可能发生事故或事件

表 7-9 事件后果严重性 （S） 判别准则

等级	法律、法规及其他要求	人员伤亡	财产损失/万元	停工	公司形象
5	违反法律、法规和标准	死亡	＞50	部分装置（＞2套）或设备停工	重大国际国内影响
4	潜在违反法规和标准	丧失劳动能力	＞25	2套装置停工，或设备停工	行业内、省内影响
3	不符合上级公司或行业的安全方针、制度、规定等	截肢、骨折、听力丧失、慢性病	＞10	1套装置停工或设备停工	地区影响
2	不符合公司的安全操作程序、规定	轻微受伤、间歇不舒服	＜10	受影响不大，几乎不停工	公司及周边范围
1	完全符合	无伤亡	无损失	没有停工	没有受损

表 7-10 风险等级判定准则及控制措施

风险度（R）	等级	应采取的行动/控制措施	实施期限
20～25	巨大风险	在采取措施降低危害前，不能继续作业，对改进措施进行评估	立刻
15～16	重大风险	采取紧急措施降低风险，建立运行控制程序，定期检查、测量及评估	立即或近期整改
9～12	中等	可考虑建立目标、建立操作规程，加强培训及沟通	2年内治理
4～8	可接受	可考虑建立操作规程、作业指导书，但需定期检查	有条件、有经费时进行治理
＜4	轻微或可忽略的风险	无需采用控制措施，但需保存记录	

7.3.2.2 风险度

在公司内部，各级管理人员都应参与风险评价工作，要充分鼓励从业人员参与风险评价和风险控制，以便能更全面的识别风险。风险度是发生特定危害事件的可能性及后果的结合，式（7-1）定量描述了风险度的意义。

$$R = LS \tag{7-1}$$

式中　R——风险度；

　　　L——可能性；

　　　S——后果严重性。

公司应根据已确定的评价准则进行评价。风险评价是评价风险程度并确定其在可接受范围的全过程。

本公司可接受风险是本公司符合法律义务，并且符合本公司的安全生产方针的风险，以及本公司经过内部评审认为可接受的风险。

风险应该是事件发生的可能性和事件发生结果的严重性的结合。导致事件发生的危险、有害因素有很多，可能性应该是所有可导致事件发生的危险、有害因素导致事件发生的可能性。事件发生后结果的严重性可通过表 7-9 来判别。

风险度由式（7-1）计算，并依据表 7-10 判断该风险是否属于可接受风险。如果是可接受风险，可以维持原有的管理。如果是不可接受风险，则应提出改进计划，用硬件方面的措施、软件方面的措施，或者说工程措施、技术措施、管理措施等对风险实施控制，使风险达到可接受的程度。

7.3.3 风险控制

企业应根据风险评价结果及经营运行情况等，确定哪些是不可接受的风险，制定并落实对风险的控制措施，将风险尤其是重大风险控制在可接受的程度。公司在选择风险控制措施时应考虑措施的可行性、安全性以及可靠性；制定风险控制措施时应按照工程技术措施、管理措施、培训教育措施、个体防护措施的顺序考虑。

在进行危险、有害因素识别、风险评价的同时，应提出控制措施。应先考虑消除危险、有害因素，再考虑抑制危险、有害因素，修订或制定操作规程，最后采用减少暴露的措施控制风险。

① 消除危险、有害因素，可以实现本质安全。可以考虑选择其他工艺过程代替危险工艺，从根本上消除现有工艺过程中存在的危险、有害因素；或者改造现有的工艺过程，消除工艺过程中的危险、有害因素；还可以考虑用危险性小的物质、原材料代替危险性大的物质、原材料。同时通过改善环境，改进或更换装备或工具，提高装备、工具的安全性能来保证安全。

② 抑制危险、有害因素，相当于将这些因素关进笼子里。可以考虑将危险或有害系统封闭起来，使有毒有害物质无法散发出来。比如在机器的旋转部分加装挡板；在噪声大、粉尘重的场所使用隔离间等措施来抑制危险、有害因素。

修订或制定操作规程。对于无法消除和抑制的危险、有害因素，我们应在操作规程中写明各步骤的主要危险、有害因素及其对应的控制方法，而且指出操作不当可能带来的后果。对操作人员进行培训，提醒操作人员不能有什么操作。

③ 减少暴露，降低严重性。控制措施的最后一道防线是个体防护用品。通过以上措施均无法避免产生的危险、有害因素，我们通常以使用个体防护用品这种办法来降低对人体伤害的严重性。

制定控制措施应当按危险、有害因素-事件-结果的关系，先防止危险、有害因素导致事件或事故发生的措施，再列出事件或事故一旦发生后，防止事件发生的后果扩大或减轻事件发生的后果严重性的措施，这些措施一般是恢复性措施或应急措施。

为了有效地对风险进行控制，应制定有针对性的预防和控制措施。需将危险、有害因素识别、风险评价的结果用于对治理方案的制定，同时应作为员工培训、操作控制、应急预案编写、检查监督的输入信息。风险评价的结果、制定的控制措施，包括修订和新制定的操作规程，应及时向从业人员进行宣传和培训教育，使从业人员熟悉其岗位和工作环境中的风险以及应采取的控制措施，从而保护从业人员的生命安全，保证安全生产。

7.3.4　隐患排查与治理

对风险评价出的隐患项目，公司应按要求下达隐患治理通知，并限期整改，做到定治理措施、定负责人、定资金来源、定治理期限进行整改。将已确定的控制措施，按照优先顺序，逐项进行落实。并建立隐患治理台账。

风险评价确定的重大隐患项目应建立档案，档案内容应包括如下内容：
① 风险评价报告与技术结论；
② 风险评审意见；
③ 隐患治理方案，包括资金概预算情况等内容；
④ 治理时间表以及责任人；
⑤ 治理竣工验收报告。

对于本公司无力解决的重大事故隐患，除采取有效防范措施外，应书面向企业直接主管部门和当地政府报告。

公司对不具备整改条件的重大事故隐患，必须采取防范措施，并纳入计划，限期解决或停产。

7.3.5 重大危险源管理

国家要求公司应按 GB 18218 对公司内部做重大危险源辨识并确定是否存在重大危险源，同时还应建立重大危险源档案。

对确定的重大危险源防护距离应满足国家标准或规定。不符合国家标准或规定的，应采取可行的防范措施，并在规定期限内进行整改；按规定设置安全监控报警系统；对重大危险源的设备、设施定期检查、检验，并做好记录；制定重大危险源应急救援预案，配备必要的救援器材、装备，每年至少进行一次演练；定期对重大危险源进行安全评估；并且将重大危险源及相关安全措施、应急措施报送当地县级以上人民政府安全生产监督管理部门和有关部门备案。图 7-9 是某公司的重大危险源公示牌。

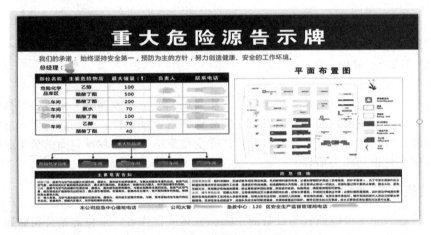

图 7-9 某制药企业重大危险源告示牌

7.3.6 变更及风险信息更新

变更管理是指对人员、管理、工艺、技术、设备设施等永久性或暂时性的变化进行有计划的控制，以避免或减轻对安全生产的影响。变更管理失控，往往会引发事故。

7.3.6.1 变更管理的分类

（1）工艺、技术的变更

① 新建、改建、扩建项目引起的技术变更；

② 原料介质变更；

③ 工艺流程及操作条件的重大变更；

④ 工艺设备的改进和变更；

⑤ 工艺参数的变更；

⑥ 公用工程的水、电、气、风的变更等。

（2）设备、设施的变更

① 设备设施的更新改造；

② 安全设施的变更；

③ 更换与原设备不同的设备或配件；

④ 设备材料代用变更；

⑤ 临时的电气设备等；

⑥ 监控、测量仪表的变更。

（3）管理的变更

① 法律法规和标准的变更；

② 人员的较大变更；

③ 管理机构的变更；

④ 管理职能的变更。

7.3.6.2　变更管理程序

制药企业的变更管理是一项非常重要的工作，任何一项变更均需有明确的文字记录，变更管理的失控，往往会引发安全、环保、质量等一系列事故。为了规范变更管理，消除或减少由于变更引发的事故或潜在的事故隐患，企业必须要建立完整的变更管理程序。

变更管理应考虑以下方面内容：

① 变更的技术基础；

② 变更对员工安全和健康的影响；

③ 是否修改操作规程；

④ 为变更选择正确的时间；

⑤ 为计划变更授权。

变更程序一般由变更申请、变更审批、变更实施、变更验收四部分组成，根据变更的分级确定变更审批人的审批权限，有的变更是需要通知官方及客户，得到认可后才能实施。发生变更后应及时对风险信息进行更新，有可能受变更影响的企业和承包商的员工必须在开工前被告之变更并且得到相关培训。

7.3.7　供应商与承包商

供应商就是为业主供应原料与设备的个人、公司或合作者。承包商是公司雇佣来完成某项工作或提供服务的个人或单位。供应商和承包商进入本公司应进行本单位 EHS 风险及行为要求告之。承包商应确保工人接受与工作有关的工艺安全培训；确保工人知道与他们作业有关的潜在火灾、爆炸或有毒有害方面的信息和应急预案，确保工人了解设备安全手册，包括标准操作规程在内的安全作业规程。

对供应商与承包商管理首先应对其进行评估、审核是否有能力和资格进行相应的商业合作，评估合格后分别建立档案，提出对应的 EHS 要求，并建立台账，每年定期对供应商及承包商进行资质及 EHS 表现进行评估，评估结果作为下一年度合作的前提条件。

7.4　EHS 程序文件

EHS 程序文件架构共分为两个层次：管理层文件和作业层文件。

管理层文件包括手册、程序文件、运行控制文件。作业层文件包括作业指导书、记录、表格、报告等。具体要求可参见 ISO 14000 及 ISO 18000 系列的规定。不在此详述，本节内容主要阐述制药企业安全管理制度。

《安全生产法》规定，生产经营单位必须遵守本法和其他有关安全生产的法律、法规，加强安全生产管理，建立、建全安全生产责任制度，完善安全生产条件，确保安全生产。

7.4.1　安全管理制度的拟定要求及构成

安全管理制度指企业为完成即定的安全目标或任务，制定的要求全体公司成员共同遵守的办事规程或行动准则。要使安全管理制度起到规范作用，能够落实到位，需对安全管理制度进行规范化设计，设计出来的制度应符合如下四个特性：

① 管理制度应由公司对应的管理部门制定，并由相应具有审批权限的公司领导批准；

② 管理制度应依据企业内部规定的程序，且不能违背法律对企业制定规章制度的限定；

③ 管理制度应通过有效便捷的方式向员工公示；

④ 管理制度的设定是对应权利和义务的规定。

7.4.1.1　安全管理制度的拟定要求

（1）明确管理制度的范围

企业制定各类管理制度时需着重考虑 8 类问题，并以此明确各类管理制度的范围，如图 7-10 所示。

（2）管理制度的定位要准确

准确、清晰、科学的定位才能使管理制度得到有效执行。制度设计人员设计或修订制度时，应根据企业经营管理及解决问题的需要，从企业、部门管理的角度及作业管理角度选择制度的切入点，以便在设计制度时能够明确管理制度的定位，确保设计出的制度有利于实现公司战略目标及塑造本公司的企业文化。

（3）统一制度的设计规范

一般管理制度的设计应遵循五个方面的要求，如图 7-11 所示。

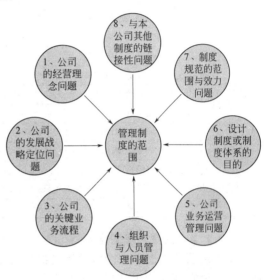

图 7-10　管理制度的范围

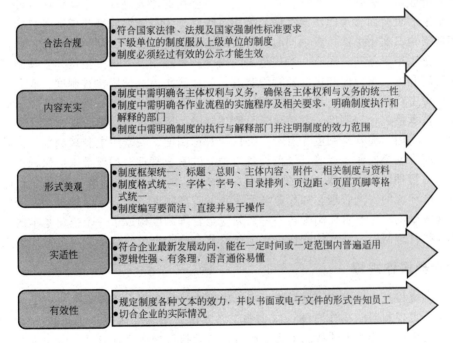

图 7-11　管理制度的设计原则

（4）设计制度的具体要求

设计管理制度时应遵循"三符合、三规范"的编写要求，以保证制度的实用性和实适性。如表 7-11 所示。

表 7-11　设计管理制度的具体要求

设计规范		说明
三符合		管理制度的内容应当符合最初设想的管理状态、企业管理科学原理，符合客观发展规律
三规范	规范制度制定者	能做到公正、客观，有较好的文字表达能力和分析能力、熟悉公司各部门的业务用具体工作方法
		了解国家法律、社会公共秩序和当地风俗习惯，明确制度的制定、审批、修改、废止等程序及权限
		全面、准确、真实的掌握制定制度的相关资料
	规范制度内容	制度内容要合法合规，不违反国家法律法规和公德民俗
		制度内容要完善
		制度框架格式要统一、完整
		语言简练、条例清晰、符合逻辑规律
		应与其他规章制度相衔接，制度的可操作性要强
		明确制度涉及的各种文本的效力，并及时将制度的相关规定以有效的方式告知公司成员
	规范制度实施过程	规范制度的培训、执行、修订程序，并做好检查、记录、保存相关工作
		加强制度的执行沟通，并营造制度执行环境，减少制度执行中可能遇到的阻力
		明确各实施主体的工作职责、工作行为及工作程序
		由不同人员来完成制度的制定、执行与监督工作

7.4.1.2　主要管理制度

生产经营单位各项安全管理制度的核心是安全生产责任制。建立健全企业安全生产责任制是企业遵守《安全生产法》的必需条件，同时也是企业安全管理的需要。通过建立安全生产责任制，把《安全生产法》中的"安全生产，人人有责"从公司制度上予以确定，明确各级人员的安全职责，做到恪尽职守、各负其责。各公司的法人是安全生产第一责任人，对本公司的安全生产负全面管理的法定责任，公司各级领导人员和职能部门应在各自的工作范围内，对实现安全、文明生产负责，同时向各自的上级负责，切实做到"谁主管，谁负责"。

除了安全生产责任制，还有一些规范人的安全的管理制度，如安全培训管理制度、劳动保护用品管理制度、承包商和供应商管理制度、职业病防治及健康检查制度、职业病报告处理制度、安全生产检查制度、消防管理制度、安全生产奖惩制度等；规范专业技术的安全管理，如安全技术措施计划制度、危险化学品管理制度、锅炉压力容器管理制度、安全防护设施管理制度、厂内运输管理制度、有毒有害作业管理制度、安全用电管理制度、危险作业审批和监护制度、安全操作规程等；规范设备与物品的安全管理，如设备维护保养检修管理制度、特种设备管理制度、绝缘工具管理制度、手持电动工具管理制度、动火作业管理制度等；规范生产环境的安全管理，如作业场所及装置管理制度、防暑降温管理制度等。

以上这些以安全生产责任制为核心一系列安全管理制度构成了一个公司基本的安全管理网，除了这些管理制度，在具体操作过程中还需要一些安全操作规程来规范操作过程。

7.4.2　安全操作规程

安全操作规程是指书面的安全操作指南，操作人员根据安全操作规程执行工艺系统相关的操作。为了实现预期的操作意图，减少非正常工况，必须要求操作人员正确使用操作规程，使工艺系统在设计要求的状态下稳定运行。有效执行操作规程有助于保障生产安全、提高生产效率、提升经济效益、确保产品品质、积累生产经验、明确生产人员的职责和符合法律法规的要求。

操作规程的组成要素，通常有以下几个。

① 各个操作阶段的操作步骤　如首次开车；正常操作；临时操作；紧急停车（什么情

况下需要紧急停车，操作规程中应指定合格的操作人员负责紧急停车工作，确保安全、及时地实现紧急停车）；应急操作；正常停车；大修完成后开车或紧急停车后的重新开车。

　　② 操作范围　在操作规程中应写明正常的操作范围，对非正常的情况也应表述清楚，同时还应写明相应的操作要求及处理措施，内容通常有：偏离正常工况的后果；纠正或防止偏离正常工况的步骤；安全和健康相关的注意事项；工艺系统使用或储存的化学品的物性与危害；防止暴露的必要措施、包括工程控制、行政管理和个人防护设备；发生身体接触或暴露后的对策；原料质量控制和危险化学品的储存量控制；任何特殊的或特有的危害；安全系统及其功能。

7.4.3　安全管理制度及操作规程的修订原则

　　在文件管理中应明确评审和修订安全管理制度和操作规程的时机和频次，并定期进行评审和修订，确保安全管理制度和操作规程的有效性和适用性，发生以下情况时，应及时对相关的规章制度或操作规程进行评审、修订。

　　① 当国家安全生产法律、法规、规程、标准废止、修订或新颁布时；
　　② 当企业归属、体制、规模发生重大变化时；
　　③ 当生产设施新建、扩建、改建时；
　　④ 当内审或外审发现问题，并提出整改时；
　　⑤ 当上级安全监督部门提出相关整改意见时；
　　⑥ 当安全检查、风险评价过程中发现涉及规章制度问题时；
　　⑦ 当分析重大事故和重复事故原因，发现制度性因素时；
　　⑧ 当工艺、技术路线和装置设备发生变更时；
　　⑨ 其他相关事项。

7.5　人员培训教育

　　根据国家、地方及行业规定以及本公司岗位需要，公司应制定适合本公司情况的培训教育目标和要求。公司应有确立员工终身教育的观念和全员培训的目标，对在岗的从业人员进行经常性从业培训及教育，以便适应不断提高的管理要求。有使用、生产有危险化学品的制药企业，安全生产监督管理部门对公司人员培训有统一的要求。

7.5.1　管理人员培训教育

　　公司主要负责人和安全生产管理人员应接受专门的安全培训教育，经安全生产监管部门对其安全生产知识和管理能力考核合格，取得安全资格证书后才能任职。其它管理人员，包括管理部门负责人和基层单位负责人、专业工程技术人员的安全培训教育由公司相关部门组织，经考核合格才能任职。

7.5.2　从业人员培训教育

　　从业人员上岗前应进行安全培训教育，并经考核合格后才能上岗。

　　公司特种作业人员应按有关规定参加特种作业安全培训教育，并取得特种作业操作证，才能上岗作业，特种作业证应定期复审。

　　公司从事危险化学品运输的驾驶员、船员、押运人员，必须取得所在地市级人民政府交通部门考核合格的从业资格证，才能上岗作业。

公司应在新工艺、新技术、新装置、新产品投产前，对有关人员进行专门培训，经考核合格后，才能上岗。

7.5.3　新从业人员培训教育

按有关规定，新从业人员上岗前应进行厂级、车间级、班组级安全培训教育，并且培训教育时间不得少于国家或地方政府规定学时，经考核合格后，新从业人员才能上岗。

① 新从业人员的厂级培训内容主要有：本公司安全生产情况及安全生产基本知识；生产规章制度和劳动纪律；从业人员安全生产权利和义务；有关事故案例；事故应急救援、事故应急预案演练及防范措施等内容。

② 新从业人员车间级安全培训内容主要有：将要工作的工作环境及危险因素；所从事工种可能遭受的职业危害和事故；所从事工种的安全职责；操作技能及强制性标准；自救互救、急救方法、疏散和现场紧急情况的处理；安全设备设施、个人防护用品的使用和维护；本车间安全生产状况用规章制度；预防事故和职业危害的措施及应注意的安全事项；有关事故案例；其他需要培训的内容。

③ 新从业人员班组级安全培训内容主要有：从业岗位的岗位安全操作规程；本岗位与其它岗位之间工作衔接配合的安全与职业卫生事项；有关事故案例；其他需要培训的内容。

7.5.4　其他人员培训教育

① 当公司从业人员转岗、脱离岗位一年（含一年）以上者，应再次进行车间、班组级安全培训教育，经考核合格后才能上岗。

② 到公司参观、学习的人员，应首先对其进行入厂培训并有专人全程陪同才能进入参观学习，培训教育内容主要有本单位的安全生产管理制度、现场的风险管理要求。

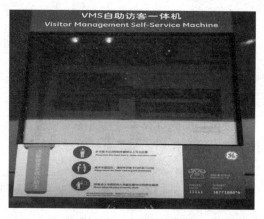

图 7-12　自助访客机

③ 外来施工单位的作业人员，公司也应对其进行入厂安全培训教育，对培训合格人员并应配发培训合格证，并做好外来人员培训记录，以便对施工人员的进入作控制。培训内容应包括本公司的对外来人员的一些行为要求、本公司的安全生产管理制度、风险管理要求等。

图 7-12 是一个工业园区的一个自助访客机，访客机中编有固定的学习内容，访客必须按步骤学习完所有内容，并录入个人信息，访客机才会打印出进入通行证，访客才能进入园区。

7.6　生产设施及工艺安全设施建设

7.6.1　生产设施建设

在企业进行基本建设项目、技术改造项目和引进的建设项目时，其安全、环保、职业健康设施必须符合国家规定的标准，必须与主体工程同时设计、同时施工、同时投入生产和使用，安全、环保、职业健康设施的投资应纳入建设项目预算，这就是我们常说的"三同时"。其中安全、职业健康设施"三同时"由安全生产监督管理部门行使设立审查、设施设计审查、竣工验收审查三步行政许可权，环保设施由环境监督管理部门负责。以下专门针对关于安全的行政许可做进一步阐述。

《安全生产法》对建设项目的安全设施提出了"三同时"的要求，该制度包括以下内容。

① 在进行可行性研究论证时，必须进行安全论证，确定可能对从业人员造成的危险有害因素和预防措施，并将论证载入可行性研究报告；

② 设计单位在编制初步设计报告时，应同时编制《安全专篇》，并符合国家标准或行业标准；

③ 施工单位必须按照审查批准的设计报告进行施工，编制《总体开工方案》，不得擅自更改安全设施的设计，并对施工质量负责；

④ 建设项目的验收，必须按照国家有关建设项目安全验收规定进行。不符合安全规程和行业技术规范的，不得验收和投产使用；

⑤ 建设项目验收合格正式投入运行后，生产设施和安全设施必须同时投入使用，不得将安全设施闲置不用。

新建、改建、扩建项目的项目建议书、可行性研究报告、初步设计、总体开工方案应经过主管部门、安全生产管理部门和工会的联合审查。

建设单位在建设项目可行性研究阶段，应委托具有国家颁发相应资质证书并有较好业绩的评价机构，承担安全预评价。

《安全专篇》的主要内容包括：设计依据、工程概述、建筑及场地布置、生产过程中的危险、有害因素分析、安全设计中采用的主要防范措施、安全机构设置及人员配备情况、专用投资概算、建设项目安全预评价的主要结论、预期效果及存在的问题与建议。

建设单位在试生产设备调试阶段，应同时对安全设施进行调试，对效果做出评价；制定完善的安全生产规章制度、安全操作规程和事故预防及应急处理措施，对从业人员进行安全培训教育。试生产运行正常后，建设项目预验收前，企业应自主选择、委托安全生产监督管理机构认可的单位进行安全条件检测、危险程度分级和有关设备的安全检测、检验，并将试运行中安全设备运行情况、措施的效果、检测检验数据、存在的问题以及采取的措施写入《安全验收专题报告》，报送安全生产监督管理机构审批。

安全生产监督管理机构根据建设单位报送的建设项目安全验收专题报告，对建设项目竣工进行安全验收。《安全验收专题报告》的主要内容包括：

① 初步设计中安全设施，已按设计要求与主体工程同时建成、投入使用的情况；

② 建设项目中的特种设备已经由具有法定资格的单位检验合格，取得安全使用证（或检验合格证）的情况；

③ 工作环境、劳动条件经测试符合国家有关规定的情况；

④ 建设项目中安全设施，经现场检查符合国家安全规定和标准情况；

⑤ 安全管理机构设立情况；必要的检测仪器、设备配备情况；安全生产规章制度和操作规程建立情况；安全培训教育情况；特种作业人员经培训、考核情况；取得安全操作证情况；事故预防措施和应急预案制定情况。

从可行性研究阶段到生产设施可以正常使用阶段，整个项目应经过安全预评价-安全专篇-试生产-安全验收评价等系列过程。

建设项目在施工过程中建设单位应对施工单位进行安全监管，对施工单位的"三违"现象要进行检查，避免施工过程的生产安全事故的发生。

在建设过程中建设单位应积极采用先进的、安全性能可靠的新技术、新工艺、新设备和新材料，对生产设施和工艺进行改进，重视组织安全生产技术研究开发，创造具有自主知识产权的安全生产技术，不断改善安全生产条件，提高安全生产技术水平。

生产设施建设中的变更，应严格按照变更管理制度的规定进行，并且要对变更的全过程进行风险管理。

7.6.2 安全设施建设

安全设施，指企业在生产经营活动中将危险、有害因素控制在安全范围内以及预防、减少、消除危害所配备的装置和采取的措施。安全设施分为预防事故设施、控制事故设施、减少与消除事故设施 3 类。

（1）预防事故设施

① 检测、报警设施　压力、流量、温度、液位、组分等报警设施，有毒有害气体、可燃气体、氧气等检测和报警设施，用于安全检查和安全数据分析等检验检测设备、仪器。如图 7-13 所示的可燃性气体检测装置。

图 7-13　可燃性气体检测装置

② 设备安全防护设施　防护罩、防护屏、负荷限制器、行程限制器、制动、限速、防雷、防潮、防晒、防冻、防腐、防渗漏等设施，传动设备安全锁闭设施，电器过载保护设施，静电接地设施。

③ 防爆设施　各种电气、仪表的防爆设施，抑制助燃物品混入（如氮封）、易燃易爆气体和粉尘形成等设施，阻隔防爆器材，防爆工具。

④ 作业场所防护设置　作业场所的防辐射、防静电、防噪声、通风（除尘、排毒）、防护栏（网）、防滑、防灼烫等设施。

⑤ 安全警示标志　包括各种指示、警示作业安全和逃生避难及风向等警示标志。如图 7-14、图 7-15 所示。

图 7-14　风向标

图 7-15　厂区内应急疏散图

（2）控制事故设施

① 泄压和止逆设施　用于泄压的阀门、爆破片、放空管等设施，用于止逆的阀门等设施，真空系统的密封设施。如图 7-16 所示为可燃性液体埋地罐，地罐配有放空管、阻火器、可燃性气体检测等设施。

② 紧急处理设施　紧急备用电源，紧急切断、分流、排放（火炬）、吸收、中和冷却等设施，通入或者加入惰性气体、反应抑制剂等设施，紧急停车、仪表联锁等设施。

（3）减少与消除事故影响设施

① 防止火灾蔓延设施　阻火器、安全水封、回火防止器、防油（火）堤，防爆墙、防爆门等隔爆设施，防火墙、防火门、蒸气幕、水幕等设施，防火材料涂层。

图 7-16　可燃液体埋地罐

② 灭火设施　水喷淋、惰性气体蒸气、泡沫释放等灭火设施，消火栓、高压水枪（炮）、消防车、消防水管网、消防站等。如图 7-17 为消防泡沫站。

③ 紧急个体处置设施　洗眼器、喷淋器、逃生器、逃生索、应急照明等设施。如图 7-18 为洗眼器。

图 7-17　消防泡沫站

图 7-18　洗眼器

④ 应急救援设施　堵漏、工程抢险装备和现场受伤人员医疗抢救装备。

⑤ 逃生避难设施　逃生和避难的安全通道（梯）、安全避难（带空所呼吸系统）、避难信号等。

⑥ 劳动防护用品和装备　包括头部，面部，视觉、呼吸、听觉器官，四肢，躯干防火、防毒、防灼烫、防腐蚀、防噪声、防光射、防高处坠落、防砸击、防刺伤等免受作业场所物理、化学因素伤害的劳动防护用品和装备。

（4）制药行业安全设施配备有关国家规定和标准

① 厂房、库房建筑应符合 GB 50016、GB 50160；

② 可燃液体罐区设置防火堤，在酸、碱罐区设置围堤并进行防腐处理应符合 GB 50351；

③ 厂区安装防雷设施应符合 GB 50057；

④ 输送易燃物料的设备、管道安装防静电设施应符合 SH 3097—2000；

⑤ 设置电力装置应符合 GB 50058；

⑥ 配置消防设施与器材应符合 GB 50016、GB 50140；

⑦ 在易燃、易爆、有毒区域设置固定式可燃气体和/或有毒气体的检测报警设施，报警信号应发送至工艺装置、储运设施等控制室或操作室应符合 GB 50493；

⑧ 配备个体防护设施应符合 GB 11651。

建设单位在按要求配备了相应的安全设施之后，应执行安全设施管理制度，设专人负责管理，定期检查和维护保养，同时建立安全设施台账。

安全设施应编入设备检维修计划，定期检维修。安全设施不得随意拆除、挪用或弃置不用，因检维修拆除的，检维修完毕后应立即复原。

对于监视与测量设备应制定相应的管理制度，明确监视与测量设备的管理要求和职责，建立档案，保存校准和维护活动的记录。图 7-19 为某公司视频监视系统。

图 7-19　视频监视系统

7.6.3　特种设备安全管理

制药企业常见的特种设备主要有：锅炉、压力容器（含气瓶）、压力管道、电梯、起重机械、场（厂）内专用机动车辆等。

特种作业人员主要有：锅炉作业（锅炉操作、水处理作业）、压力容器作业、压力管道作业、电梯作业（安装、维修、司机）、起重机械作业（机械安装、维修；电气安装、维修；司索；指挥；司机）、场（厂）内机动车辆作业（司机、维修）、特种设备管理等人员。

有特种设备的企业应按《特种设备安全监察条例》管理规定，对特种设备进行规范管理。特种设备投入使用前或投入使用后 30 日内，应向直辖市或设区的市特种设备监督管理部门登记注册。企业应在特种设备检验合格有效期届满前 1 个月向特种设备检验检测机构提出定期检验要求。未经定期检验或检验不合格的特种设备，不得继续使用。应将安全检验合格标志置于或附着于特种设备的显著位置。

有特种设备的企业应按要求建立特种设备台账和档案。对在用特种设备及安全附件、安全保护装置、测量调控装置及有关附属仪器仪表进行定期校验、检修，并保存记录。同时对在用特种设备进行经常性日常维护保养，至少每月一次检查，并保存记录。图 7-20 为燃气锅炉的控制台。

对于存在严重事故隐患，无改造、维修价值，或者超过安全技术规范使用年限的特种设备，应予以报废，并向原登记的特种设备监督管理部门办理注销。

7.6.4　工艺安全管理

制药工艺，特别是合成反应过程具有生产流程长、工序多、工艺复杂的特点，在工艺过程中既有高温、高压，也有低温、低压，同时生产过程中具有危险特性，其原料、中间产品、产品及废弃物多数具有易燃、易爆或有毒、有害、易腐蚀的特性，生产工艺过程的这些

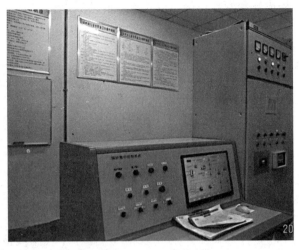

图 7-20 燃气锅炉控制台

因素决定了生产事故具有发生突然、扩散迅速、持续时间长、涉及面广和危害后果严重的特点。因此，做好制药工艺安全分析对企业生产事故发生的原因、特点和规律，并且提出有效的事故防范措施，遏制事故的发生，减少事故造成的损失，具有很重要的意义。

要做好工艺安全相关工作，我们首先应获取有效的工艺安全信息，一般我们从以下途径来获取这些信息。

① 从制造商或供应商处获得物料安全技术说明书（MSDS）；

② 从项目工艺技术包的提供商或工程项目总承包商处可以获得基础的工艺技术信息；

③ 从设计单位获得详细的工艺系统信息，包括各专业的详细图纸、文件和计算书等；

④ 从设备供应商处获取主要设备的资料，包括设备手册或图纸，维修和操作指南、故障处理等相关的信息；

⑤ 机械完工报告、单机和系统调试报告、监理报告、特种设备检验报告、消防验收报告等文件和资料；

⑥ 为了防止生产过程中误将不相容的化学品混合，宜将企业范围内涉及的化学品编制成化学品互相反应的矩阵表；通过查阅矩阵表确认化学品之间的相容性。

工艺安全信息通常包含在技术手册、操作规程、培训材料或其他工艺文件中。工艺安全信息文件应纳入企业文件控制系统予以管理，保持最新版本。

当我们获取到工艺安全信息后，我们就应按照已建立的管理程序，进行工艺危害分析，一般工艺危害分析会采用下列方法的一种或几种来分析和评价工艺危害。

① 故障假设分析；

② 检查表；

③ "如果……怎么样？" ＋ "检查表"；

④ 预先危险分析；

⑤ 危险及可操作性研究；

⑥ 故障类型及影响分析；

⑦ 事故树分析。

以上几种分析评价方法在 7.3 节有描述，无论哪种方法都应涵盖以下内容：

① 工艺系统的危害；

② 对以往发生的可能导致严重后果的事件的审查；

③ 控制危害的工程措施和管理措施，以及失效时的后果；

④ 现场设施；

⑤ 人为因素等；

⑥ 控制失效的影响。

在生产过程中，一线的操作人员应掌握工艺安全信息，以便能更好地理解操作规程以及工艺控制要求，包括如下信息。

（1）化学品危害信息

① 毒性。

② 允许暴露限值。

③ 物理参数，如沸点、蒸气压、密度、溶解度、闪点、爆炸极限。

④ 反应特性，如分解反应、聚合反应。

⑤ 腐蚀性数据，腐蚀性以用材质的不容性。

⑥ 热稳定性和化学稳定性，如受热是否分解、暴露于空气中或被撞击时是否稳定；与其他物质混合时的不良后果，混合后是否发生反应。

⑦ 对于泄漏化学品的处置方法。

（2）工艺技术信息

① 工艺流程简图；

② 工艺化学原理资料；

③ 设计的物料最大存储量；

④ 安全操作范围（温度、压力、流量、液位或组分等）；

⑤ 偏离正常工况后果的评估，包括对员工的安全和健康的影响。

注：上述信息通常包含在技术手册、操作规程、操作法、培训材料或其他类似文件中。

（3）工艺设备信息

包括：①工艺控制流程图（P&ID）；②电气设备危险等级区域划分图；③泄压系统设计和设计基础；④通风系统的设计图；⑤设计标准或规范；⑥物料平衡表、能量平衡表；⑦计量控制系统；⑧安全系统（如：联锁、监测或抑制系统）。

工艺安全的管理控制，一般涉及操作规程、试生产前安全审查、机械完整性、作业许可、变更管理、应急管理、工艺事故管理、符合性审核及培训等方面。

7.6.4.1 操作规程

公司编制实施书面的操作规程，内容应与工艺安全信息保持一致，并根据需要经常对操作规程进行审核，确保反映当前的操作状况，包括化学品、工艺技术设备和设施的变更。应每年确认操作规程的适应性和有效性。

7.6.4.2 试生产前安全审查

试生产前安全审查是为了确保新建项目或重大工艺变更项目安全投用和预防灾难性事故不发生。

① 应根据检查清单对现场安装好的设备、管道、仪表及其他辅助设施进行目视检查，确认是否已按设计要求完成了相关设备、仪表的安装和功能测试。

② 编制试生产前安全检查报告，记录检查项状态。

③ 确认工艺危害分析报告中的改进措施和安全保障措施已经按要求予以落实；员工培训、操作程序、维修程序、应急反应程序已完成。

7.6.4.3 机械完整性

（1）新设备的安装

公司建立的程序应能确保设备的现场安装符合设备设计规格要求和制造商提出的安装指南，

如防止材质误用、安装过程中进行的检验和测试。其中检验和测试应完成报告，并予以留存。

（2）预防性维修

公司应建立并实施预防性维修程序，对关键的工艺设备要进行有计划的测试和检验。能够及早识别工艺设备存在的缺陷，并及时进行修复或替换，以防小缺陷和故障变成灾难性的物料泄漏，酿成严重的工艺安全事故。

（3）设备报废和拆除

公司应建立设备报废和拆除程序，明确报废的标准和拆除的安全要求。

7.6.4.4　作业许可

公司应对可能给工艺活动带来风险的作业进行控制，建立并保持有效的程序。对具有明显风险的作业实施作业许可管理，如：用火、破土、开启工艺设备或管道、起重吊装、进入防爆区域等，明确工作程序和控制准则，对作业过程进行监督，避免在作业过程中发生事故。

7.6.4.5　变更管理

公司的变更管理程序，应强化对化学品、工艺技术、设备、程序以及操作过程等永久性或暂时性的变更进行有计划的控制，确定变更的类型、等级、实施步骤等，确保人身、财产安全，不破坏环境，不损害企业声誉。工艺变更相关的管理要求要参照"AQ/T 3012"变更管理执行，变更后相应的工艺安全信息应及时进行更新。

7.6.4.6　应急管理

公司的应急预案应以书面文件的形式规定工厂该如何应对异常或紧急情况，紧急情况发生时，相关负责人可根据应急反应手册，确定安全区域，并指挥人员撤离到安全地方；应急小组成员需根据以往培训获得的技能，借助应急反应手册的指南，启动工艺系统的紧急操作，如紧急停车、操作应急阀门、切断电源、开启消防设备、控制无关人员进入控制区等。

7.6.4.7　工艺事故管理

公司应制订工艺事故调查和处理程序，通过事故调查识别性质和原因，制定纠正和预防措施，防止类似事故的再次发生。

7.6.4.8　符合性审核

公司应建立并实施工艺安全符合性审核程序，至少每三年进行一次工艺安全的符合性审查，以确保工艺安全管理的有效性。

7.6.4.9　工艺安全培训

工艺安全培训是工艺安全管理中很重要的一步，工艺安全要求通过培训让公司员工最大程度的了解并熟知工艺安全控制要点，为此培训内容至少应包含以下内容：①工艺概述；②操作程序；③工艺特有的危害和健康危害；④应急操作。

7.6.5　关键装置与重点部位

关键装置是指工艺操作是在易燃、易爆、有毒、有害、易腐蚀、高温、高压、真空、深冷、临氢、烃氧化等条件下进行的生产装置。

重点部位是指生产、储存、使用易燃、易爆、剧毒等危害化学品场所，以及可能形成爆炸、火灾场所的罐区、装卸台、油库、仓库等；对关键装置安全生产起关键作用的公用工程系统等。

公司应加强对关键装置、重点部位安全管理，建立关键装置、重点部位档案，建立企业、管理部门、基层单位及班组监控机制，明确各级组织、各专业的职责；制定应急预案，至少每半年进行一次演练确保关键装置、重点部位的操作、检修、仪表、电气等人员能够识别和及时处理各种事件及事故。实行企业领导干部联系点管理机制，联系人应每月至少到联系点参加一次安全活动。图7-21是某制药企业锅炉的重点部位公告牌。

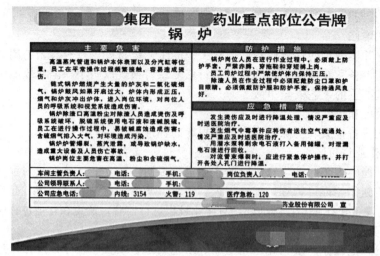

图 7-21　某公司重点部位公告牌

7.7　作业安全

公司应对危险性作业活动如：动火作业、进入受限空间作业、破土作业、临时用电作业、高处作业、断路作业、吊装作业、设备检修作业、抽堵盲板作业、其他危险作业等实施作业许可管理，履行审批手续，按照 GB 30871 要求进行规范管理，危险作业许可证应符合 GB 30871 的要求。本节重点介绍动火作业。

7.7.1　动火作业

制药企业特别是原料药生产企业的动火一般分为二级动火、一级动火、特殊动火。

特殊危险动火作业：指在生产运行状态下的易燃易爆物品、生产装置、输送管道、储罐、容器等部位上及其他特殊危险场所的动火作业，带压不置换动火作业按特殊动火作业管理。

一级动火作业：在易燃易爆区域进行的除特殊动火作业以外的动火作业。厂区管廊上的动火作业按一级动火作业管理。

二级动火作业：除特殊、一级动火作业以外的动火作业。凡生产装置或系统全部停车，装置经清洗、置换、分析合格并采取安全隔离措施后，可根据其火灾、爆炸危险性大小，经所在单位安全管理部门批准，动火作业可按二级动火管理。

7.7.1.1　动火作业安全防火基本要求

① 动火作业前应清除作业现场及周围的易燃物，或采取其他有效的安全防火措施，配备消防器材，专人监火，满足作业现场的应急需求。

② 对动火周围可能泄漏易燃、可燃物料的设备应隔离。动火点下方或周围有可燃物、空洞、窨井、地沟、水封等，应检查分析并采取清理或封盖等措施。

③ 在盛装有危险化学品的设备、管道等设施处于甲、乙类区域的生产设备上动火，应与生产系统彻底隔离，并进行清洗、置换分析合格后方可作业。

④ 在有可燃物构件和使用可燃物做防腐内衬的设备内部进行动火时，应有防火隔离措施。

⑤ 在进行动火作业时，设备内的氧含量不应超过 23.5%。

⑥ 在动火期间距动火点 30m 内不应排放可燃气体；15m 内不应排放可燃液体；在动火点 10m 范围内及动火点下方不应同时进行可燃溶剂清洗或喷漆作业。

⑦ 使用气焊、气割动火作业时，乙炔瓶应直立放置，氧气瓶与乙炔瓶间距不应小于 5m，二者与作业地点间距不应小于 10m，并应有防晒措施。

⑧ 作业完毕应清理现场，确认无残留火种后方可离开。

⑨ 五级风以上天气，禁止露天动火。如确需动火，动火作业应升级管理。

7.7.1.2 动火分析及合格标准

动火作业前应进行安全分析，发放动火许可证，表 7-12 是 GB 30871 中动火作业证的一个参考。

表 7-12　动火许可证（样表）

申请单位		申请人		作业证编号	
动火作业级别					
动火地点					
动火方式					
动火时间	自 年 月 日 时 分始至 年 月 日 时 分止				
动火作业负责人			动火人		
动火分析时间	年 月 日 时	年 月 日 时		年 月 日 时	
分析点名称					
分析数据					
分析人					
涉及的其他特殊作业					
危害辨识					

序号	安全措施	确认人
1	动火设备内部构件清理干净，蒸汽吹扫或水洗合模拟器，达到用火条件	
2	断开与动火设备相连接的所有管线，加盲板（ ）块	
3	动火点周围的下水井、地漏、地沟、电缆沟等已清除易燃物，并已采取覆盖、铺沙、水封等手段进行隔离	
4	罐区内动火点同一围堰内和防火间距内的油罐不同时进行脱水作业	
5	高处作业已采取防火花飞溅措施	
6	动火点周围易燃物已清除	
7	电焊回路线已接在焊件上，把线未穿过下水井或与其他设备搭接	
8	乙炔气瓶（直立放置）、氧气瓶与火源间的距离大于 10m	
9	现场配备消防蒸汽带（ ）根，灭火器（ ）台，铁锹（ ）把，石棉布（ ）块	
10	其他安全措施：　　　　　　　　　　编制人：	

生产单位负责人		监火人		动火初审人	
实施安全教育人					

申请单位意见：　　　　　　签字：			年 月 日 时 分
安全管理部门意见：　　　　　　签字：			年 月 日 时 分
动火审批人意见：　　　　　　签字：			年 月 日 时 分
动火前，岗位当班班长验票　　　　签字：			年 月 日 时 分
	完工验收签字：		年 月 日 时 分

动火分析的取样点要有代表性，在较大的设备内动火作业，应采取上、中、下取样；在较长的物料管线上动火，应在彻底隔绝区域内分段取样；在设备外部动火作业，应进行环境分析，且分析范围在动火点 10m 范围内。取样与动火间隔不得超过 30min，如超过此间隔或动火作业中断时间超过 30min，应重新取样分析。特殊动火作业期间还应随时进行监测。使用便携式可燃气体检测仪或其他类似手段进行分析时，检测设备应经标准气体样品标定合格，图 7-22 为动火分析现场。

动火分析合格判定：①使用其他分析手段时，被测气体或蒸气的爆炸下限大于等于 4% 时，其被测浓度小于等于 0.5%；②当被测的气体或蒸气的爆炸下限小于 4% 时，其被测浓度小于等于 0.2%。

图 7-22　动火作业现场分析

7.7.2　其他作业安全

除了动火作业，其他的特殊作业也应进行作业证管理，以下用 GB 30871 中受限空间作业证（表 7-13）举例，说明其他的作业也应层层落实风险措施，利用科学的检测手段，严密的监控下进行作业，作业的最终目的是为了在保证安全的前提下完成作业任务。

7.7.3　设备检修安全管理

在日常工作中，检维修工作很常见，加强设备设施检维修管理，确保检维修过程符合安全生产要求，避免发生安全事故、环境污染和对作业人员的伤害显得尤为重要，在进行检维修作业时，应执行下列管理程序。

① 检维修前

a. 进行危险、有害因素识别；

b. 编制检维修方案；

c. 办理工艺、设备设施交付检维修手续；

d. 对检维修人员进行安全培训教育；

e. 检维修前对安全控制措施进行确认；

f. 为检维修作业人员配备适当的劳动保护用品；

g. 办理各种作业许可证。

② 对检维修现场进行安全检查。

③ 检维修的办理检维修交付手续。

7.7.4 拆除和报废

拆除作业前，拆除作业负责人应与需拆除设施的主管部门和使用单位共同到现场进行对接，作业人员进行危险、有害因素识别，制定拆除计划或方案，办理拆除设施交接手续。

凡需要报废、拆除的容器、设备和管道，应先清洗干净，分析、验收合格后方可进行报废、拆除处置。废弃的危险化学品和清洗产生的废水应按照有关规定进行处理。

7.8 危害告知

在第 2 章及第 6 章的内容中，介绍了"危险化学品的分类与危害"、"危险化学品安全管理要求"、"职业危害及预防"等内容，本节主要介绍在危险部位、场所以可见的形式告知所有接触、进入该范围的人员。根据《安全生产法》、《职业病防治法》的规定，企业应以适当、有效的方式（如培训教育、张贴警示标志和警示说明、提供安全技术说明书和安全标签等方式）对从业人员及相关方进行宣传，使其了解企业生产过程中危险化学品的危险特性、活性危害、禁配物、预防及应急处理措施。在制作各种标识时可参见国标 GB 2893、GB 2894、GBZ 158、ISO 23601 等标准及 EHS 的相关要求。表 7-13 为受限空间作业证，如图 7-23 某制药企业制作的药品安全说明书（material safety data sheet，MSDS）。

7.8.1 规范性要求

表 7-13 受限空间作业证（样表）

申请单位		申请人		作业证编号	
受限空间所属单位		受限空间名称			
作业内容		受限空间原有介质名称			
作业时间	自　年　月　日　时　分始至　年　月　日　时　分止				
作业单位负责人					
监护人					
作业人					
涉及的其他特殊作业					
危害辨识					

分析	分析项目	有毒有害介质	可燃气	氧含量	时间	部位	分析人
	分析标准						
	分析数据						

序号	安全措施	确认人
1	对进入受限空间危险性进行分析	
2	所有与受限空间有联系的阀门、管线加盲板隔离,列出盲板清单,落实抽堵盲板责任人	
3	设备经过置换、吹扫、蒸煮	
4	设备打开通风孔进行自然通风,温度适宜人员作业;必要时采用强制通风或佩戴空气呼吸器,不能用通氧气或富氧空气的方法补充氧	
5	相关设备进行处理,带搅拌机的设备已切断电源,电源开关处加锁或挂"禁止合闸"标志牌,设专人监护	

续表

序号	安全措施	确认人
6	检查受限空间内部已具备作业条件,清罐时(无需用/已采用)防爆工具	
7	检查受限空间进出口通道,无阻碍人员进出的障碍物	
8	分析盛装过可燃有毒液体、气体的受限空间内的可燃、有毒有害气体含量	
9	作业人员清楚受限空间内存在的其他危险因素,如内部附件、集渣坑等	
10	作业监护措施:消防器材( )、救生绳( )、气防装备( )	
11	其他安全措施:　　　　　　　　　编制人:	

实施安全教育人	
申请单位意见:　　　　　　签字:　　　　　　　　　　　年　月　日　时　分	
审批单位意见:　　　　　　签字:　　　　　　　　　　　年　月　日　时　分	
完工验收签字:　　　　　　　　　　　　　　　　　　　年　月　日　时　分	

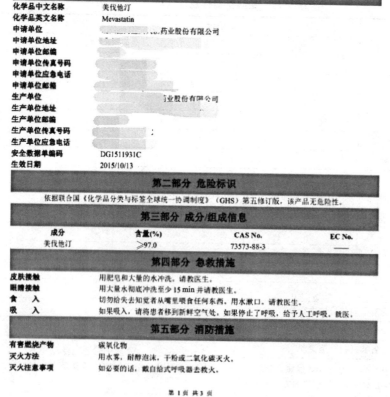

图 7-23　某企业生产药品安全说明书（样表）

7.8.2 危害告知实例

一般在进入厂区时有入厂需知，主要告之内容有：工厂平面布局图、防火防爆区分布、厂区内的一些共性 EHS 要求，大的逃生方向，应急电话等等进入厂区应注意的信息。

进入生产单体建筑时有单体建筑的危害告之，主要内容有：本楼宇内存在的主要危害、需要注意的问题、EHS 的一些要求等内容，如图 7-24 所示。特殊区域还应有明确告知，如图 7-25 防火防爆区。

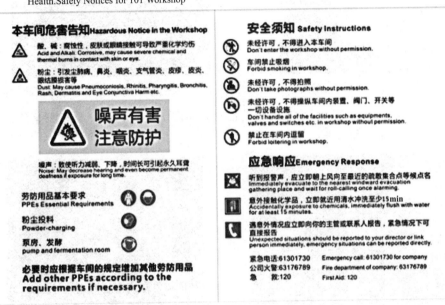

图 7-24 进入车间单体告知（样表）

图 7-25 防火防爆区告知（图例）

　　进入岗位前,应有本岗位的一些强制性的 EHS 图标,提示进入人员必须遵守的要求,否则不允许进入,如图 7-26。岗位上还有一些诸如所使用的原辅料的 MSDS、操作规程、警示语、紧急电话等信息,如图 7-27。

图 7-26　进入岗位告知(图例)

图 7-27　岗位操作规程、原料 MSDS 告知(样表)

　　设备上应有设备及内部物料性质的相关信息,如图 7-28。如果涉及有职业危害的物质,岗位上应有职业危害告知内容,如图 7-29。

图 7-28　设备内物质信息

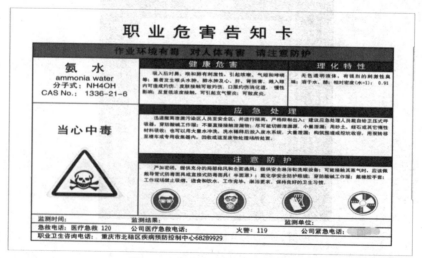
图 7-29　职业危害告知(样表)

7.9 事故与应急

7.9.1 事故报告

发生事故后，事故现场有关人员除立即采取应急措施外，还应按规定和程序报告本单位负责人及有关部门。情况紧急时事故现场有关人员可以直接向事故发生地县级以上人民政府安全生产监督管理部门和负有安全生产监督管理职责的有关部门报告。公司负责人接到事故报告，应于 1h 内向事故发生地县级以上人民政府安全生产监督管理部门和负有安全生产监督管理职责的有关部门报告。公司在事故报告听到出现新情况时，应按有关规定及时补报。

7.9.2 抢险与救护

公司发生生产安全事故后，应迅速启动应急救援预案，公司负责人直接指挥，积极组织抢救，妥善处理，以防事故的蔓延扩大，减少人员伤亡和财产损失。当发生有害物大量外泄事故或火灾爆炸事故应设警戒线。公司抢救人员应佩戴好相应的防护器具，对伤亡人员及时进行抢救处理。

7.9.3 事故调查与处理

发生生产安全事故后，公司应积极配合各级人民政府组织的事故调查，负责人和有关人员在事故调查期间不得擅离职守，应当随时接受事故调查组的询问，如实提供有关情况。未造成人员伤亡的一般事故，县级以上人民政府委托公司负责组织调查的，公司应按规定成立事故调查组组织调查，按时提交事故调查报告。公司应落实事故整改和预防措施，防止事故再次发生。建立事故档案和事故管理台账。整改和预防措施应包括：工程技术措施；培训教育措施；管理措施。

7.9.4 应急指挥系统

公司应建立应急指挥系统，组织建立应急救援队伍，实行分级管理，明确各级应急指挥系统和救援队伍的职责。公司应成立应急救援指挥领导小组，负责本单位预案的制定、修订，组建应急救援队伍，组织预案的实施和演练，检查督促，做好事故的预防的应急救援的各项准备工作。一旦发生事故，按照应急救援预案实施救援。

7.9.5 应急救援器材

公司应按国家有关规定，配备足够的应急救援器材，并定期检查维护，保持完好有效。救援装备的配备应根据各自承担的救援任务和救援要求选配。选择装备要从实用性、功能性、耐用性和安全性，以及客观条件等进行配备。图 7-30 为某公司应急室。

基本救援装备分为基本装备和专用救援装备。基本装备指救援工作所需的通信装备、交通工具、照明装备和防护装备等。专用装备指各专业救援队伍所用的专用工具。

各救援部门都应制定救援装备的保管、使用制度

图 7-30 某公司应急室

和规定，指定专人负责，定时检查。做好救援装备的交接清点工作和装备的调度使用、严禁救援装备被随意挪用，保证应急救援的紧急调用。

公司应建立 24h 有效的内部、外部通信联络手段，保证应急通信网络的畅通。将应急救援组织内部上至总指挥，下至最基层人员的联系电话，应急救援物资存放地点及人员的联系电话，以及单位所在地政府应急救援组织电话、安全监管部门电话、火警电话等进行公告和宣传，使每名员工清楚了解。

对于有毒有害岗位应根据现场危险分析结果及国家法规标准要求配备救援器材和防护救护器材，经常进行维护保养、记录，保证其处于完好状态。

7.9.6　应急救援预案与演练

公司应按 AQ/T 9002，根据风险评价的结果，针对潜在事件和突发事故，制定相应的事故应急救援预案。经过评审后生效的应急预案应组织从业人员进行培训，定期演练，评价演练效果，评价应急救援预案的充分性和有效性，并形成记录。

7.9.6.1　应急救援预案的评审
公司应定期评审应急救援预案，尤其在潜在事件和突发事故发生后。

7.9.6.2　应急救援预案的备案
公司应将应急救援预案报当地安全生产监督管理部门和有关部门备案，并通报当地应急协作单位，建立应急联动机制。案例 3 为某公司的事故调查报告（图 7-31）。

7.10　检查与自评

7.10.1　检查

公司的检查应有明确的目的、要求、内容和计划。检查主要有综合性检查、专业性检查、季节性检查、日常检查和节假日检查。各种检查均应编制检查表。检查表应包括检查项目、检查内容、检查标准或依据、检查结果等内容，检查表应作为企业有效文件，并在实际应用中不断完善。检查表的编制依据如下：

① 有关法律法规、标准、规程、规范及规定，企业的规章制度、标准及操作规程；
② 上级、行业和企业的有关要求；
③ 国内外同行业、企业事故统计案例，经验教训；
④ 行业及本企业的经验；
⑤ 系统安全分析的结果，即为防止重大事故的发生而采用的系统分析方法，对系统进行分析得出能导致事故的各种危险有害因素的基本事件，作为防止事故的控制点源列入检查表。检查所查出的问题应进行原因分析，制定整改措施，落实整改时间、责任人，并对整改情况进行验证，保存相应记录。

7.10.2　自评

为了保证整个系统按照 PDCA 运转，企业每年至少 1 次对整个体系进行自评，提出进一步完善体系的计划和措施。自评结束后形成自评报告。

案例3 某公司的事故调查报告

事故调查报告				
基本情况				
事故类型				
[ ]微伤		[ ]火灾或爆炸		
[ ]轻伤		[ ]职业病		
[ ]重伤		[ ]化学品泄漏或释放		
[ ]死亡		[ ]其他		
受伤员工基本信息				
姓名：		教育程度：		
性别：		年龄：		
部门：		职务：		
入职日期：				
本岗位工作时间：				
事故类型：				
发生日期：				
发生地点：				
事故简要说明：				
由事故引起的受伤类型				
员工正在进行的岗位工作/任务：				
正常的岗位活动？ [ ]否 [ ]是				
员工在本岗位工作时间： [ ]1~5个月 [ ]5个月~5年 [ ]5~20年 [ ]>20年				
员工正在使用的设备：				
员工正在使用的个人劳动防护用品：				
事故原因				
事故直接原因：				
根本原因：				
其他相关因素				
个人的/行为的				
机械性任务：				
操作情况：				
原因分析：				
建议改善方案				
参与调查人员				
目击人：				
日期：				
误工天数： 天				
医疗费用： 人民币： 部门意见：				
整改行动				
整改行动	负责人	计划完成日期	实际完成日期	
部门责任人签名：				
审核：		确认：		
完成情况评价：				
跟踪情况 [ ]完成： [ ]未完成：				
责任人签名： 完成日期：				
EHS组长的评价				
签名： 日期：				
厂长评价				
签名： 日期：				

图7-31 事故调查表（样表）

━━━ **思考题** ━━━

1. "三同时"是指哪三同时？
2. HAZOP 分析中常见的引导词有哪些？
3. 一线操作人员应该知道哪些工艺安全信息？
4. 试运用本章所学知识对某产品生产作业风险进行识别。

参考文献

[1] 任建国主编.安全评价常用法律法规.北京：中国劳动社会保障出版社，2010.
[2] 张延松主编.安全评价师：基础知识.北京：中国劳动社会保障出版社，2010.
[3] 韩建国主编.安全管理制度与表单精细化设计.北京：人民邮电出版社，2013.
[4] 粟镇宇编.工艺安全管理与事故预防.北京：中国石化出版社，2007.
[5] 蔡庄红，黄庭刚主编.安全评价技术.北京：化学工业出版社，2014.
[6] 刘强主编.危险化学品从业单位安全标准化工作指南.北京：中国石化出版社，2009.